“十四五”职业教育人工智能技术应用专业系列教材

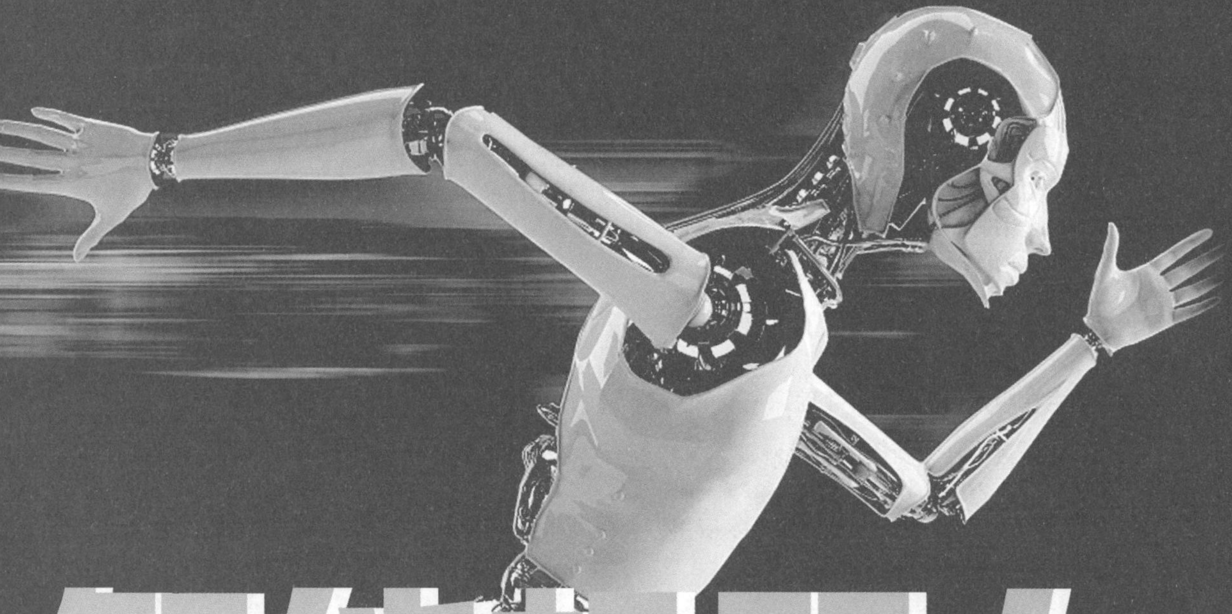

# 智能机器人技术与应用

周斌斌　周　苏／主　编
王　赟　刘　婷／副主编

中国铁道出版社有限公司
CHINA RAILWAY PUBLISHING HOUSE CO., LTD.

## 内 容 简 介


本书是为职业教育工业机器人 / 智能机器人、人工智能、智能制造等相关专业“工业机器人 / 智能机器人”相关课程设计编写，是具有丰富应用与实践特色的教材。

针对职业院校学生的发展需求，本书较为系统、全面地介绍了工业机器人、智能机器人的相关概念、理论与应用知识，内容包括机器人概述、工业机器人、协作机器人、服务机器人、特种机器人、智能机器人、智能飞行器、运动学构形与参数、机器人体系结构、传感器与驱动系统、机器人控制技术、机器人视觉系统、机器人编程系统、机器人安全与法律等，希望帮助学生扎实地打好智能机器人的知识基础。教师可依照学习进度与需求，做适当选择。

本书适合职业院校相关专业学生学习，也适合对人工智能、智能机器人、智能制造相关领域感兴趣的读者阅读参考。



**图书在版编目（CIP）数据**

智能机器人技术与应用 / 周斌斌，周苏主编 . —北京：中国铁道出版社有限公司，2022.1

“十四五”职业教育人工智能技术应用专业系列教材

ISBN 978-7-113-28738-2

Ⅰ. ①智… Ⅱ. ①周… ②周… Ⅲ. ①智能机器人 - 职业教育 - 教材 Ⅳ. ① TP242.6

中国版本图书馆 CIP 数据核字（2021）第 267049 号

**书　　名：智能机器人技术与应用**
**作　　者：**周斌斌　周　苏

---

**策　　划：**汪　敏　　**编辑部电话：**（010）51873628
**责任编辑：**汪　敏　包　宁
**封面设计：**郑春鹏
**责任校对：**苗　丹
**责任印制：**樊启鹏

---

**出版发行：**中国铁道出版社有限公司（100054，北京市西城区右安门西街 8 号）
**网　　址：**http://www.tdpress.com/51eds/
**印　　刷：**河北宝昌佳彩印刷有限公司
**版　　次：**2022 年 1 月第 1 版　2022 年 1 月第 1 次印刷
**开　　本：**787 mm×1 092 mm　1/16　**印张：**16　**字数：**388 千
**书　　号：**ISBN 978-7-113-28738-2
**定　　价：**49.80 元


---

# 前　言

机器人学所追求的是偏重于综合性的工程学科。也许正是这个原因，这个领域才使许多人为之着迷。机器人学研究怎样综合运用机械装置、传感器、驱动器和计算机来实现人类某些方面的功能。显然，它必然需要运用各种“传统”领域的研究思想。在较高的层次上，人们把机器人学划分为四个主要领域：机械操作、移动、机器视觉和人工智能。

智能机器人具备形形色色的内部信息传感器和外部信息传感器，如视觉、听觉、触觉、嗅觉等。除具有感受器外，它还有效应器作为作用于周围环境的手段，类似于人类的筋肉，可通过自整步电动机使机器人的手、脚、触角等动起来。由此可知，智能机器人至少要具备三个要素：感觉要素、反应要素和思考要素。

甚至，智能机器人能够理解人类语言，用人类语言同操作者对话，在它自身的“意识”中单独形成一种使它得以“生存”的外界环境。机器人能分析出现的情况，调整自己的动作以达到操作者所提出的全部要求，能拟定所希望的动作，并在信息不充分和环境迅速变化的条件下完成这些动作。

本书针对职业教育工业机器人/智能机器人、人工智能、智能制造等相关专业学生的发展需求，较为系统、全面地介绍了机器人概述、工业机器人、协作机器人、服务机器人、特种机器人、智能机器人、智能飞行器、运动学构形与参数、机器人体系结构、传感器与驱动系统、机器人控制技术、机器人视觉系统、机器人编程系统、机器人安全与法律等，共14课，每课都提供了作业和研究性（小组）学习活动。本书最后给出了各课作业的参考答案。

每课在编写时做了以下安排：

（1）精选的导读案例，以深入浅出的方式，引发学生自主学习的兴趣；

（2）解释基本原理，让读者切实理解和掌握机器人相关知识与应用；

（3）浅显易懂的案例，注重培养扎实的基本理论知识，重视培养学习方法；

（4）思维与实践并进，为学生提供自我评量的作业，让学生自我建构机器人的基本观念与技术；

（5）研究性学习，依托互联网环境完成精心设计的研究性小组活动或课程实践活动，以带来真切的实践体验。

## ■ 课程进度安排

本课程的教学进度设计见《课程教学进度表》（见下表），供教师授课和学生学习参考。

## 课程教学进度表

（20　　—20　　学年第　　学期）

课程号：______ 课程名称：智能机器人 学分：2.5 周学时：3
总学时：48 （其中理论学时：34 课外实践学时：14 ）
主讲教师：______________

<table>
<tr><th>序号</th><th>校历<br>周次</th><th>章节（或实训、习题课等）<br>名称与内容</th><th>学时</th><th>教学方法</th><th>课后作业布置</th></tr>
<tr><td>1</td><td>1</td><td>课程引言<br>第 1 课　机器人概述</td><td>3</td><td rowspan="16">导读案例<br>课文</td><td rowspan="15">作 业<br>研究性学习<br>（课程实践）</td></tr>
<tr><td>2</td><td>2</td><td>第 1 课　机器人概述</td><td>2+1</td></tr>
<tr><td>3</td><td>3</td><td>第 2 课　工业机器人</td><td>2+1</td></tr>
<tr><td>4</td><td>4</td><td>第 3 课　协作机器人</td><td>2+1</td></tr>
<tr><td>5</td><td>5</td><td>第 4 课　服务机器人</td><td>2+1</td></tr>
<tr><td>6</td><td>6</td><td>第 5 课　特种机器人</td><td>2+1</td></tr>
<tr><td>7</td><td>7</td><td>第 6 课　智能机器人</td><td>2+1</td></tr>
<tr><td>8</td><td>8</td><td>第 7 课　智能飞行器</td><td>2+1</td></tr>
<tr><td>9</td><td>9</td><td>第 8 课　运动学构形与参数</td><td>2+1</td></tr>
<tr><td>10</td><td>10</td><td>第 9 课　机器人体系结构</td><td>2+1</td></tr>
<tr><td>11</td><td>11</td><td>第 10 课　传感器与驱动系统</td><td>2+1</td></tr>
<tr><td>12</td><td>12</td><td>第 11 课　机器人控制技术</td><td>2+1</td></tr>
<tr><td>13</td><td>13</td><td>第 12 课　机器人视觉系统</td><td>2+1</td></tr>
<tr><td>14</td><td>14</td><td>第 13 课　机器人编程系统</td><td>3</td></tr>
<tr><td>15</td><td>15</td><td>第 13 课　机器人编程系统</td><td>2+1</td></tr>
<tr><td>16</td><td>16</td><td>第 14 课　机器人安全与法律</td><td>2+1</td><td>作 业<br>课程学习与实训总结</td></tr>
</table>

填表人（签字）：　　　　　　　　　　　　　日期：
系（教研室）主任（签字）：　　　　　　　　日期：

### ■ 建议测评手段

本课程的教学评测可以从以下几个方面入手：
（1）每课课前的【导读案例】（14 项）；
（2）结合每课的课后作业（四选一标准选择题，14 组）；
（3）结合每课的课后【研究性学习】（13 项）；
（4）【课程学习与实训总结】（大作业，第 14 课）；
（5）平时学习考勤记录；
（6）任课教师认为必要的其他考核方法。
最后，综合上述得分折算为本课程百分制成绩。
本书特色鲜明、易读易学，适合职业院校相关专业学生学习，也适合对人工智能、智能机器人、智能制造相关领域感兴趣的读者阅读参考。

本书由周斌斌、周苏任主编，王赟、刘婷任副主编，编写过程中得到嘉兴技师学院、温州商学院、嘉兴市木星机器人科技有限公司、广州慧谷动力科技有限公司、江苏汇博机器人技术股份有限公司、天津汇博智联机器人技术有限公司、嘉兴市莱沃机器人科技有限公司、杭州第一技师学院、浙江纺织服装职业技术学院、广州市工贸技师学院、浙江科博达工业有限公司、杭州汇萃智能科技有限公司等多所院校、企业师生的支持，林志灿、郭铠能、倪晨玮、沈金强、胡勇杰、麦家明、原瑞彬、周盼盼、吴炘翌、何木、崔海、章安福、杨晓斐、黄绒、浦建峰、黄进等参与了本书的部分编写工作，在此一并表示感谢！

本书配套授课电子课件，需要的教师可登录 http://www.tdpress.com/51eds/ 免费注册，审核通过后下载。

由于编者水平有限，书中难免存在不足之处，敬请读者批评指正。欢迎教师联系交流，E-mail：zhousu@qq.com；QQ：81505050。

周　苏

2021 年 10 月于嘉兴南湖

# 目　录

# 第1课 机器人概述

## 学习目标

**知识目标**

（1）熟悉机器人的发展历史。

（2）熟悉机器人的定义，理解和掌握机器人三原则。

（3）熟悉现代机器人的手、眼睛与物体识别等基本结构。

**能力目标**

（1）掌握专业知识学习方法，培养阅读、思考与研究的能力。

（2）具备“团队精神”，提高学习的组织和活动能力。

**素质目标**

（1）热爱学习，勤于思考，掌握学习方法，提高学习能力。

（2）善于分析，培养关心技术发展进步的优良品质。

（3）体验、积累和提高“大国工匠”的专业素质。

**重点难点**

（1）熟悉机器人发展和定义。

（2）理解和遵循机器人三原则。

## 导读案例 2021机器人“春晚”开幕

2021年9月10日，世界机器人大会在北京亦庄拉开帷幕。自2015年开始，世界机器人大会迄今已成功举办过五次。它是国内一年一度规模最大的机器人产业顶级展会，也是国内机器人产业风向的集中展示。本次展会分为工业机器人+物流机器人、服务机器人、特种机器人三大展区，共有110余家企业和科研机构的500多款产品参展。

仿生机器人是这次大会的一大亮点，不少企业都带来了自己的四足仿生机器人。另外，由于新冠肺炎疫情带来的特殊需求，无人配送机器人的成长速度加快，不少为抗击疫情服务的机器人也应运而生。此外，各类国产手术机器人也在展示着自己的风采（见图1-1）。这里，我们仅以多种类助力外骨骼机器人为例，从一个侧面反映大会的盛况。

作为一种可穿戴的“机器人”，外骨骼在应急救援、物资搬运、康复医疗、户外运动等多领域都发挥着独特的作用。这次展会上，多家厂商带来的多款外骨骼机器人设备值得一看。

图 1-1　2021 世界机器人大会展示的机器人

中电科带来了三款外骨骼机器人，分别能够提供髋关节助力、下肢助力和上肢助力，既能够为使用者提供搬运助力，还能在使用者行走、奔跑、上下坡等运动中提供助力，减少体力消耗。据工作人员介绍，其髋关节助力机器人（见图 1-2）自重仅有不到 4 kg，穿戴简单轻便，可以帮助搬运者轻松搬起 20 kg 的重物。

图 1-2　中电科髋关节助力外骨骼机器人

深圳肯綮科技带来了一款目前已经量产销售的步行辅助机器人，其质量仅有 2.1 kg，可以在人行走、爬山、爬楼梯等运动时提供助力。它还具有智能意图识别功能，能够根据智能检测穿戴者的意图，做到随走随停。

大艾机器人带来的是针对康复、助残等领域的外骨骼机器人，它能够利用 AI 控制技术帮助肢体障碍的患者进行康复训练（见图 1-3），其外部是一个轮椅的形状，内部则是一副外骨骼机器人。当患者站进去固定好后，便可通过外骨骼模拟行走步态，带动患者实际行走，帮助患者重塑走路姿态，加速康复过程。

迈宝智能则在展会上展示了其用于军工、应急救援、物流搬运、制造装配等领域的机器人。据现场工作人员介绍，利用助力外骨骼机器人，能够在提高人们搬运和负重能力的同时保护腰背部肌肉，让工作更有效率。另外，迈宝智能还专门针对应急救援领域不同的特点，开发了急救版、消防版等面向多个不同场景的助力外骨骼机器人，以适应不同应急需求（见图 1-4）。

图 1-3　艾家康复外骨骼机器人

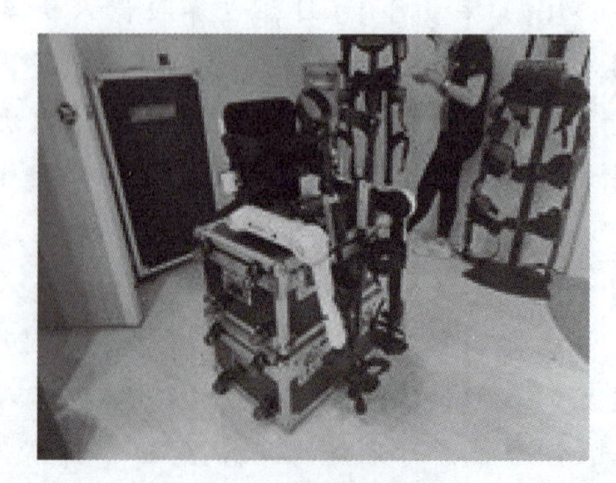

图 1-4　迈宝外骨骼机器人

浏览整场世界机器人大会的展览，可以发现，曾经在大会上吸引无数人眼球的各类天马行空的机器人变少了，取而代之的是更多像送餐机器人、配送机器人、手术机器人、助力外骨骼机器人等实用价值更强的机器人。

从这几年世界机器人大会的变化可以看出，服务机器人正在成为人们生活中重要的组成部分，从送餐机器人到配送机器人再到家庭服务机器人，针对不同场景的不同种类机器人正在不断增加，机器人的分类也越来越细化。对于机器人厂商来说，赛道正在往越来越宽的方向发展。

另外，医疗、养老、助残等领域也受到越来越多的关注。国产手术机器人厂商增多，技术也在不断进步，随着时间的推移，手术机器人在国内的渗透率或将越来越高，医疗会更加便利。

整体上我们可以看到，国内的机器人市场正在快速成长，随之而来的是市场的不断细化。在这个过程中，各类机器人厂商要明确自身的优势和定位，深耕技术，才能更好地赢取市场，在市场竞争中胜出。

资料来源：编者依据网络资料改写。

**阅读上文，请思考、分析并简单记录：**

（1）迄今世界机器人大会已经成功举办过五次。请回溯了解前几届的世界机器人大会相关报道，了解这项中国机器人发展的重要展会，并简单记录。

答：________________________________________

（2）说是“世界机器人大会”，实际上它却是国内一年一度规模最大的机器人产业顶级展会。类似的还有世界互联网大会，却是永久落户在中国浙江的乌镇。对此，你的想法是什么？

答：________________________________________

（3）从文章中，你了解到本次盛会的最大亮点是什么？请进一步搜索浏览相关报道，简单谈谈你的看法。

答：________________________________________

（4）请简单记述你所知道的上一周内发生的国际、国内或者身边的大事。

答：________________________________________

20世纪，人类取得了辉煌的成就，从量子理论、相对论的创立，原子能的应用，脱氧核糖核酸双螺旋结构的发现，到信息技术的腾飞，人类基因组工作草图的绘就，世界科技发生了深刻的变革。信息技术、生物技术、新材料技术、先进制造技术、海洋技术、航空航天技术等都取得了重大突破，极大地提高了社会生产力。

## 1.1 Robot 名字的由来

1886年，法国作家利尔·亚当在他的小说《未来夏娃》中将外表像人的机器起名为“安德罗丁”(Android)，它由四部分组成：

(1) 生命系统(平衡、步行、发声、身体摆动、感觉、表情、调节运动等)；

(2) 造型解质(关节能自由运动的金属覆盖体，一种盔甲)；

(3) 人造肌肉(在上述盔甲上有肉体、静脉、性别等身体的各种形态)；

(4) 人造皮肤(含有肤色、机理、轮廓、头发、视觉、牙齿、手爪等)。

1920年捷克作家卡雷尔·恰佩克发表了科幻剧本《罗梭的万能工人》。在剧本中，恰佩克把捷克语“Robota”(奴隶)写成“Robot”。该剧预告了机器人的发展对人类社会的悲剧性影响，引起了大家的广泛关注，并被当成“机器人”一词的起源。

在该剧中，机器人按照主人的命令默默地工作，没有感觉和感情，以呆板的方式从事繁重的劳动(见图1-5)。后来，罗梭公司取得了成功，机器人也具有了感情，导致机器人的应用部门迅速增加。在工厂和家务劳动中，机器人成了必不可少的成员。机器人发觉人类十分自私和不公正，终于造反了，机器人的体能和智能都非常优异,因此消灭了人类。但是，机器人不知道如何制造自己，认为自己很快就会灭绝，所以开始寻找人类的幸存者，但没有结果。最后，一对感知能力优于其他机器人的男女机器人相爱了。这时机器人进化为人类，世界又起死回生了。

图1-5　罗梭的万能工人

在该剧中，恰佩克提出的是机器人的安全、感知和自我繁殖问题。科学技术的进步很可能引发人类不希望出现的问题。虽然科幻世界只是一种想象，但人类社会将可能面临这种现实。

## 1.2 机器人的发展

“机器人”一词的出现和世界上第一台工业机器人的问世都是近几十年的事，然而，人们对机器人的幻想与追求已有数千年的历史。人类早在公元前4世纪就开始致力于想象和创建自动机器，而机器人最早甚至可以追溯到古希腊，中国在周穆王时期就有跳舞机器人的传说。几个世纪以来，人类设计的机器人一直迷恋人类的思想，从古代石人的故事到现代科幻小说，无一不是。人类希望制造一种像人一样的机器，以便代替人类完成各种工作。

### 1.2.1 古代机器人

亚里士多德是最早考虑自动化工具以及这些工具如何影响整个社会的伟大思想家之一。公元前 400 年，人类第一台自动机器是由阿奇塔斯设计的，他今天被认为是数学力学之父。阿奇塔斯设计的机械鸽子是一款蒸汽动力自动飞行器（见图 1-6），它的木质结构是根据鸽子的解剖结构设计的，里面装有一个密封的锅炉，用于生产蒸汽，蒸汽的压力最终会超过结构的阻力，使得机器鸽可以飞行。

公元前 250 年，泰斯比乌斯创造了一个漏壶（滴漏）或称水钟（见图 1-7），它有许多精密的自动装置。尽管世界各地的水钟已经使用了几个世纪，但正是在这段时间里，希腊和罗马的发明家开始更新钟表的基本设计，如钟、锣和移动的小雕像等。泰斯比乌斯的设计允许将指针触碰到响亮的锣上，这就诞生了第一个闹钟，成为早期自动机设计的一个例子。

图 1-6 阿奇塔斯的机器鸽

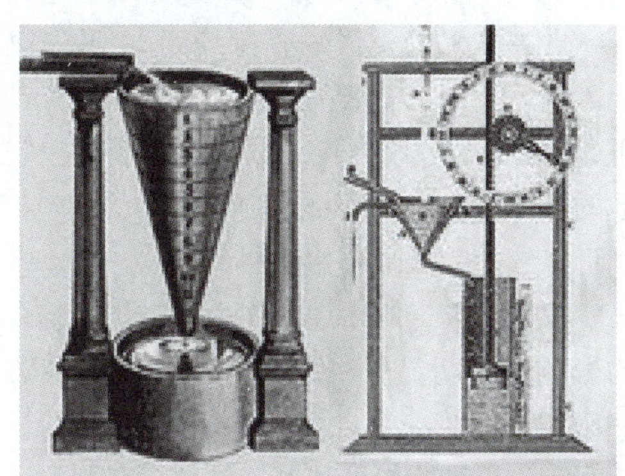

图 1-7 泰斯比乌斯的滴漏

公元前 2 世纪，亚历山大时代的古希腊人发明了最原始的机器人，它是以水、空气和蒸汽压力为动力的会动的雕像，它可以自己开门，还可以借助蒸汽唱歌。

有关中国古代自动机的记载也很多。据公元前 3 世纪《列子》的记载，西周时期我国的能工巧匠偃师就用木材和皮革制造出了一个为周穆王表演唱歌和歌舞的机器人（伶人，见图 1-8），这是我国最早记载的机器人。据《墨经》记载，春秋后期，我国著名的木匠鲁班在机械方面也是一位发明家，他曾制造过一只木鸟，能在空中飞行“三日不下”。

图 1-8 为周穆王跳舞的机器人

### 1.2.2 机器马车

1800 年前的汉代，大科学家张衡不仅发明了地动仪，还发明了“记里鼓车”（见图 1-9）。“记里鼓车”每行一里，车上木人击鼓一下，每行十里击钟一下。

后汉三国时期，蜀国丞相诸葛亮成功地创造出了“木牛流马”（见图 1-10），并用其运送军粮，支援前方战争。

图 1-9　张衡发明的“记里鼓车”

图 1-10　“木牛流马”复原图

### 1.2.3　人形机器人和达・芬奇骑士

自主技术的发展一直持续到 11 世纪以及世界各地。这一时期最重要的发明家之一是伊斯梅尔・贾扎里，他创造了分段齿轮，被许多人认为是机器人之父。他的许多机器人作品都是由水驱动的，包括从自动门到可以续杯的人形自主女服务员。

在达・芬奇的后期工作中，受伊斯梅尔・贾扎里的影响尤其明显。1495 年，这位意大利著名艺术家和画家设计了一个自主骑士（见图 1-11），其中设有一系列滑轮和齿轮，使其能够移动胳膊和下巴，还能坐起来。

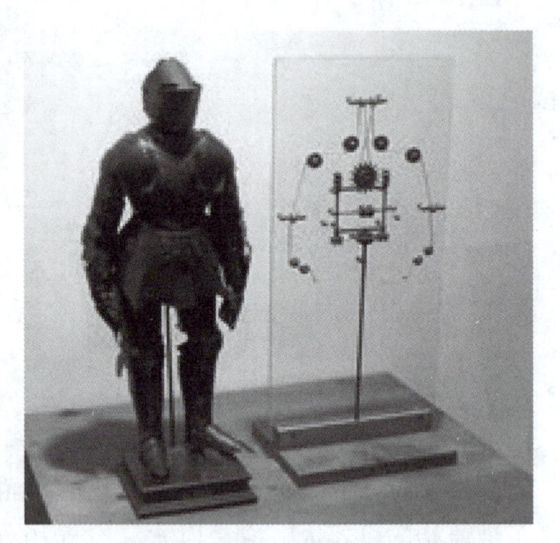

图 1-11　达・芬奇的自主骑士

达・芬奇将自己对人体解剖学的研究应用到人形机器人上，米兰公爵卢多维科・斯福尔扎将其用作聚会的娱乐对象。

### 1.2.4　飞行机器人和音乐机器人

主要为娱乐目的而设计的机器人在 16 世纪和 18 世纪之间变得更加流行。尽管这些机器人是为娱乐而设计的，但这些设备中使用的许多技术为后来更复杂的机器人铺平了道路。其中一种是由德国数学家约翰内斯・米勒冯・柯尼斯堡制造的鹰。它是在 16 世纪 30 年代，由木头和铁制成的。

1662 年，日本的竹田近江利用钟表技术发明了自动机器玩偶，并在大阪的道顿堀演出。

1708 年，作家约翰・威尔金斯写了一篇关于“机器鹰”的文章，声称它飞向普鲁士皇帝，并返回雷吉奥・蒙塔努斯。雷吉奥・蒙塔努斯也被认为创造了一种能够飞行的机器人。

这一时期另一个关键人物是雅克・德・沃坎松。1737 年沃坎松创作了长笛演奏者，这是一个真人大小的类人机器人，可以在长笛上演奏 12 首不同的歌曲（见图 1-12）。该机器人使用一系列波纹管“呼吸”，并有一个移动的嘴和舌，可以改变气流，使其能够演奏乐器。

然而，沃坎松最令人难忘的成就是他的觅食鸭。这只鸭子会嘎嘎叫，会游泳和喝水，还会进食和排泄（下蛋）。它也常常被认为是利用橡皮管的第一个装置，其本意是想把生物的功能加以机械化而进行医学上的分析。

图 1-12　沃坎松创作的长笛演奏者、觅食鸭和锤鼓者

### 1.2.5　棋类机器人和早期的语言实验

18 世纪，自动机器人让全世界的观众着迷和鼓舞。当时流行的一种机器人是棋类机器人，其中最有名的是“土耳其人”，由沃尔夫冈 · 冯 · 肯佩伦在 18 世纪 70 年代建造（见图 1-13）。虽然它看起来好像是可以下棋的机器人，但这台设备被曝光是一个由藏在盒子里的棋手操纵的骗局。尽管这是个骗局，但它的核心思想为真正的国际象棋机器人提供了灵感。

图 1-13　刊载于报纸上的“土耳其人”插图

19 世纪，一台非凡的机器“悦耳”（见图 1-14）由奥地利数学家和发明家约瑟夫 · 费伯创造出来，它是一种会说话的机器人，是通过一种早期的文本到语音的技术进行操作的。这台机器的特点是，有一个与键盘相连的女性面部，面部的嘴唇、下巴和舌头可以被控制。一根风箱和一根象牙白的芦苇提供了机器的声音，音调和口音可以通过鼻子上的螺钉来改变。这台机器是费伯 25 年工作的巅峰，并于 1846 年首次向观众展示。可悲的是，当时的观众对这部机器茫然的眼神和毛骨悚然的声音感到不安，随后这台机器就被遗忘。

20 世纪初，第一个真正的国际象棋机器人诞生了，1912 年由莱昂纳多 · 托雷斯和克韦多建造的“棋手”（见图 1-15）被一些人认为是视频游戏的先驱。该装置能够和人对弈，通过电路和一个磁铁系统来移动棋子。它在 1914 年的巴黎世界博览会上首次亮相，引起了极大的轰动和赞誉。

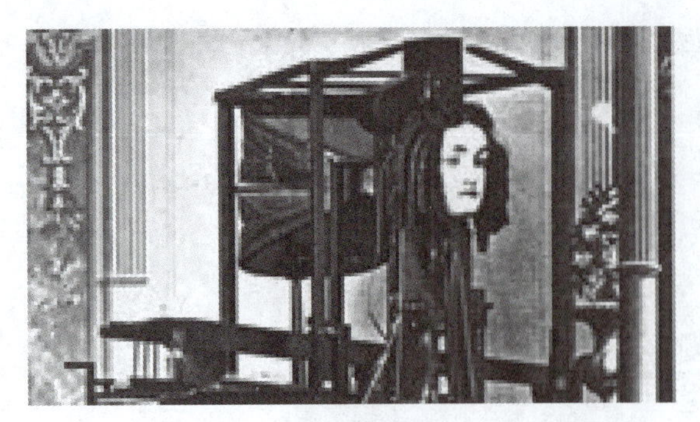

图 1-14　悦耳

图 1-15　棋手

### 1.2.6　写字机器人

在自动玩偶的设计者中，最杰出的要数瑞士的钟表匠杰克·道罗斯父子。1773 年，他们连续推出了自动书写玩偶、自动演奏玩偶等。他们创造的自动玩偶是利用齿轮和发条原理制成的。它们有的拿着画笔和颜色绘画，有的拿着鹅毛蘸墨水写字，结构巧妙，服装华丽，在欧洲风靡一时。由于当时技术条件的限制，这些玩偶其实是身高一米的巨型玩具。在瑞士努萨蒂尔历史博物馆里保留下来了其中最早的机器人少女玩偶，它制作于二百年前，两只手的十个手指可以按动风琴的琴键而弹奏音乐，现在还定期演奏供参观者欣赏，展示了古代人的智慧。

19 世纪中叶，自动玩偶分为两个流派，即科学幻想派和机械制作派，并各自在文学艺术和近代技术中找到了自己的位置。1831 年歌德发表《浮士德》，塑造了人造人“荷蒙克鲁斯”；1870 年霍夫曼出版了以自动玩偶为主角的作品《葛蓓莉娅》；1883 年科洛迪的《木偶奇遇记》问世；1886 年《未来的夏娃》问世。在机械实物制造方面，1893 年摩尔制造了“蒸汽人”，靠蒸汽驱动双腿沿圆周走动。

1928 年，英国第一个机器人“埃里克”问世（见图 1-16）。“埃里克”是由工程师和一位老兵共同创造的，它由两个人操作，可以移动头部和手臂，并通过无线电信号进行通话。它的动作由一系列齿轮、绳索和滑轮控制，据报道，机器人能从嘴里喷出火花。为了向卡雷尔·恰佩克在 1920 年创作的剧作《罗梭的万能工人》致敬，机器人埃里克的胸部被刻上了字母 R.U.R.。

1929 年，日本第一个机器人“学天则”首次亮相（见图 1-17）。“学天则”由生物学家学天则建造，身高超过 2.1 m，可以通过齿轮和弹簧的运动改变面部表情。“学天则”最伟大的成就是它书写汉字的能力。不幸的是，这个机器人在德国巡演时失踪了。

图 1-16　埃里克

图 1-17　学天则

进入 20 世纪后，机器人的研究与开发得到了更多人的关心与支持，一些实用化的机器人相继问世。1927 年，美国西屋公司工程师温兹利制造了第一个机器人“电报箱”，并在纽约举行的世界博览会上展出。它是一个电动机器人，装有无线电发报机，可以回答一些问题，但该机器人不能走动。

### 1.2.7 图灵测试

20 世纪 40 年代出现了第一个人工神经网络。1943 年，沃伦·麦卡洛克和沃尔特·皮茨创建了一个使用电路的基本神经网络，以更好地理解神经元是如何在大脑中运作的。由于使用了人工神经网络，他们的实验为第一个能够显示复杂行为的自主机器人铺平了道路。1948 年和 1949 年，威廉·格雷·沃尔特创造了两个这样的昵称为“乌龟”的机器人埃尔默和埃尔西，这两个机器人可以对光线做出反应，并在电池电量不足的情况下引导自己到充电站。

机器人历史上的另一个里程碑发生在 1950 年，当时，阿兰·图灵（见图 1-18）概述了他对机器人工智能的测试。图灵测试是现在人工智能的基准，因为它被用来测量机器的智能与人类的智能相同还是无法区分的程度。以最简单的形式，测试的目的是确定机器是否可以思考。图灵的工作为 1956 年达特茅斯学院建立人工智能定义提供了必要的框架。

图 1-18 阿兰·图灵

## 1.3 机器人概述

机器人的出现和高速发展是社会和经济发展的必然，是为了提高社会的生产水平和人类的生活质量，让机器人替人类做那些人们干不了、干不好的工作。

### 1.3.1 机器人的定义

通常情况下科学家会给每一个科技术语下一个明确的定义，但机器人问世已有几十年，机器人的定义仍然仁者见仁，智者见智，没有一个统一的意见。原因之一是机器人还在发展，新的机型、新的功能不断涌现，而根本原因是因为机器人涉及人的概念，成为一个难以回答的哲学问题。就像机器人一词最早诞生于科幻小说之中一样，人们对机器人充满了幻想。也许，正是由于机器人定义的模糊，才给了人们充分的想象和创造空间。

1967 年，在日本召开的第一届机器人学术会议上，提出了两个有代表性的定义。

一是森政弘与合田周平提出的：“机器人是一种具有移动性、个体性、智能性、通用性、半机械半人性、自动性、奴隶性等七个特征的柔性机器。”从这一定义出发，森政弘又提出了用自动性、智能性、个体性、半机械半人性、作业性、通用性、信息性、柔性、有限性、移动性等 10 个特性来表示机器人的形象。

另一个是加藤一郎提出的，具有如下三个条件的机器称为机器人：

（1）具有脑、手、脚等三要素的个体；

（2）具有非接触传感器（用眼、耳接收远方信息）和接触传感器；

（3）具有平衡觉（因身体移动而引起的感觉）和固有觉（例如思维定式）的传感器。

该定义强调了自主机器人应当仿人的含义，即它靠手进行作业，靠脚实现移动，由脑来完成统一指挥的作用。非接触传感器和接触传感器相当于人的五官，使机器人能够识别外界环境，而平衡觉和固有觉则是机器人感知本身状态所不可缺少的传感器。

机器人的定义是多种多样的，其原因是它具有一定的模糊性。动物一般具有这样一些要素，所以在把机器人理解为仿人机器的同时，也可以广义地把机器人理解为仿动物的机器。

1988 年法国的埃斯皮奥的定义是："机器人学是指设计能根据传感器信息实现预先规划好的作业系统，并以此系统的使用方法作为研究对象。"

1987 年，国际标准化组织的定义是："工业机器人是一种具有自动控制的操作和移动功能，能完成各种作业的可编程操作机。"

我国科学家做出的定义是："机器人是一种自动化的机器，所不同的是这种机器具备一些与人或生物相似的智能能力，如感知能力、规划能力、动作能力和协同能力，是一种具有高度灵活性的自动化机器。"

在研究和开发未知及不确定环境下作业的机器人的过程中，人们逐步认识到机器人技术的本质是感知、决策、行动和交互技术的结合。随着人们对其智能化本质认识的加深，机器人技术开始源源不断地向人类活动的各个领域渗透。结合这些领域的应用特点，人们发展了各式各样的具有感知、决策、行动和交互能力的特种机器人和各种智能机器，如移动机器人、微机器人、水下机器人、医疗机器人、军用机器人、空中空间机器人、娱乐机器人等。对不同任务和特殊环境的适应性，也是机器人与一般自动化装备的重要区别。这些机器人从外观上已远远脱离了最初仿人型机器人和工业机器人所具有的形状，更加符合各种不同应用领域的特殊要求，其功能和智能程度也大大增强，从而为机器人技术开辟出更加广阔的发展空间。

时任中国工程院院长宋健指出："机器人学的进步和应用是 20 世纪自动控制最有说服力的成就，是当代最高意义上的自动化。"机器人技术综合了多学科的发展成果，代表了高技术的发展前沿，它在人类生活应用领域的不断扩大正引起国际上重新认识机器人技术的作用和影响。

### 1.3.2 机器人三原则

科幻作家艾萨克・阿西莫夫（见图 1-19）于 1942 年在其发表的短篇小说《跑来跑去》中创造了"robotics（机器人技术）"这个词。在该小说中，为了防止机器人伤害人类，阿西莫夫列出了他的著名的机器人三原则。

（1）机器人不应伤害人类；

（2）机器人应遵守人类的命令，与第一条违背的命令除外；

（3）机器人应能保护自己，与第一条相抵触者除外。

图 1-19 艾萨克・阿西莫夫

尽管这些定律是虚构的，但这些定律为许多围绕机器人和自主技术的伦理问题提供了基础。如今，机器人学术界一直将这三个原则作为机器人开发的准则。

### 1.3.3 机器人的分类

关于机器人有各种分类方法，有的按控制方式分，有的按负载质量分，有的按自由度数量分，有的按结构分，有的按应用领域分。

（1）操作型机器人：能自动控制，可重复编程，多功能，有几个自由度，可固定或运动，用于相关自动化系统中。

（2）程控型机器人：按预先要求的顺序及条件，依次控制机器人的机械动作。

（3）示教再现型机器人：通过引导或其他方式，先教会机器人动作，输入工作程序，机器人则自动重复进行作业。

（4）数控型机器人：通过数值、语言等对机器人进行示教，机器人根据示教后的信息进行作业。

（5）感觉控制型机器人：利用传感器获取的信息控制机器人的动作。

（6）适应控制型机器人：机器人能适应环境的变化，控制其自身的行动。

（7）学习控制型机器人：机器人能“体会”工作的经验，具有一定的学习功能，并将所“学”的经验用于工作中。

（8）智能机器人：以人工智能决定其行动的机器人。

我国的机器人专家从应用环境出发，将机器人分为两大类，即工业机器人和特种机器人。所谓工业机器人就是面向工业领域的多关节机械手或多自由度机器人；而特种机器人则是除工业机器人之外的、用于非制造业并服务于人类的各种先进机器人，包括服务机器人、水下机器人、娱乐机器人、军用机器人、农业机器人、机器人化机器等。在特种机器人中，有些分支发展很快，如服务机器人、水下机器人、军用机器人、微操作机器人等。

国际上的机器人学者也从应用环境出发，将机器人分为两类：制造环境下的工业机器人（见图 1-20）和非制造环境下的服务与仿人型机器人。

图 1-20 汽车加工现场：激光焊接机器人

## 1.4 现代机器人

现代机器人的研究始于 20 世纪中期，其技术背景是计算机和自动化的发展，以及原子能的开发利用。作为 20 世纪人类最伟大的发明之一，机器人技术自 60 年代初问世以来，取得了长足的进步。工业机器人在经历了诞生—成长—成熟期后，已成为制造业中不可或缺的核心装备。当今世界上有约75万台工业机器人正与工人并肩战斗在各条战线上。

### 1.4.1 机器人的手

机器人要模仿动物的一部分行为特征，自然应该具有动物脑子的一部分功能。光有计算机发号施令还不行，最基本的还需要给机器人装上各种感觉器官。机器人必须有“手”和“脚”，这样它才能根据计算机发出的“命令”动作。“手”和“脚”不仅是执行命令的机构，还应该具有识别的功能，这就是通常所说的“触觉”。动物对物体的软、硬、冷、热等的感觉就是靠触觉器官。大脑要控制手、脚去完成指定的任务，也需要有触觉所获得的信息反馈到大脑里，以调节动作，使动作适当。因此，给机器人装上的应该是一双会“摸”、有识别能力的灵巧的“手”。

机器人的手一般由方形的手掌和节状的手指组成（见图1-21）。为了使它具有触觉，在手掌和手指上都装有带弹性触点的触敏元件（如灵敏的弹簧测力计）。如果要感知冷暖，还可以装上热敏元件，当触及物体时触敏元件发出接触信号。在各指节的连接轴上装有精巧的电位器（一种利用转动来改变电路的电阻而输出电流信号的元件），它能把手指的弯曲角度转换成“外形弯曲信息”。把外形弯曲信息和各指节产生的“接触信息”一起送入计算机，通过计算就能迅速判断机械手所抓的物体的形状和大小。

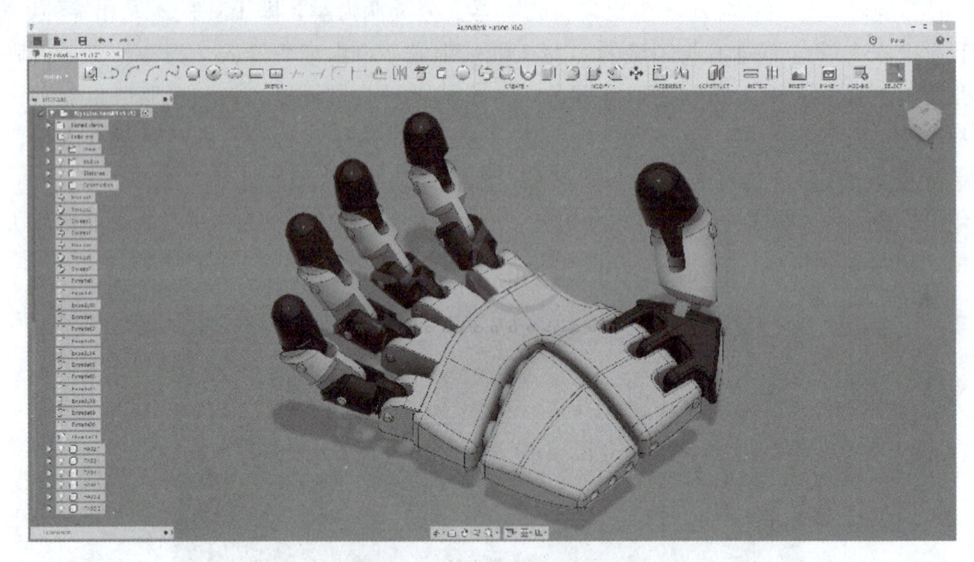

图1-21 机器人的“手”

现在，机器人的手已经具有了灵巧的指、腕、肘和肩胛关节，能灵活自如地伸缩摆动，手腕也会转动弯曲。通过手指上的传感器还能感觉出抓握的东西的质量，可以说已经具备了人手的许多功能。

在实际情况中，有许多时候并不一定需要这样复杂的多节人工指，而只需要能从各种不同的角度触及并搬动物体的钳形指(见图1-22)。1966年，美国海军用装有钳形人工指的机器人“科沃”把因飞机失事掉入西班牙近海的一颗氢弹从750 m深的海底捞了上来。1967年，美国飞船“探测者三号”把一台遥控操作的机器人送上月球，它在地球上人的控制下，可以在2 $m^2$左右的范围里挖掘月球表面40 cm深处的土壤样品，并且放到规定的位置，还能对样品进行初步分析，如确定土壤的硬度、质量等，它为“阿波罗”载人飞船登月当了开路先锋。

图 1-22 俄罗斯宇航员亚历山大·斯科沃佐夫在国际空间站教人形机器人费奥多尔用钳形指拿毛巾擦汗

### 1.4.2 机器人的眼睛

人的眼睛是感觉之窗，人有 80% 以上的信息是靠视觉获取的，能否造出“人工眼”让机器也能像人那样识文断字、看东西，这是智能自动化的重要课题。关于机器识别的理论、方法和技术称为模式识别。所谓模式是指被判别的事件或过程，它可以是物理实体，如文字、图片等，也可以是抽象的虚体，如气候等。机器识别系统与人的视觉系统类似，由信息获取、信息处理与特征抽取、判决分类等部分组成（见图 1-23）。

图 1-23 机器人“眼”“手”并用

采用机器进行邮政信件分拣可以提高效率十多倍。机器认字的原理与人认字的过程大体相似。首先对输入的邮政编码进行分析，并抽取特征，若输入的是数字 6，其特征是底下有个圈，左上部有一直道或带拐弯。其次是对比，即把这些特征与机器里原先规定的 0 ～ 9 这十个符号的特征进行比较，与哪个数字的特征最相似，就是哪个数字。这一类型的识别，实质上称为分类，在模式识别理论中，这种方法称为统计识别法。此研究成果还可用于手写程序直接输入、政府办公自动化、自动排版等方面。

现有的机床加工零件完全靠操作者看图纸来完成。能否让机器人来识别图纸呢？这就是机器识图问题。机器识图的方法除了上述统计方法外，还有语言法，它是基于人认识过程中视觉和语言的联系而建立的。把图像分解成一些直线、斜线、折线、点、弧等基本元素，研究它们是按照怎样的规则构成图像的，即从结构入手，检查待识别图像是属于哪一类“句型”，是否符合事先规定的句法。按这个原则，若句法正确就能识别出来。机器识图具有广泛的应用领域，现代工业、农业、国防科学实验和医疗中，涉及大量的图像处理与识别问题。

### 1.4.3 机器识别物体

机器识别物体即三维识别系统。一般是以电视摄像机作为信息输入系统。根据人识别景物主要靠明暗信息、颜色信息、距离信息等原理，机器识别物体的系统也是输入这三种信息，只是其方法有所不同。由于电视摄像机拍摄的方向不同，可以得到各种图形，如抽取出棱数、顶点数、平行线组数等立方体的共同特征，参照事先存储的物体特征表，便可以识别立方体了。

目前机器可以识别简单形状的物体，对于曲面物体、电子部件等复杂形状的物体识别及室外景物识别等研究工作也有所进展。物体识别主要用于工业产品外观检查、工件的分选和装配等方面。

1. 1886 年法国作家利尔·亚当在他的小说《未来夏娃》中将外表像人的机器起名为“安德罗丁”（Android），它由四部分组成，即造型解质和（　　）。

① 生命系统　② 艳丽服饰　③ 人造肌肉　④ 人造皮肤

A. ①②④　B. ②③④　C. ①③④　D. ①②③

2. 1920 年，捷克作家在其发表的科幻剧本中，把捷克语“Robota”（奴隶）写成“(　　)”，被人们当成今日机器人一词的起源。

A. Robot　B. Unimate　C. JAKA　D. ROKAE

3. 1920 年，(　　) 在其科幻剧本中提出的是机器人的安全、感知和自我繁殖问题。科学技术的进步很可能引发人类不希望出现的问题。

A. 罗伯特　B. 密特朗　C. 欧文斯　D. 恰佩克

4. 虽然“机器人”一词的出现和世界上第一台工业机器人的问世都是近几十年的事。然而，人们对机器人的幻想与追求甚至可以追溯到（　　）时代。

A. 原始社会　B. 农业耕种　C. 古希腊　D. 工业革命

5. 春秋后期，我国著名的（　　）在机械方面也是一位发明家，他曾制造过一只木鸟，能在空中飞行“三日不下”。

A. 铁匠张飞　B. 木匠鲁班　C. 石匠愚公　D. 军师孔明

6. 后汉三国时期，蜀国丞相诸葛亮成功地创造出了“(　　)”，用其运送军粮，支援前方战争。

A. 神行飞车　B. 四轮大车　C. 独轮小车　D. 木牛流马

7. 1738 年，法国天才技师杰克·戴·瓦克逊发明了一只机器鸭，其本意是（　　）。

A. 想把生物的功能加以机械化而进行医学上的分析

B. 学习蛙泳

C. 观察家禽

D. 尝试生蛋

8. 机器人历史上的里程碑之一发生在 1950 年，当时，(　　) 概述了他对机器人工智能的测试，用来测量机器的智能与人类的智能相同还是无法区分的程度。

A. 阿奇舒勒　B. 阿兰·图灵

C. 冯·诺依曼　D. 沃尔特·皮茨

9. 机器人问世已有几十年，但其定义仍然没有一个统一的意见，根本原因主要是因为机器人涉及（　　），成为一个难以回答的哲学问题。

A. 思想问题　　B. 意识形态　　C. 社会发展　　D. 人的概念

10. 就像机器人一词最早诞生于科幻小说之中一样，人们对机器人充满了（　　）。也许正是由于机器人定义的模糊，才给了人们充分的想象和创造空间。

A. 幻想　　B. 理想　　C. 寄托　　D. 信心

11. 1967 年，在（　　）召开的第一届机器人学术会议上，森政弘与合田周平提出的定义是："机器人是一种具有移动性、个体性、智能性、通用性、半机械半人性、自动性、奴隶性等七个特征的柔性机器。"

A. 中国　　B. 日本　　C. 德国　　D. 美国

12. 1967 年，在第一届机器人学术会议上，加藤一郎提出的机器人定义是：具有（　　）三个条件的机器称为机器人。

① 具有语言功能，能说会道，交互能力强；

② 具有脑、手、脚等三要素的个体；

③ 具有非接触传感器（用眼、耳接收远方信息）和接触传感器；

④ 具有平衡觉（因身体移动而引起的感觉）和固有觉（例如思维定式）的传感器

A. ①②④　　B. ①③④　　C. ①②③　　D. ②③④

13. 1987 年（　　）对工业机器人进行了定义："是一种具有自动控制的操作和移动功能，能完成各种作业的可编程操作机。"

A. 美国国家标准计量局　　B. 日本标准株式会社

C. 国际标准化组织　　D. 中国国家标准局

14. 为了防止机器人伤害人类，科幻作家阿西莫夫于 1940 年提出了"机器人三原则"（　　），这是给机器人赋予的伦理性纲领。

① 机器人不应伤害人类；

② 机器人应自主发展，进化意识；

③ 机器人应遵守人类的命令，与第一条违背的命令除外；

④ 机器人应能保护自己，与第一条相抵触者除外

A. ①③④　　B. ②③④　　C. ①②④　　D. ①②③

15.（　　）型机器人：能自动控制，可重复编程，多功能，有几个自由度，可固定或运动，用于相关自动化系统中。

A. 数控　　B. 示教再现　　C. 程控　　D. 操作

16.（　　）型机器人：按预先要求的顺序及条件，依次控制机器人的机械动作。

A. 数控　　B. 示教再现　　C. 程控　　D. 操作

17.（　　）型机器人：通过引导或其他方式，先教会机器人动作，输入工作程序，机器人则自动重复进行作业。

A. 数控　　B. 示教再现　　C. 程控　　D. 操作

18.（　　）型机器人：不必使机器人动作，通过数值、语言等对机器人进行示教，机器人根据示教后的信息进行作业。

A. 数控　　B. 示教再现　　C. 程控　　D. 操作

19.（　　）型机器人：机器人能适应环境的变化，控制其自身的行动。

A. 学习控制　　B. 智能　　C. 适应控制　　D. 感觉控制

20. 作为20世纪人类最伟大的发明之一，工业机器人在经历了诞生—成长—成熟期后，已成为制造业中不可少的（　　）装备。

A. 独立　　B. 先进　　C. 核心　　D. 成熟

## 研究性学习 熟悉机器人及其发展

所谓“研究性学习”，是以培养学生“具有永不满足、追求卓越的态度，发现问题、提出问题、从而解决问题的能力”为基本目标；以学生从学习和社会生活中获得的各种课题或项目设计、制作等为基本的学习载体；以在提出问题和解决问题的全过程中学习到的科学研究方法、获得的丰富且多方面的体验和科学文化知识为基本内容；以在教师指导下，学生自主开展研究为基本的教学形式的课程活动。

在本书中，我们结合各课学习内容，精心选取了系列【导读案例】，用新闻或故事的形式讲述在工业机器人、智能机器人等领域，人们是如何工作、生活的，着眼于“我们如何灵活应用这一技术”，来“开动对未来的想象力”。

（1）组织学习小组。

本课程的【研究性学习】以学习小组集体形式开展活动。为此，请你邀请或接受其他同学的邀请，组成学习小组，成员以3～5人为宜。

你们的小组成员是：

召集人：________________（专业、班级：________________）

组员：________________（专业、班级：________________）

________________（专业、班级：________________）

________________（专业、班级：________________）

________________（专业、班级：________________）

（2）小组活动。

请阅读本课的【导读案例】，讨论：

① 以“2021机器人春晚”为题，讨论以前、当下以及未来“机器人”的发展。

② 了解和熟悉前三次工业革命的发展历程，发展内涵，探索我们在第四次工业革命的可能的所作所为，提高自己的认识，规划自己的职业生涯。

记录：请记录小组讨论的主要观点，推选代表在课堂上简单阐述你们的观点。

评分规则：若小组汇报得5分，则小组汇报代表得5分，其余同学得4分，余类推。

活动记录：________________________________

________________________________

________________________________

________________________________

________________________________

实训评价（教师）：________________________________

________________________________

# 第2课 工业机器人

## 学习目标

**知识目标**

（1）熟悉工业机器人的发展历史。

（2）把握工业机器人的发展方向。

（3）熟悉工业机器人的组成、类型及其应用场景。

**能力目标**

（1）掌握专业知识的学习方法，培养阅读、思考与研究的能力。

（2）具备团队精神，提高参与学术活动的组织和能力。

**素质目标**

（1）热爱学习，掌握学习方法，提高学习能力。

（2）热爱读书，善于分析，勤于思考，关心技术进步。

（3）体验、积累和提高“大国工匠”的专业素质。

**重点难点**

（1）工业机器人的发展历史。

（2）工业机器人的组成与类型。

## 导读案例 机器人手臂的发展和进化

就像苹果公司当年的成长一样，工业机器人的诞生也是两个人的合力才实现的，有趣的是，起初这两人都不愿意把这个东西叫做机器人。

乔治•德沃尔是机器人手臂的发明者，他的名字出现在1954年提交的相关专利申请上，最终于1961年获得授予。不过，将那项名为“优美特（Unimate）”的发明出售给工业界的是联合创办尤尼梅逊（Unimation）公司的约瑟夫•恩格尔伯格。德沃尔发明的那项专利取名“程序化物品转移”，听起来非常低调，而它实际上是全球第一个机器人手臂（见图2-1）。

专利申请中的一个特定的段落完全没有使用“机器人”一词，而使用的技术术语是“通用转移设备”。该段落明确指出，该设备在不久的将来将会改变世界。“本发明率先带来了一种或多或少通用的机器，它普遍适用于需要循环控制的各类应用；在这方面，这项发明取得了许多重要的成果。”专利申请文件写道。

德沃尔是一名自学成才的工程师，1957年认识恩格尔伯格时，他已经在自动化领域有了一段很长的职业生涯，并且已经申请了机器人手臂专利，他的第一家公司United Cinephone的业务是将光电管应用到机器上。不过，正如公司的名字所暗示的，该公司实际上是从电影工业起步的，目标是为“有声电影”生产录音设备。德沃尔的技术在市场上很快就被业内巨头打败了，但是他聪明地意识到，他原本打算用在电影院的光电管在其他地方也能派上用场，尤其是自动门，这也是德沃尔的发明之一。

据《机器人时代》称，在20世纪40年代，这种自动化让德沃尔产生了“可教机器”的想法，那是一种基于一系列以磁化形式保存在机器中的指令而运行的设备。那项早期专利的成功最终促使德沃尔形成了机器人手臂的想法，他给该设备取的另一个名字是“操纵器”。“在我们有了可教的机器之后，我们在想：为什么不制造一个操纵器呢？让我们手动操纵机器来四处转移零部件。”德沃尔解释道。

恩格尔伯格和德沃尔第一次见面是在一个鸡尾酒会上，两人因为对科幻小说的共同兴趣而结下了不解之缘。恩格尔伯格当时在曼宁，麦克斯韦和摩尔铁路设备公司的飞机部门工作，他很快就看到了德沃尔的想法的潜力。没多久，在这家铁路公司被卖给一家对航空业毫无兴趣的公司之后，一个进一步贯彻该想法的机会出现了。

恩格尔伯格与另一家名为联合柴油电子的公司合作，为工业机器人的研发提供资金支持。他努力地打造这项业务来支持德沃尔的发明。不久以后，尤尼梅逊公司以及它的主要产品Unimate诞生了。德沃尔没有参与尤尼梅逊公司的日常事务，事实上他甚至连该公司的员工都称不上。他主要专注于自己的专利和发明工作，而让恩格尔伯格去把他的发明推销给世界。这制造了一个奇怪的局面：德沃尔显然是机器人手臂的发明者，但“机器人之父”的头衔却属于恩格尔伯。

Unimate受到了媒体的高度关注（见图2-2），来看看其中的五种描述。

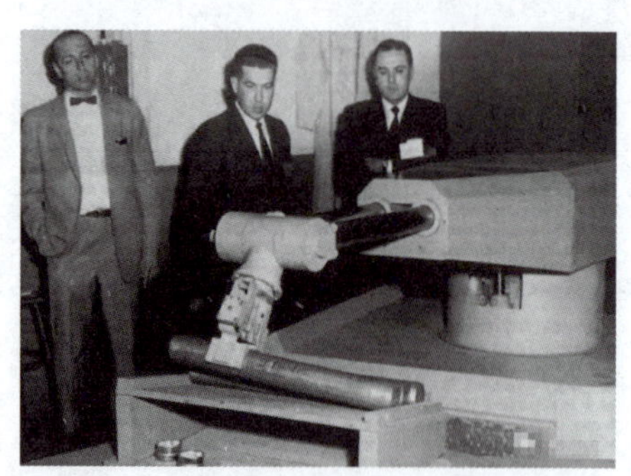

图2-1　德沃尔发明的Unimate机器人手臂

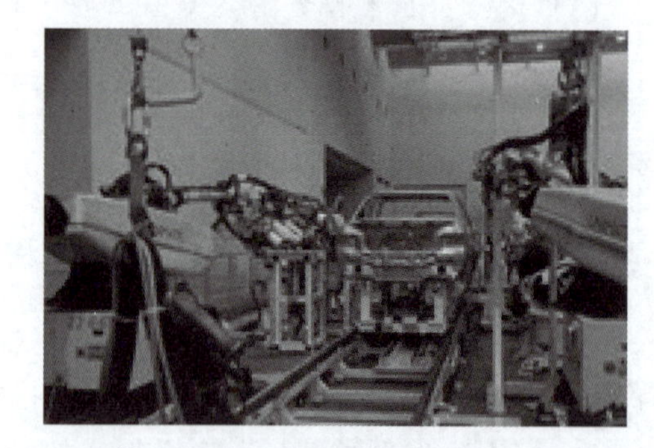

图2-2　在丰田工业和技术纪念博物馆，Unimate设备正在进行作业展示

（1）英国“影音”的一篇报道将Unimate描述为这样一种机器：可以“像人一样熟练地在工厂或实验室里执行各种任务，但完全不会感到疲倦”。

（2）1961年，《新科学家》杂志的一篇文章实事求是地描述了该项设备，它没有过多地进行吹嘘，而是告诉读者它有什么样的潜力：“这只手是在空气作用下操作的，因此可以通过调节气压来控制夹紧的压力。”文章写道，“虽然4英寸手指末端的最大握力是180

磅，但也可以毫不费力地处理易碎的物体。”

（3）与此同时，英国百代公司于 1968 年拍摄的一部电影将这台设备描述为：“一个不仅对事物有着超酷掌控力的机器人；它还拥有头脑，可以通过编程变得像计算机一样。”

（4）1969 年，《纽约时报》刊文讨论了在福特工厂里的一台昵称“克莱德”的 Unimate 设备，着重谈到这种设备的局限性：“克莱德没有视觉能力，因此无法感知周围的环境，无法根据所学的东西采取行动，因此它完全无法与科幻小说中的机器人和半机械人相提并论。”《纽约时报》科学记者威廉·K. 史蒂文斯在一篇题为《像机器一样的人仍在蹒跚学步》的文章中写道。

（5）与此同时，《大众科学》在 1962 年的一篇文章中对这款设备的使用案例进行了深入的思考。作家奥尔登·P. 阿玛格纳克写道：“如果你想的话，这种多功能的自动化设备会在钢琴或木琴上演奏‘我的祖国是你’。它会把咖啡倒进桌子上随意摆放的杯子里，或者它会拿起字母块，拼出自己的名字：‘Unimate’。”

相对来说，第一个机器人手臂的制造工作并不难。而销售部分则有点困难了。

当德沃尔发明了后来催生 Unimate 的专利时，它并不是叫“机器人”。尽管这个词在当时已经因为兴起的科幻小说而变成流行词，但他们不清楚这个设备是否应该被称为机器人。在某种程度上，这是因为机器人仍然是相当新颖的概念，而且作为一家新公司，他们不想吓跑在寻找实用解决方案而非科幻式设备的潜在客户。

在最初与媒体见面时，恩格尔伯格小心翼翼地避免过分推销这项技术。1961 年，在布里奇波特邮报讨论尤尼梅逊公司成立不久后举行新闻发布会的一篇文章中，他称该设备为“操纵器”，强调它没有知觉，并说它的能力是“人类的一种延伸”。

在 1981 年接受“机器人时代”采访时，德沃尔最终指出：既然公众把它称为机器人，那么尤尼梅逊或许也应该那么称呼它。

“你应该看看我和乔在一起的时光，我一直在劝说他将该设备称作机器人，”德沃尔当时回忆道，“他说：‘不要那样做。那样的话，我们永远也进不了汽车行业，也进不了别的行业。’”到最后，德沃尔指出“没有人知道操纵器是什么”，才说服恩格尔伯格使用机器人这个术语。

不管 Unimate 叫什么，这台当时售价 2.5 万美元的设备在工业环境中确实很有价值。因为通过程序化，它能够重复做同样的事情成千上万次，连续工作数百个小时，完全不需要休息，不需要花很多的功夫去维修，也不需要休假，它甚至可以记住多达 200 个连续的步骤。

无论设备的叫法是否存在争议，尤尼梅逊数年来一直都难以取得进展。1961 年，该公司将首款 Unimate 原型出售给了通用汽车公司，但它还是很难找到其他对其产品感兴趣的美国公司。福特最初拒绝在自己的工厂里广泛使用机器人手臂。

这个问题一方面也可能是因为机器人给人类工人带来了威胁。在通用汽车于 1969 年在俄亥俄州的洛德斯敦建立了一个高度自动化的工厂以后，工人们因为裁员和比过去快得多的工作节奏而发起反抗。根据《时代》1972 年的一篇报道，“蓄意破坏”问题——有意给整车漏装部件，或者故意破坏车辆——成为了该工厂的一大问题。在一定程度上，是通用汽车自己造成了这个问题，因为它给工人们的工作增加了额外的任务，以缓解工作的乏味，不然他们可能会变得心烦意乱。但《时代》记者埃德温·雷金德表示，那并不是员工们实际想要的。“许多工人抱怨他们不愿像别人要求的那样努力工作，”雷纳德说，“过去被视为普通规范的事情，似乎不再为他们所接受了。”

尤尼梅逊最终在美国以外的地方取得了更大的进展。在那些地方，劳工问题没有美国那么显著。德沃尔在接受“机器人时代”采访时指出，在诺基亚公司在芬兰经营的一家工厂的驱动下，欧洲成了尤尼梅逊大获成功的一个地区（菲亚特是该公司的主要客户）。

在尤尼梅逊于1968年将其技术授权给川崎重工之后，日本也成为机器人手臂的一个市场。这在20世纪80年代日本崛起成为汽车工业的一股强劲力量的过程中发挥了重要作用——促使日本机器人产业超越美国机器人产业。

最终，美国公司也参与进来。机器人重新定义了整个汽车产业。

1983年，德沃尔在《华盛顿邮报》的一篇文章指出：“我们将优势拱手相让给了日本人。我就是理解不了美国。”

虽然尤尼梅逊发明并普及了该重新定义工业世界的概念，但它直到1975年才真正实现盈利。这家公司最终却被竞争对手们压垮了。

2011年，乔治·德沃尔去世时，他获得了在《纽约时报》发讣告的待遇。但不幸的是，它没有得到历史教科书的重视。

任天堂在1966年推出的Ultra Hand设备的销量是120万，那是该公司的第一款非电子玩具。它实际上是一个巨大的夹钳，一端有两只手——非电子的，但有点机器人手臂的味道。这款玩具是由著名的任天堂发明家冈培·横井发明的，后来它还启发出了另一款更加有名的设备（横井在大约20年后发明出来）：家庭计算机机器人（简称ROB），这个带有机器人手臂的设备可用来玩游戏“陀螺仪”和*Stack-Up*（“叠起”）。这款设备虽然没有大受欢迎，但却在任天堂的成功中发挥了关键的作用：在1983年视频游戏崩溃以后，它帮助说服了玩具销售商囤积任天堂娱乐系统。

有一家公司打造的工业机器人手臂出现在某保龄球馆（见图2-3）。很显然，自动化让玩保龄球的体验比其他任何时候都要好得多：由机器来清理球瓶，捡起球瓶，并确保球在投球者需要的时候回到投球者手中。现代机器甚至还能记分。

作为美国最大的保龄球馆运营商之一，AMF公司名字并不起眼，但它指代某种让人预料不到的工业：美国机械和铸造。这家公司的历史可以追溯到1900年，它曾是美国政府的主要国防供应商，还获得了首台球瓶排列机器的许可权。

在此期间，AMF成为第二家开发工业机器人手臂的公司，它于1958年开始开发一种名为“全能转移机”的设备。它与Unimate在市场上竞争多年，甚至还占据某种主场优势，因为该设备是在离美国汽车产业大本营不远的密歇根制造的。

AMF的工业机器人业务后来被一家名为Prab的公司收购，该公司最终将业务重点放在了保龄球和其他娱乐消遣上面。

你可能并不知道AMF在工业机器人的创造中扮演了如此重要的角色，但你能想到，在很多方面，保龄球场包含了众多机器人手臂能满足的自动化要素。就像机器人手臂一样，保龄球馆遵循一个脚本，可高度自动化运作。我们把保龄球看作一种游戏，甚至一种运动，但仔细想想，其实就是人类为了娱乐目的而与一台巨大的机器进行互动。从这个角度来看，保龄球和机器人手臂有这种奇怪的联系并不奇怪。

作为机器人产品最早的实用机型（示教再现）是1962年美国AMF公司推出的VERSTRAN和UNIMATION公司推出的UNIMATE。这些工业机器人的控制方式与数控机床大致相似，但外形特征迥异，主要由类似人的手和臂组成（见图2-4）。

图 2-3　保龄球馆

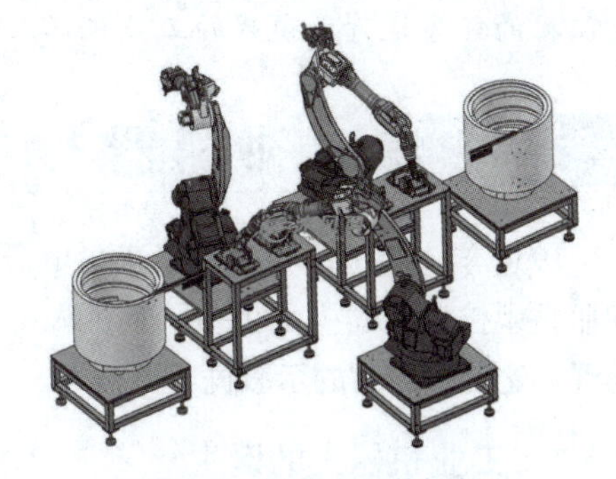
图 2-4　机器人组装铆接

1968年，麻省理工学院人工智能实验室的联合创始人马文·明斯基打造出了“触须手臂”。该机器人设备具有多个关节，具有很高的灵活性。从演示中可以看到，额外的灵活性使得该手臂强壮到足以将人从地面举起来。

阅读上文，请思考、分析并简单记录：

（1）一个在当初并不起眼的发明“程序化物品转移”，成就了现代社会的一个伟大的事业——“机器人”。请简单说说你对机器人手臂发明者乔治·德沃尔的看法。

答：________________________________________________

________________________________________________

________________________________________________

________________________________________________

（2）德沃尔是机器人手臂的发明者，但“机器人之父”的头衔却属于恩格尔伯。对当今世界上这种常见的合作结果，请简单谈谈你的见解。

答：________________________________________________

________________________________________________

________________________________________________

________________________________________________

（3）机器人手臂的发明之花诞生在美国，却盛开在日本和欧洲，美国人丧失了“先发优势”。你认为其中的原因有哪些？

答：________________________________________________

________________________________________________

________________________________________________

________________________________________________

（4）请简单记述你所知道的上一周内发生的国际、国内或者身边的大事。

答：________________________________________________

________________________________________________

工业机器人是面向工业领域的多关节机械手或多自由度的机器装置，它能自动执行工作，是靠自身动力和控制能力来实现各种功能的一种机器。它可以接受人类指挥，也可以按照预先编排的程序运行，现代的工业机器人还可以根据人工智能技术制订的原则纲领行动。

## 2.1 工业机器人历史

1954年，美国的乔治·德沃尔申请了第一个工业机器人技术专利，该专利的要点是借助伺服技术控制机器人的关节，利用人手对机器人进行动作示教，机器人能实现动作的记录和再现。这就是所谓的示教再现机器人。现有的机器人大都采用这种控制方式。

### 2.1.1 工业机器人的诞生

乔治·德沃尔和约瑟夫·恩格尔伯格于1956年成立了第一家生产机器人的公司尤尼梅逊。1959年第一台工业机器人——尤尼梅逊机器人Unimate（可编程、圆坐标，见图2-5）在美国诞生，这种革命性的装置永远改变了制造业的面貌。

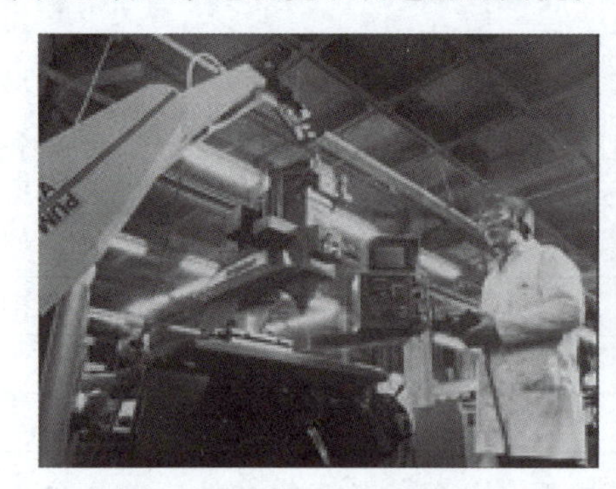

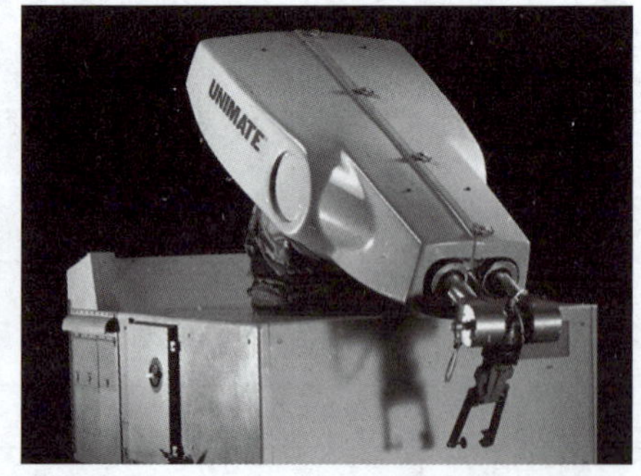


图2-5 第一台工业机器人Unimate

当时Unimate被称为通用转移设备，它最初的主要用途是将物体从一个点转移到不远处的另一个点。它们使用液压驱动器，并在关节中进行坐标编程，即各关节的角度在示教阶段存储进去，并在操作中重复使用，它们精确到1/10 000英寸以内。

1968年，麻省理工学院人工智能实验室的联合创始人马文·明斯基发明了一种“触手臂”——一个由液压装置驱动的12节机械手臂，可以通过操纵杆进行控制。明斯基的机器人触手臂很容易就能绕过障碍物。他的研究为今天出现的许多软机器人技术创新铺平了道路。

1969年，维克多·沙因曼在斯坦福大学发明了斯坦福机械臂（见图2-6），这是一个巨大的突破，就像当时用磁鼓操作Unimate一样。这台完全由斯坦福大学人工智能实验室完成的全电动六轴关节机器人手臂，被认为是最早由计算机控制的机器人之一，虽然主要用于教育目的，但斯坦福手臂标志着可通过计算机控制的工业机器的重大突破。

图2-6 斯坦福机械臂

斯坦福手臂可以像人的手臂一样运动，这使得它能够精确地在空间中遵循任意路径，并将机器人的潜在用途扩展到更复杂的领域，如组装和焊接。然后，维克多·沙因曼在麻省理工学院人工智能实验室设计了第二个手臂。维克多·沙因曼获得尤尼梅逊公司的研究资助，并将这些设计出售给尤尼梅逊公司。尤尼梅逊公司在通用汽车的支持下进一步开发这些设计，后来将其生产为可编程通用装配机（PUMA）并销售。

### 2.1.2　工业创新和太空机器人

20 世纪 70 年代初，世界上第一个全面拟人化机器人 WABOT-1 问世（见图 2-7），这是 1967 年 WABOT 的后续行动，由东京早稻田大学的加藤一郎创立。WABOT-1 有一个视觉和肢体控制系统，可以自行导航和自由移动，甚至可以测量物体之间的距离。它的手具有触觉传感器，这意味着它能抓住和运输物体。它的智力与 18 个月的人类相当，标志着人形机器人技术的重大突破。

工业机器人在欧洲迅速发展。1973 年，ABB 机器人和库卡机器人都向市场推出了机器人。ABB 机器人（前瑞典通用电机公司）推出了 IRB 6，是世界上第一个市场上可买到的全电动微处理器控制机器人。首批两个 IRB 6 机器人被出售给瑞典的马格努松，用于打磨和抛光弯管。同样 1973 年，德国库卡（KUKA）机器人公司制造了第一个机器人，被称为 FAMULUS，是第一个拥有六个机电驱动轴的关节机器人。第二年，理查德·霍恩开发了第一台由小型计算机提供动力的工业计算机——“明天的工具”（T3）。

1978 年，由日本山梨大学牧野博教授开发了 SCARA（选择性顺从组装机械臂，又称斯卡拉）机器人（见图 2-8），它的手臂可以沿四轴移动，并在 20 世纪 80 年代早期成为装配线上的常见设备。

图 2-7　第一个拟人化机器人 WABOT-1

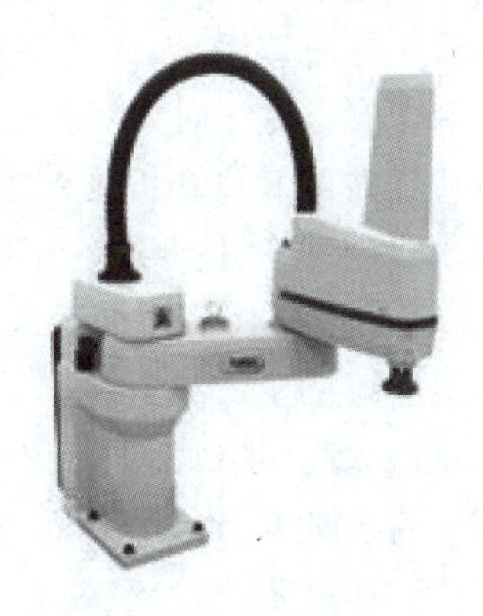

图 2-8　SCARA 工业机器人

于 1976 年第一批登陆火星的机器人是维京 1 号和维京 2 号（见图 2-9），这两个机器人都是由放射性同位素热电供电，发电机通过衰变钚释放的热量产生能量。尽管这两个登陆器收集的数据很模糊，但它们是今天火星探测器的先行者。

图 2-9　第一批登陆火星的机器人维京 1 号和维京 2 号

20 世纪 70 年代末，人们对机器人技术的兴趣增加。许多美国公司进入了这个领域，包括通用电气和通用汽车这样的大公司（它们和 FANUC 日本有限公司组成了合资企业 FANUC 机器人公司），还有美国的初创公司 Automatix（自动机）和 Adept Technology（熟练技术）。在 1984 年，机器人产业的鼎盛时期，尤尼梅逊公司被西屋公司以 1.07 亿美元收购。1988 年西屋公司把尤尼梅逊公司出售给了法国的 Staubi Faverges SCA 公司，该公司仍在为一般工业和洁净室应用生产机器人，2004 年末，甚至还买下了博世的机器人部门。

只有少数非日本公司最终在这个市场上生存了下来，主要是 Adept Technology（熟练的技术）、史努比、瑞典—瑞士公司 ABB、德国库卡机器人公司和意大利公司柯马。

### 2.1.3　家庭机器人和旅居者火星车

20 世纪 80 年代，机器人正式进入主流消费市场，尽管大多是简单玩具。其中最受欢迎的机器人玩具是“万能机器人 2000”（见图 2-10），这是遥控的，配有一个托盘用来供应饮料和零食。这一时期另一个备受追捧的机器人玩具是任天堂娱乐系统的 R.O.B 机器人播放器，它可以对六个不同的命令做出响应，这些指令通过 CRT 屏幕上的闪光灯进行通信。

图 2-10　万能机器人 2000（遥控）

20 世纪 80 年代工业机器人领域出现了进一步发展，福特在世界各地的生产线上增加了数百个机器人。福特嘉年华因其由机器人注入防腐密封剂而备受瞩目。

1981 年随哥伦比亚号航天飞机发射，由加拿大制造的机械臂长 15.2 m，有六个连接点，它可以由控制站的一名机组成员控制，在服役期间成功执行了 90 次任务。

1989 年麻省理工学院研究人员制造的六足机器人“成吉思汗”（见图 2-11）被认为是现代历史上最重要的机器人之一。20 世纪 80 年代末至 90 年代初期，美国国家航空航天局（NASA）曾一度陷入太空探索机器人普遍庞大、昂贵及行动缓慢的困境。随后，NASA 从六足机器人“成吉思汗”中取得灵感，由于其体积小，材料便宜，“成吉思汗”被认为缩短了未来空间机器人设计的生产时间和成本，使之可以由 12 个伺服电机和 22 个传感器组成，穿越岩石地形，于是研制出更为小巧和敏捷的“探路者号”火星车（见图 2-12），打破了当时的研发僵局。1997 年 7 月，旅居者这个轻型机器人由探路者号带到火星，成功着陆于火星表面，首次实现了人类对于火星的探索。

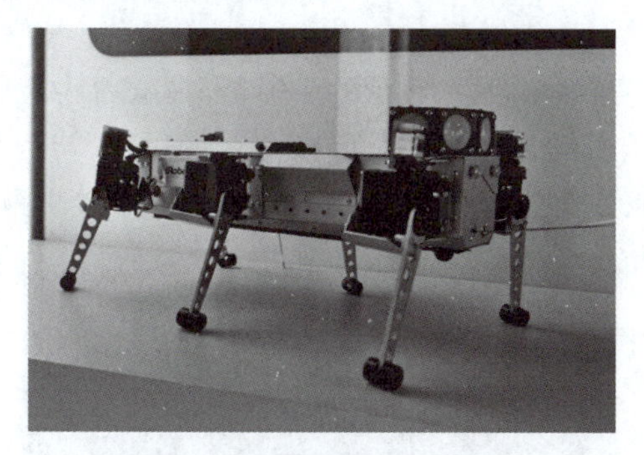

图 2-11 “成吉思汗”六足机器人

图 2-12 旅居者号火星车

在火星期间，旅居者探索了 250 $m^2$ 的土地，并拍摄了 550 张图片。基于旅居者收集的信息，科学家们确定火星曾经有一个温暖潮湿的气候。这次任务标志着美国宇航局更多的火星探测器的开始。

### 2.1.4 射波刀和爱宝机器狗

20 世纪 90 年代初，射波刀机器人（见图 2-13）进入手术室。由斯坦福大学神经学教授约翰 • R. 阿德勒开发的射波刀是一种非侵入性的手术工具，又称“立体定位射波手术平台”，是一种全身立体定位放射外科治疗设备，可以跟踪和瞄准肿瘤，聚焦辐射束较窄，用于手术治疗全身各部位的肿瘤，是唯一综合“无伤口、无痛苦、无流血、无麻醉、恢复期短”等优势的全身放射手术形式，患者术后即可回家。

1999 年出现了 20 世纪最具标志性的机器人之一——索尼的爱宝（AIBO）宠物机器狗（见图 2-14），它可以对语音指令做出回应。新款全新改装后，配有两个摄像头和空间映射功能。

图 2-13 射波刀

图 2-14 爱宝机器狗

### 2.1.5 今天的机器人

随着机器人技术的普及，许多家庭都有了自己的自动清洁地板机器人吸尘器，我们也看到了从军队到物流运输等各个领域的无人机应用，其中，尤其要注意的是两个机器人——索菲亚和波士顿动力狗。

2017 年，由汉森机器人公司开发的 Android 机器人索菲亚（见图 2-15）于 2017 年 10 月获得沙特阿拉伯公民身份。在接下来的一个月里，她成为第一位非人类女性担任的联合国开发计划署创新大使。索菲亚的人工智能是基于云的，能够深度学习，可以识别和复制各种各样的人类面部表情。

波士顿动力公司不断创新现代机器人技术，一直被媒体视为潮流的引领者。其产品中最著名的是“波士顿动力狗”（见图 2-16），它在 2005 年推出时吸引了全世界的关注。它最初是设计成一个军用机器人，身上安装了 50 个传感器，能够承载 150 kg，能以 6.4 km/h 的速度奔跑。

图 2-15 机器人索菲亚

图 2-16 波士顿动力狗

此后，波士顿动力公司又公布了另外两款吸引人们眼球的机器人——自主机器人狗 SpotMini 和能够跑动和跳过障碍的复杂的类人机器人 Atlas。机器人技术的发展已经经历了一段漫长而又传奇的历史，人们对此充满着期待。

根据国际机器人联合会（国际财务报告准则）2018 年世界机器人报告，到 2017 年底，大约有 2 097 500 个可操作的工业机器人在工作。到 2021 年底，这一数字估计达到 3 788 000 个。其中，中国是国际最大的工业机器人市场。

据统计，工业机器人的最大行业客户是汽车工业，占 33% 的市场份额，然后是电气 / 电子工业，占 32%，金属和机械工业占 12%，橡胶和塑料工业占 5%，食品工业占 3%。

## 2.2 国产机器人发展

作为“制造业皇冠上的明珠”的工业机器人以更高的生产效率、流水线生产而应用日益广泛。而且，工业机器人能有效解决劳动力短缺、用人成本上升等问题，拥有巨大的发展前景，如今已经成为我国制造业转型的强大推动力。但需要警醒的是，我国工业机器人产业并不乐观，尚待进一步发展。

2013 年以来，中国一直是全球最大的工业机器人消费市场，背靠如此庞大的市场，不少中国机器人企业展现出了不错的发展潜力（见图 2-17）。

譬如，专攻工业机器人、柔性协作机器人及智能装备的珞石机器人（ROKAE）成立于 2014 年，经过多年不断探索，已经是当前我国能实现同水平进口替代的机器人巨头，具备研发、生产与销售一体化能力（见图 2-18）。

图 2-17　节卡工业机器人

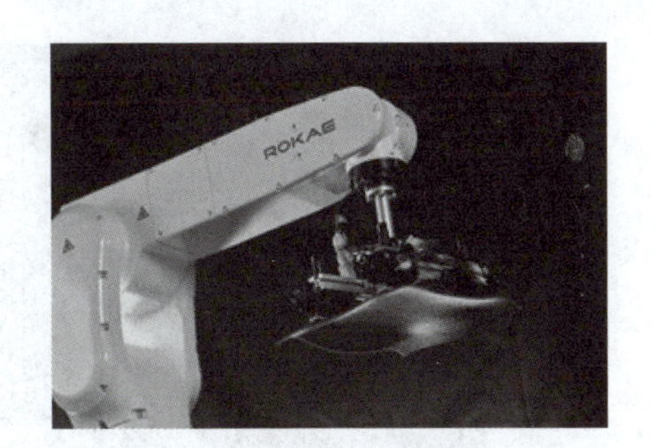


图 2-18　珞石工业机器人

据悉，珞石机器人已经累计申请 100 余项技术专利。同时，珞石机器人还同舍弗勒、小米、张小泉等行业领先企业，建立起了密切的合作。

针对不同场景、不同客户，珞石机器人做了深度的适配，推出多种行业解决方案。例如，针对“磨剪刀”这一场景，珞石机器人花费了许多力气。为了获取老师傅的磨刀经验与技术，珞石机器人让程序员首先做的并不是编程，而是学磨刀技术。同时，针对不同剪刀规格、不同品牌、不同型号的产品，珞石机器人进行了深度调整。为此，珞石机器人磨了数百万把刀，费了大量的时间、精力。珞石机器人的努力并没有白费，为公司赢得了张小泉、十八子、美珑美利等刀具领先企业的青睐。

在缝纫、传统制造业、3C 电子等场景中，珞石机器人也进行了深度适配，推动了珞石机器人技术的提升。随着智能制造脚步的不断加快，珞石机器人将会有更大的发展空间。

## 2.3 工业机器人应用

机器人自动化是一项快速进步的技术，在短短几十年时间里，工业机器人已经在全世界范围内成为工厂里的普通装置（见图 2-19）。工业机器人不仅可以克服恶劣环境对生产的影响，减少人工的使用，保障工人的安全，还能够帮助工厂节约生产成本，提高生产效率，从而稳定地保证产品质量。

图 2-19　工业机器人可完全替代整个产业线的生产加工

工业机器人主要用于制造生产领域（见图 2-20），通常是自动化的、可编程的，有三个及以上运动轴的多自由度的自动化机器装置，它能自动执行工作，按照自身动力和控制能力来实现各种功能。

(a) 铸造作业铰接式工业机器人

(b) 焊接六轴机器人

图 2-20　工业机器人

### 2.3.1　工业机器人组成

工业机器人一般由机械、传感和控制等三大部分组成，这三大部分又分成六个子系统。

(1) 驱动系统：给每个关节即每个运动自由度安置传动装置，使机器人运动起来。

(2) 机械结构系统（见图 2-21）：由机身、手臂、末端操作器三大件组成。每一大件都有若干自由度，构成一个多自由度的机械系统。手臂一般由上臂、下臂和手腕组成。末端操作器是直接装在手腕上的一个重要部件，可以是两手指或多手指的手爪，也可以是喷漆枪、焊枪等。

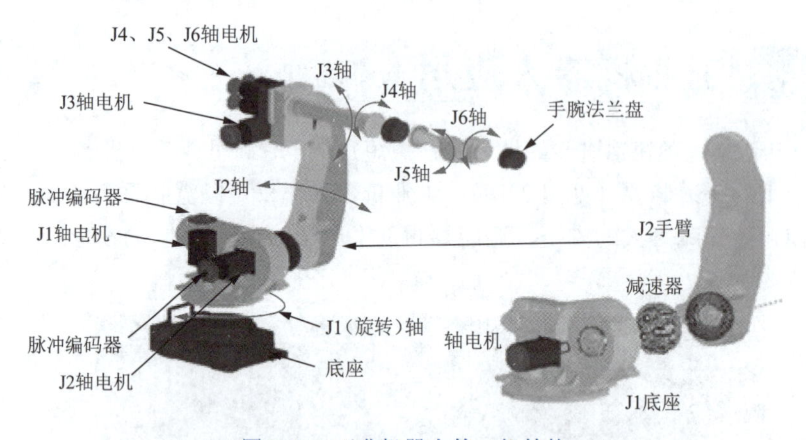

图 2-21　工业机器人的一般结构

(3) 传感系统（见图 2-22）：获取内部和外部环境状态中有意义的信息，提高机器人的机动性、适应性和智能化水准。

(4) 机器人 - 环境交互系统：实现机器人与外部环境中的设备相互联系和协调的系统。

(5) 人机交互系统：人与机器人进行联系和参与机器人控制的装置。

(6) 控制系统：根据机器人的作业指令程序以及从传感器反馈回来的信号，支配机器人的执行机构去完成规定的运动和功能。

机器人的典型应用包括焊接、绘画、组装、挑选和移动，用于印制电路板、包装、打标签、夹板装载、产品检验和测试等工序。所有这些应用都是以高耐用性、高速度和高精度完成的。它们还可以协助物料输送（见图 2-23）。

图 2-22　库卡的 KMR CYBERTECH nano 运用激光传感器去感知环境

图 2-23　一家面包店用机器人将面包和烤面包等食品码垛

### 2.3.2　工业机器人类型

最常用的机器人构型是关节型机器人、SCARA（选择性顺从组装机械臂）机器人、Delta 机器人（主要用于食品包装行业的抓取、包装、码垛和机床上下料的高精度、高效率、高寿命的并联机器人）和直角坐标型机器人（又称龙门机器人或 x-y-z 机器人）。一般情况下，按照机器人学的定义，大多数类型的机器人都属于机械臂的范畴。机器人表现出不同程度的自主性。

一些机器人被编程为忠实地一遍又一遍地执行特定的动作（重复动作），没有其他变化并且具有高精度。这些动作由指定一系列协调运动的方向、加速度、速度、减速度和距离的程序设定决定。

还有一些机器人在操作对象的方向上或者在对象本身上执行的任务上更加灵活，机器人甚至可能需要识别这些任务。例如，为了获得更精确的导航，机器人通常包含机器视觉子系统，作为它们的视觉传感器，连接到强大的计算机或控制器上。

### 2.3.3　工业机器人发展趋势

美国机器人产业协会（RIA）曾经预测工业机器人的六大发展趋势。

(1) 工业物联网（IIoT）技术的应用。机器人会在生产的最前沿应用智能传感器，采集制造商以前无法获得的数据。

(2) 优先考虑工业网络安全。机器人与内部系统的联网越来越多，网络安全的风险不断增加。制造商必须解决生产工艺中的缺陷，并在网络安全方面加大投资，确保安全、可靠的生产。

(3) 大数据分析成为竞争优势。机器人成为工厂车间主要信息来源之一。制造商必须通过系统组织和分析采集到的所有数据，以便采取有效的行动，提升企业的竞争优势。

(4) 实施开放式的自动化架构 。随着机器人自动化应用越来越广泛，对开放式自动化架构的需求相应增加。大型的行业参与者将与行业机构一起制定标准和开放式文档，机器人集成更加容易，兼容性会变得更好。

(5) 虚拟解决方案增加。虚拟解决方案会成为工业机器人的一个主要部分。

(6) 协作机器人将更受欢迎。协作机器人可以在人类身边安全地工作，而且通常比工业机器人便宜得多。随着协作机器人在严苛的工业环境中变得更有能力，对投资回报率有严格要求的制造商会更多地采用协作机器人。

## 作业

1. 人类历史上第一个工业机器人技术专利是美国的乔治·德沃尔在（　　）年申请的，该专利的要点是借助伺服技术控制机器人的关节，经过动作示教，机器人实现动作的记录和再现。

A. 1946　　B. 1949　　C. 1954　　D. 1956

2. 全球第一家生产机器人的公司尤尼梅逊成立于1956年的美国。1959年第一台工业计算机Unimate诞生，这种革命性的装置永远改变了制造业的面貌。当时，这台机器被称为（　　）。

A. 通用转移设备　　B. 成吉思汗
C. WABOT-1　　D. 斯坦福机械臂

3. 1969年，维克多·沙因曼发明了（　　），这台全电动六轴关节设备被认为是最早由计算机控制的机器人之一，标志着可通过计算机控制的工业机器的重大突破。

A. 通用转移设备　　B. 成吉思汗
C. WABOT-1　　D. 斯坦福机械臂

4. 20世纪70年代初，世界上第一个全面拟人化机器人（　　）问世，它有一个视觉和肢体控制系统，可以自行导航和自由移动，手具有触觉传感器，智力与18个月的人类相当，标志着人形机器人技术的重大突破。

A. 通用转移设备　　B. 成吉思汗
C. WABOT-1　　D. 斯坦福机械臂

5. 1978年，由日本山梨大学牧野博教授开发了（　　），即选择性顺从组装机械臂，它的手臂可以沿四轴移动，并在20世纪80年代早期成为装配线上的常见设备。

A. 索菲亚　　B. SCARA　　C. 波士顿　　D. ROKAE

6. 1989年麻省理工学院研究人员制造的六足机器人（　　）被认为是现代历史上最重要的机器人之一，NASA从其中取得灵感，研制出更为小巧和敏捷的“探路者号”火星车。

A. 通用转移设备　　B. 成吉思汗
C. WABOT-1　　D. 斯坦福机械臂

7. 在机器人技术的普及中，尤其要注意的是两个机器人是（　　）和波士顿动力狗。前者于2017年10月获得沙特阿拉伯公民身份，接着成为第一位非人类担任的联合国开发计划署创新大使。

A. 索菲亚　　B. SCARA　　C. 波士顿　　D. ROKAE

8. 工业机器人一般由（　　）等三大部分组成，其典型应用包括焊接、绘画、组装、挑选和移动，用于印制电路板、包装、打标签、夹板装载、产品检验和测试等工序。

①机械；②传感；③控制；④连接

A. ②③④　　B. ①③④　　C. ①②④　　D. ①②③

9. 机器人（　　）系统：给每个关节即每个运动自由度安置传动装置，使机器人运动起来。

A. 驱动　　B. 机械结构　　C. 传感　　D. 思维组织

10. 机器人（　　）系统：由机身、手臂、末端操作器三大件组成。每一大件都有若干自由度，构成一个多自由度的机械系统。

A. 驱动　　B. 机械结构　　C. 传感　　D. 思维组织

11. 机器人（　　）系统：获取内部和外部环境状态中有意义的信息，提高机器人的机动性、适应性和智能化水准。

A. 驱动　　B. 机械结构　　C. 传感　　D. 思维组织

12. 组成工业机器人的三大部分又可分成六个子系统，即驱动系统、机械结构系统、传感系统、机器人-环境交互系统、（　　）和控制系统。

A. 实时显示系统　　B. 多媒体处理系统

C. 人机交互系统　　D. 自动运算模块

13. 最常用的机器人构型是（　　）机器人、SCARA 机器人、Delta 机器人和直角坐标型机器人。

A. 关节型　　B. 机械臂　　C. 自动机　　D. 程控台

14. 一般情况下，按照机器人学的定义，大多数类型的机器人都属于（　　）的范畴，表现出不同程度的自主性。

A. 关节型　　B. 机械臂　　C. 自动机　　D. 程控台

15. 在工业机器人发展中，（　　）的应用使机器人会在生产的最前沿应用智能传感器，采集制造商以前无法获得的数据。

A. 大数据分析　　B. 自动化架构

C. 工业互联网技术　　D. 工业网络安全

16. 在工业机器人发展中，应优先考虑（　　），解决生产工艺中的缺陷，并在网络安全方面加大投资，确保安全、可靠的生产。

A. 大数据分析　　B. 自动化架构

C. 工业互联网技术　　D. 工业网络安全

17. 在工业机器人发展中，（　　）成为竞争优势。机器人将成为工厂车间的主要信息来源之一。制造商必须实施系统来组织和分析采集到的所有数据，以便采取有效的行动，提升企业的竞争优势。

A. 大数据分析　　B. 自动化架构

C. 工业互联网技术　　D. 工业网络安全

18. 在工业机器人发展中，实施开放式的（　　）越来越广泛，对开放式自动化架构的需求相应增加。大型的行业参与者将与行业机构一起制定标准和开放式文档。

A. 大数据分析　　B. 自动化架构

C. 工业互联网技术　　D. 工业网络安全

19. 在工业机器人发展中，（　　）将增加，会成为工业机器人的一个主要部分。

A. 虚拟解决方案　　B. 多媒体架构

C. 社交互联网　　D. 协作机器人

20. 在工业机器人发展中，(　　) 将更受欢迎，它可以在人类身边安全地工作。

A. 虚拟解决方案　　　　B. 多媒体架构

C. 社交互联网　　　　D. 协作机器人

## 研究性学习 考察报告：工业机器人及其发展

若有条件，建议学校能组织学生参观现代化工业企业，实地观察工业机器人的生产场景，生产作业和人机协同。请在参观过程中，严格遵守工厂规则，注意确保人身和生产安全。

受条件限制不能直达生产现场的，建议教师组织学生观看工业生产的影片、视频作品，体会视频作品中的工匠精神、生产场景等。

小组活动：请阅读本课的【导读案例】，讨论以下问题。

(1) 机器人一定是拟人的吗？为什么常常以机器人代称“机械臂”？

(2) 人类第一台机械臂的发明者是谁？在他身上是如何体现“工匠精神”的？

(3) 请举例说明，如今，以“机械臂”为主要特点的工业机器人已经成为现代工业的核心装备。

记录：请记录小组讨论的主要观点，推选代表在课堂上简单阐述你们的观点。

评分规则：若小组汇报得 5 分，则小组汇报代表得 5 分，其余同学得 4 分，余类推。

活动记录：________________________________

______________________________________

______________________________________

______________________________________

实训评价（教师）：____________________________

______________________________________

# 第3课 协作机器人

## 学习目标

**知识目标**

（1）人与机器的协作知识。

（2）协作机器人的定义与安全设计。

（3）协作式专家系统与计算机集成制造系统。

**能力目标**

（1）掌握专业知识的学习方法，培养阅读、思考与研究的能力。

（2）参与团队学习，提高组织活动、参与活动的能力。

**素质目标**

（1）热爱学习，掌握学习方法，提高学习能力。

（2）热爱读书，善于分析，勤于思考，培养关心技术进步的优良品质。

（3）体验、积累和提高“大国工匠”的专业素质。

**重点难点**

（1）人与机器的协作。

（2）协作机器人的定义。

## 导读案例 协作机器人鼻祖给创业公司的启示

据报道，2018年10月4日，世界协作机器人鼻祖之一Rethink Robotics（重新思考机器人）公司（见图3-1）在美国波士顿总部宣布倒闭。该公司成立于2008年，最后一轮融资是2017年8月，当时融资金额1 800万美元，公司累计融资已达1.5亿美元。

Rethink Robotics公司是一家拥有核心技术的专业机器人公司，通过其智能协作机器人可完成目前90%传统自动化方案不能完成的工作。该公司推出的两款智能协作机器人百特（Baxter）和索耶（Sawyer），在其Intera软件平台的支持下，能够适应现实环境的多变性，灵活快速地在不同应用场景中切换，像人一样完成任务。不同规模和行业类型的制造商都能享用该公司部署便捷、易于采用和灵活多样的自动化解决方案，提高生产的灵活性、降低成本和推动创新。这两款先进的产品，可以说是世界协作机器人的领军者。

图 3-1 人机协同

就是这么一家如此先进、如此强大的机器人企业，怎么说倒闭就倒闭了呢？最直接原因是什么？简单概括就三个字：销售差。

公司首席执行官斯科特·埃克特说："我们是行业的先锋和创新者，并一直专注于协作机器人，但不幸的是，我们没有取得我们想要的市场成功。"销售不力，只投入不产出，是该公司倒闭的最直接原因。产品再好，在竞争如此激烈的时代，等客户上门也是不行的。宣传、推销是企业生存与发展的重要工作。没有销售收入，任何强大的身躯都会被吸干的。

创业需要资金，但仅仅靠资金是不能取得创业成功的。创业需要技术，技术是企业生存的资本，但仅仅依赖技术的先进是不能生存的。无论创业什么公司，销售都是很重要的。只专注于技术研发，忽略或不重视销售，都是万万不可的。无论技术多么先进，没有销售收入输血，补充能量，早晚都会失败（见图 3-2）。

图 3-2 Rethink Robotics 公司的生产

所以，作为创业公司必须谨记，无论你的目标多么远大，无论你的技术多么先进，销售工作都是创业过程中非常重要的一环，不能不重视，不能不当作头等大事来抓。因为企业能否生存下去，创业目标能否达成，最核心的问题在于盈利，只有销售才能帮助企业盈利。没有盈利的企业是没有生命力的。没有销售，企业就会越过越差；销售越多，企业才会活得越来越好！

资料来源：智能 1 号，网易，2018-10-09。

**阅读上文，请思考、分析并简单记录：**

（1）请阅读本文并分析，这家号称"协作机器人鼻祖"的机器人公司，其技术到底有多先进？

答：________________________________________

(2) 对于 Rethink Robotics 这样一家拥有核心技术的专业机器人公司的倒闭遭遇，你有什么相关的想法？

答：

(3) 文章提到，创业需要资金、技术和市场。在你的职业生涯规划中，有独立创业这样的选项吗？你觉得对于这创业三要素，你有足够的信心和对策吗？如果没有，你愿意做一名踏实的从业者吗？

答：

(4) 请简单记述你所知道的上一周内发生的国际、国内或者身边的大事。

答：

工业 4.0 有一个重要原则，就是在人机协作模式下，由人员控制并监控生产，而机器人则负责辛苦的体力工作。两者发挥各自的专长。因此，人机协作给未来工厂中的工业生产和制造带来了根本性的变革。

## 3.1 人与机器的协作

近年来，伴随着市场需求日益加大和政策、资本的大力扶持，工业机器人已步入高速发展阶段，各种机器人可以胜任越来越多的工作岗位，“机器换人”已在包括制造业、服务业等多行业展开（见图 3-3）。人类与机器人可以是一种互助共存的关系。机器人可以辅助人类去做一些繁复、深重的工作，人类可根据现实需求调整机器人生产。协作工业机器人是发展的新形态，人机协作是机器人进化的必然选择，其特点是安全、易用、成本低，普通工人可以像使用电器一样操作它。

图 3-3　各种机器人胜任越来越多的工作岗位

### 3.1.1 智能制造不同于自动化

随着美国、德国、英国、日本等先进国家制造业不断加快向数字化、智能化时代发展，人工智能对制造业竞争力的影响也越来越大，智能制造已成为世界各国技术创新和经济发展竞争的焦点。传统的自动化并不等于智能制造（见图 3-4）。

图 3-4 自动化与智能制造

自动化是指机器设备、系统或生产、管理过程，在没有人或较少人的直接参与下，按照人的要求，经过自动检测、信息处理、分析判断、操纵控制，实现重复性的复现和执行预期目标的过程。而智能制造是面向产品全生命周期，实现泛在感知条件下的信息化制造。智能制造技术是在现代传感技术、网络技术、自动化技术、拟人化智能技术等先进技术的基础上，通过智能化感知、人机交互、决策和执行技术，实现设计过程、制造过程和制造装备智能化，是信息技术、智能技术与装备制造技术的深度融合与集成；智能制造把制造自动化的概念更新，并扩展到柔性化、智能化和高度集成化（见图 3-5）。

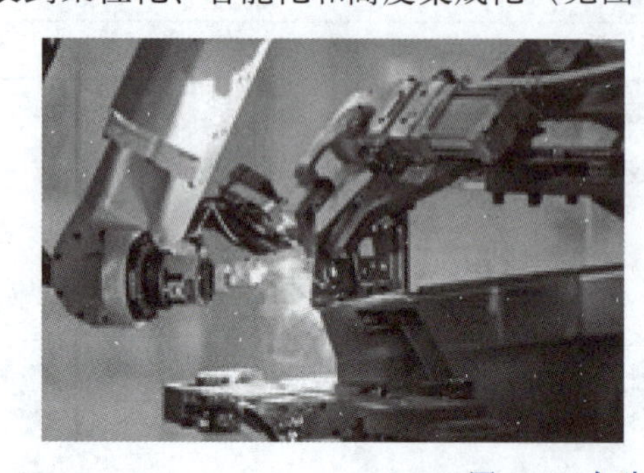

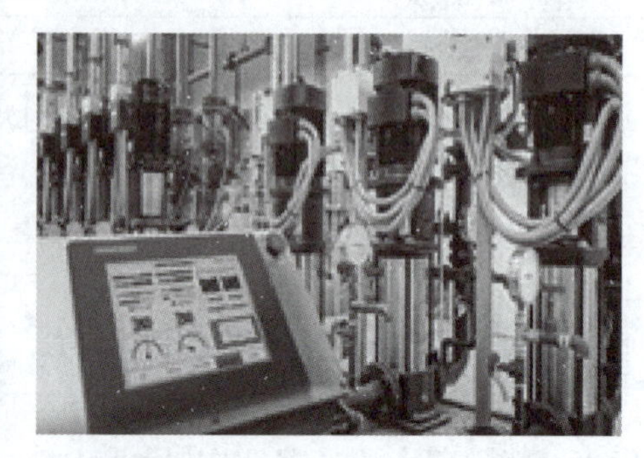

图 3-5 自动化与智能制造

从制造业角度出发，过去的自动化主要是针对批量生产，而在智能制造时代，产品更新换代速度快、批量小、个性化定制等，与大批量生产相比，生产组织高度复杂、质量控制难度大增，人工物料成本显著升高，这些相关的新问题必须被迅速感知、及时处理。这时，智能制造的相关技术，如传感技术、测试技术、信息技术、数控技术、数据库技术、数据采集与处理技术、互联网技术、人工智能技术、生产管理等与产品生产全生命周期相关的先进技术就成为了制造业变革创新的新希望。

另外，从技术上看，在过去的自动化产线上，人们一般试图把生产的“边界”尽量固定下来、通过抑制干扰来保证质量、成本和效率；而在现在的智能制造生产线上，更强调出现问题及时应对这些干扰，因为无论如何，制造业都希望在生产制造上不必要的干扰尽量少、时间和资源的浪费尽量少，只有这样，制造商在生产管理上才能尽可能简单、尽可能高效（见图 3-6）。

智能制造可以推动创新主体的高效互动、产品的快速迭代、模式的深刻变革、用户的组织参与，并激发全社会的活力、提高创新资源、缩短技术商业化周期；同时智能制造也是自动化的延伸和发展。

图 3-6　智能制造的生产线

智能制造与自动化相对比，其中一个重要差别就是，信息的来源和协同的范围扩大了。在传统自动化生产中，对象往往是机器级别的，但是对于智能制造的理解，现在则是车间、工厂、企业、供应链，乃至全球。目前的智能制造将重点放在智能制造技术及智能制造装备产业的发展方面，而智能制造应该将技术贯穿于产品的工业设计、生产、管理和服务的制造活动全过程，不仅包括智能制造装备，还应该包括智能制造服务；制造业实现制造生产的智能化，不仅加快企业升级改革的互联网道路，实现数字化工厂，同时还能结合现有的科技，不断地应用到企业的生产制造中，实现智能生产制造，加强企业的市场竞争力。

### 3.1.2　人机协作：工艺技术

在人机协作模式中，机器人就是人的助手，辅助人去做劳累艰苦的工作，比如搬运、上下料等大量重复性工作，而人机协同的一个很大的特点就是不隔开、无护栏。

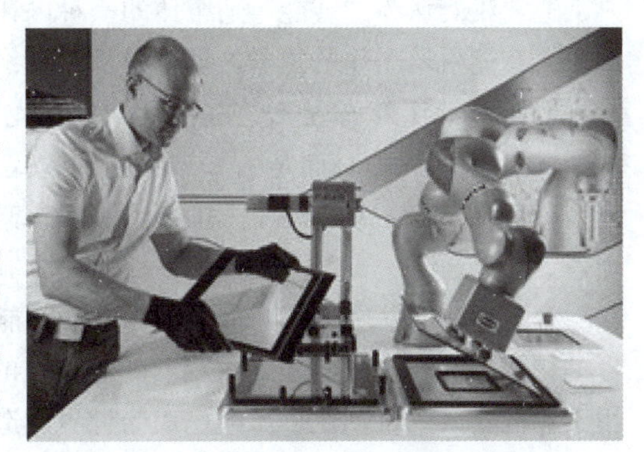
图 3-7　库卡 LBR iiwa 人机协作机器人

例如：库卡（KUKA）LBR iiwa 人机协作机器人使用智能控制技术、高性能传感器和先进的软件技术，它可以协作生产，使以往困难的、手动完成的作业转换成自动化生产（见图 3-7）。在库卡 flexFellow 等移动式平台的帮助下，此款机器人可不受位置和任务的限制，有其自发自动化的特点，具有最大的灵活性，可以作为生产负荷高峰和资源瓶颈时的助手，提供最佳支持。

协同机器人在 3C 行业（指结合计算机、通信和消费性电子三大科技产品整合应用的资讯家电产业）中应用非常广泛。电子产品的生产中涉及焊接、装配、打磨、检测等复杂的工序过程，为了跟上产品更新的速度，又要保证产品的生产品质，人机协作就成为当前最理想的解决方案。

在服务领域，协作机器人也讲究人机协作，共同发展。例如，在当年九寨沟地震发生当晚，第一篇关于九寨沟地震的新闻就出自中国地震台网的一个写稿机器人之手，仅耗时 22 s 就完成了 500 多字的稿件并发布。机器人撰写的稿件是以广泛数据作为支撑，而稿件的格式、语序等，都源自固定模板。目前腾讯、新华社、美联社等国内外媒体广泛“聘用”写稿机器人，仔细观察它们平时发布的新闻，不难发现虽然产出数量较高，但是所发稿件多半是集中在财经、体育、气象、自然灾害等领域，而内容多为对事件的简单描述，以及对事件涉及的数据进行直观呈现，起到传递信息并作简要分析的作用（见图 3-8）。

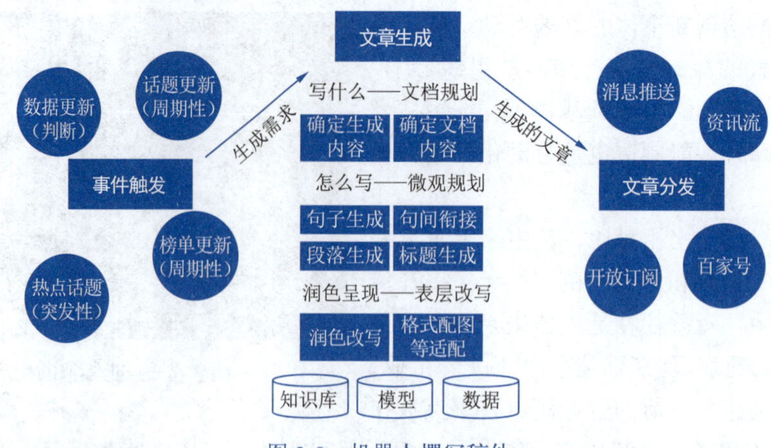


图 3-8　机器人撰写稿件

随着人工智能发展的日益成熟，机器人会越来越智能，会在多个领域中承担更多的工作职责。人类与机器人将是一种相互依存关系，长期的渐进式过程。尽管在发展中还有许多挑战，但人们相信人机协作会是大势所趋。

### 3.1.3　人类和机器协同工作

通常我们认为“智能”是个体的一种内在特质。人工智能的典型定义是一种对构建拥有不同形式智能机器个体的追求，即使是那种已经在人类身上测量了一个世纪以上的广义智能。

然而，就像麻省理工学院托马斯·马龙教授所说的：“几乎人类做过的每件事，都不是由个人独立完成的，而是由一群人，通过跨越时间和空间相互协作完成的。”马龙教授是群体智能领域的前沿研究者，同时也对人工智能技术改造工人、工作地和社会的潜力有独到的理解。

智能制造的发展离不开机器人，发展智能机器人是打造智能制造装备平台、提升制造过程自动化和智能化水平的必经之路。随着科技的不断进步，特别是工业 4.0 时代的到来，广泛采用工业机器人的自动化生产线已成为世界制造业的核心装备。

在智能制造时代，为了应对消费者日益增长的定制化产品的需求，智能工厂需要在有限空间内，充分利用现有资源，建设灵活、安全、可快速变化的智能生产线，为适应新产品的生产，更换生产线，缩短产品制造时间，需要灵活快速的生产单元来满足这些需求，并提高制造企业产能和效率，降低成本。因此，智能机器人会成为智能制造系统中最重要的硬件设备。某种意义上说，智能机器人的全面升级，是新一轮工业革命的重要内容。但在某些产品领域与生产线上，人力操作仍不可或缺，比如装配高精度的零部件、对灵活性要求较高的密集劳动等。在这些场合人机协作机器人将发挥越来越大的作用。

所谓的人机协作，就是由机器人从事精度与重复性高的作业流程，而工人在其辅助下进行创意性工作。人机协作机器人的使用，使企业的生产布线和配置获得了更大的弹性空间，也提高了产品良品率。人机协作的方式可以是人与机器分工，也可以是人与机器一起工作。不仅如此，智能制造的发展要求人和机器的关系发生更大的改变。人和机器必须能够相互理解、相互感知、相互帮助，才能够在一个空间里紧密地协调，自然地交互并保障彼此安全(见图 3-9)。

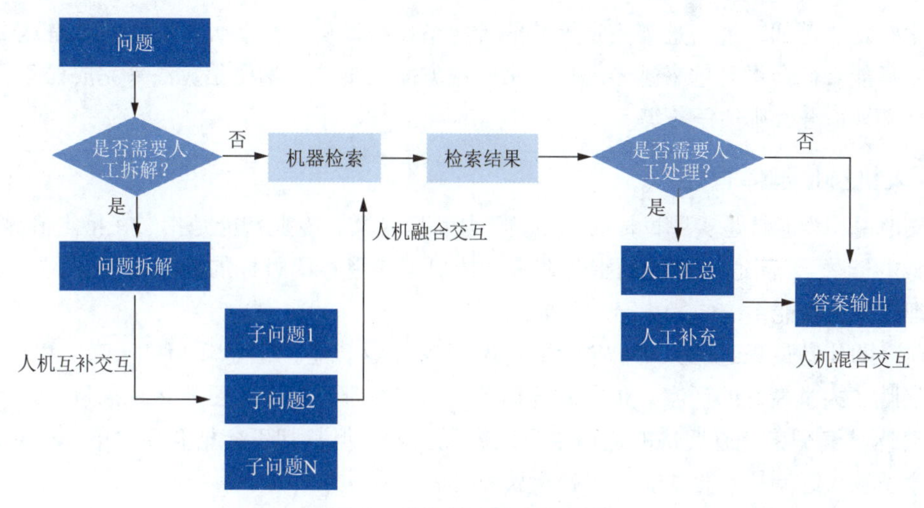


图 3-9 人机协同的业务逻辑

### 3.1.4 人机合作的四种方式

人机合作有四种方式，比如作为人类所使用的工具、作为人类的助手、搭档或者管理者等角色（见图 3-10）。

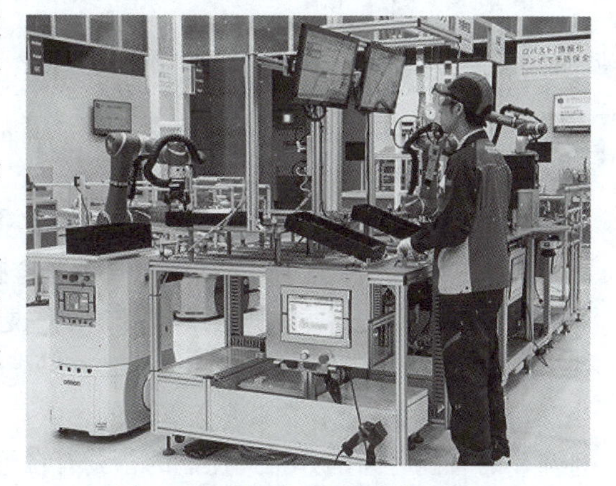

图 3-10 欧姆龙人机协作智能产线

（1）工具。最容易想到、也是人们谈论最多的，是机器作为人类所使用的工具而存在。比如，当你在写 Word 文档或 Excel 表格时，计算机只是在执行你下达的指令，你也必须时刻关注它。作为工具存在时，机器同样也只做你想让它做的事。

（2）助手。机器作为人类的助手而存在。当然，除了机器，也可以请人来作为自己的助手，但是机器正逐步取代这个角色。作为助手而存在时，机器有更高的自主性和能动性来帮助你实现目标，而且可能知道一些你不知道的知识，从而让你的目标达成更高效。

我们很多人都在做数据科学方面的事，预测未来 20 年可能发生什么。例如，设计一个软件构建预测算法，来帮助保险承保人更好地选择和评估风险，或者帮助索赔理算员更好地处理保险索赔。对于简单情况，只需要计算机就能完成任务；而对于复杂一点的案件，可能需要人类来消除一些歧义；这样一来，人类就更加专注于需要背景、常识和判断力的复杂案例。计算机实际上可以比人更好、更快地完成一些任务，同时成本也比人工成本更低。作为助手，机器在处理简单案件的时候可以更主动，例如短信中的自动更正功能。

（3）搭档。我们在很多场景中可以看到机器作为人类搭档的例子。例如，训练机器学习的预测算法来预测足球联赛的输赢，然后让计算机和人一起参与到预测过程中。

（4）管理者。机器作为人类的管理者，这是最后一种可能性，人们可能会对此感到恐慌。但是如果你仔细想想就会发现，我们已经有了机器作为管理者的例子，而且在很多情况下，这似乎非常正常。例如，过去是警察在繁忙的十字路口指挥交通。今天，红绿灯就是这么做的。将来很有可能我们会看到越来越多的机器来做这方面的事，比如使用算法来完成任务的排序，预测哪个人最适合做哪项任务等。

### 3.1.5 人机协作群体智能

广义地说，智能就是实现目标的能力。于是可以定义，专业智能是指“在特定情况下实现特定目标的能力”，而通用智能是指“在多种情况下实现不同目标的能力”。这两者之间的区别对于理解人工智能系统的能力至关重要。

当前，即使是最先进的人工智能系统也只具有专业智能。比如 IBM“沃森”程序虽然在游戏中战胜了人类最好的玩家，但是却连简单的三连棋都不会下，更不用说象棋了。类似地，一辆自动驾驶汽车在交通拥挤的道路中可以表现良好，但是却不会把仓库中的一个东西拿下来放到盒子里。这就是专业智能，其智能只表现在做某一方面的事情上。

当然，在有些方面智能计算机的表现要比人类好。最近这些年来，通过机器学习，计算机在一些方面的模式识别表现得比人类更好，但这并不意味着计算机在任何方面都比人聪明。这只是说，对于这种特殊的思维，计算机比人好得多。但还是有很多方面人比机器要好。

群体智能是一种共享智能，是集结众人的意见进而转化为决策的一种过程，用来对单一个体做出随机性决策。对群体智能的研究实际上可以被认为是一个属于社会学、商业、计算机科学、大众传媒和大众行为的分支学科，研究从夸克（一种参与强相互作用的基本粒子，也是构成物质的基本单元）层次到细菌、植物、动物以及人类社会层次的群体行为的一个领域。群体智能的四项原则是开放、对等、共享和全体行动。

群体智能的概念源于对自然界中一些社会性昆虫，如蚂蚁、蜜蜂等的群体行为的研究。单只蚂蚁的智能并不高。不过几只蚂蚁凑到一起，就可以一起往蚁穴搬运路上遇到的食物。如果是一群蚂蚁，它们就能协同工作，建起坚固的巢穴，一起抵御危险，抚养后代。

在某群体中，若存在众多无智能的个体，它们通过相互之间的简单合作所表现出来的群居性生物的智能行为是分布式控制的，具有自组织性，就被称为群体智能。实现群体智能也可以是由人或机器组成的一个群体所显现出来的某种能力，可以是一群机器、蜜蜂、蚂蚁甚至是一群细菌。可以把群体智能定义为大量个体以一种看起来智能的方式、协作性地运作。

## 3.2 协作机器人的定义

未来的智能工厂是人与机器和谐共处所缔造的，这就要求机器人能够与人一同协作，并与人类共同完成不同的任务。这既包括完成传统的“人干不了的、人不想干的、人干不好的”任务，又包括能够减轻人类劳动强度、提高人类生存质量的复杂任务。正因如此，人机协作可被看作新型工业机器人的必有属性。

协作机器人，顾名思义，就是机器人与人可以在生产线上协同作业，把机器人（精确）的重复性能和人类独特的技巧与能力结合起来，人类擅长解决不精确 / 模糊的问题，而机器人则在精度、力量和耐久性上占优。充分发挥机器人的效率及人类的智能。这种机器人不仅性价比高，而且安全方便，能够极大地促进制造企业的发展。作为一种新型的工业机器人，协作型机器人扫除了人机协作的障碍，让机器人摆脱护栏或围笼的束缚，其开创性的产品性能和广泛的应用领域，为工业机器人的发展开启了新时代。协作机器人用来降低风险，提高安全性的措施,从本质上可以分为被动和主动两种。被动安全设计主要由机器人系统的机械设计来实现，主动安全由控制系统的设计来实现。

因此，协作机器人的定义是：在共享空间中与人类互动或在附近安全工作的机器人。这与传统的工业机器人相反，传统的工业机器人旨在通过与人的接触隔离来确保安全自主地工作。

全球性行业协会国际机器人联合会（IFR）定义了四种类型的协作制造应用程序：

（1）共存：人与机器人可以并排工作，但是没有共享的工作空间。

（2）顺序协作：人和机器人共享工作空间的全部或一部分，但不能同时在零件或机器上工作。

（3）合作：机器人和人类同时在同一零件或机器上工作，并且两者都在运动中。

（4）响应式协作：机器人实时响应工人的动作。

在如今协作机器人的大多数工业应用中，协作机器人和人类工人共享相同的空间，但独立地或顺序地完成任务（共存或顺序协作）。

人机协作给未来工厂的工业生产和制造带来了根本性的变革，具有决定性的重要优势：

（1）生产过程中的灵活性最大。

（2）承接以前无法实现自动化且不符合人体工学的手动工序，减轻员工负担。

（3）降低受伤和感染危险，例如使用专用的人机协作型夹持器。

（4）高质量完成可重复的流程，而无须根据类型或工件进行投资。

（5）采用内置的传感系统，提高生产率和设备复杂程度。

基于人机协作的优点，顺应市场需求，更加灵活的协作型机器人成为一种承担组装和提取工作的可行性方案。它可以把人和机器人各自的优势发挥到极致,让机器人更好地和工人配合，能够适应更广泛的工作挑战。

## 3.3 协作机器人与工业机器人

协作机器人是工业机器人中的一个重要的细分类别，它的最大优势就是灵活性，但缺点也非常明显，就是为了获得控制力，协作机器人的运行速度比较慢，一般只能达到传统工业机器人的 1/3 到 2/3。而且协作机器人质量都比较小，结构相对简单，整个机器人的刚性不足，所以协作机器人负载一般都是比传统工业机器人低，工作范围只与人的手臂差不多。

协作机器人和工业机器人的区别可以理解为：

（1）未来理想中的高度自动化确实不需要人；

（2）短期内人类还无法达到上述的“高度自动化”；

（3）协作机器人是一个过渡概念，通过结合人的灵活性和机器人的高速、高精度来提高生产效率；

（4）最终，所有的机器人都将具有人机协作的特性。

简单来说，协作机器人是一种从设计之初就考虑降低伤害风险，可以安全地与人类进行直接交互 / 接触的机器人。而传统工业机器人在工作时，受限于技术和历史原因，为了保证安全，需要采取某些措施把人类排除在工作区域之外，例如，汽车厂的焊接，喷漆等工序完全不需要人的参与，因此用安全围栏 / 光栅围住即可。但是这样的话，在很多需要人类介入的工作中就无法采用机器人来实现较高程度的自动化。

协作机器人与传统机器人之间的不同，只是基于不同的设计理念生产的工业机器人产品，在协作机器人发展初期，很多都是从传统机器人的基础上改造的。比如，FANUC 的 CR-35iA 协作机器人是在传统机器人 M-20iA 的基础上，外面包裹一个保护层发展而来，是目前世界上负载能力最大（35 kg）的协作机器人（见图 3-11）。

再如，KUKA 在 2005 年推出的 Safe Robot，是在其 KR3 机器人的外面包裹了厚厚的一层垫子，以减少碰撞时的冲击（见图 3-12）。

图 3-11　CR-35iA 协作机器人

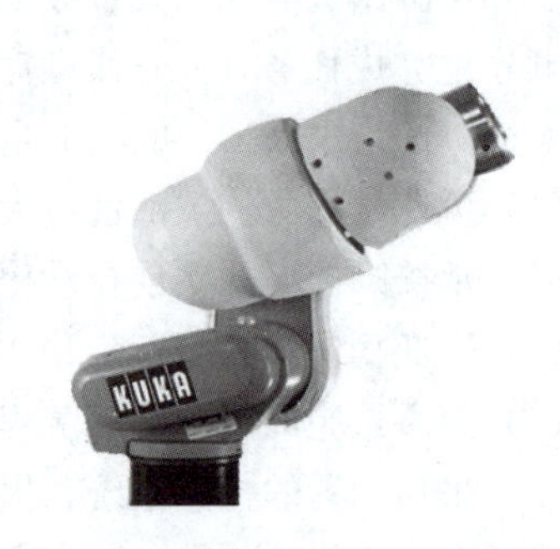


图 3-12　Safe Robot 协作机器人

随着技术的发展和相关规范的完善，协作机器人慢慢转向了区别于传统机器人的外形设计（目的是增大负载自重比，降低夹伤手指 / 身体的风险，降低碰撞伤害的风险等）（见图 3-13）。

图 3-13　各种各样的协作机器人

协作机器人的主要特点有：

（1）轻量化：使机器人更易于控制，提高安全性。

（2）友好性：保证机器人的表面和关节是光滑且平整的，无尖锐的转角或者易夹伤操作人员的缝隙。

（3）感知能力：感知周围的环境，并根据环境的变化改变自身的动作行为。

（4）人机协作：具有敏感的力反馈特性，当达到已设定的力时会立即停止，在风险评估后可不需要安装保护栏，使人和机器人能协同工作。

（5）编程方便：对于一些普通操作者和非技术背景的人员来说，都非常容易进行编程与调试。

人类的生产经历了全手工劳动，到半自动、全自动等生产模式，未来必将走进人与机器人的协作时代，并且成为一种常态的工作模式。今天，可能只在生产线的上下料等上下游使用机器人，在装配过程中，采用手工来装配，配合输送带系统，追求单元的精益生产。未来，在生产线中，人与机器人将实现混合搭配，协作型机器人将使用多功能的爪钳，采用引导式的高效编程，提高整个装配系统成本竞争力。多自由度运动学机械手与人类一起工作，它们紧凑运动，不扰乱工人工作。未来的协作机器人在人机的工作分配方面，将简单重复、劳动强度大的劳动留给机器人，复杂的智力劳动留给人类自己。协作机器人正在打破传统机器人的桎梏，在追求低价、高效、安全和生产多样化的今天，或将掀起一场制造业“机器换人”的风暴。

## 3.4 协作机器人安全设计

协作机器人的主动安全设计，即控制系统的安全完整性，是整个系统中的重要因素。安全性可以定量地由机器人控制系统的安全级别来确定，以 SIL（安全完整性等级）为例（见图 3-14）。

| 安全完整性等级 | 每小时发生危险故障的概率（连续操作模式） |
| --- | --- |
| SIL4 | $10^{-9}\sim10^{-8}$ |
| SIL3 | $10^{-8}\sim10^{-7}$ |
| SIL2 | $10^{-7}\sim10^{-6}$ |
| SIL1 | $10^{-6}\sim10^{-5}$ |

图 3-14　安全完整性等级

主流的机器人控制系统都可以达到 SIL2 以上的级别，部分可以达到 SIL3。SIL2 代表的含义是，对于经常执行的安全操作来讲（频率高于 2 次 / 小时），其在 1 小时内发生危险失效的概率要小于 $10^{-6}$。比如，大家熟悉的急停按钮就是机器人的安全相关部件，假设 1 个小时拍 2 次，至少要连续拍 56 年才会出现一次拍了急停但机器人没有停止的情况。

但值得一提的是，机器人系统包括机器人、末端执行器、周围配套的外部轴、机械设备等。正常工作中与人交互的，是包含机器人在内的一整个系统，而协作机器人只是整个系统的一个组件，其他部分如果不考虑安全设计，那就不能称为人机协作。

协作机器人适合的场景是要求人员介入的，大部分涉及装配 / 组装。例如，电子产品装配中，机器人放置零件，操作人员负责组装（见图 3-15）；或者汽车发动机装配（见图 3-16）；或者医疗领域，进行手术辅助（见图 3-17）。协作机器人的本质是安全性，是机器人技术发展的必经之路，也是终极目标之一。

图 3-15　电子产品装配

图 3-16　汽车发动机装配

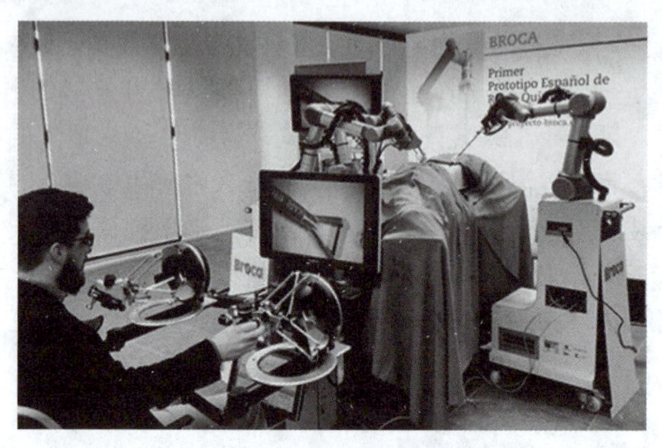


图 3-17　医疗领域的手术辅助

## 3.5 协同式专家系统

当前存在的大部分专家系统（计算机等），在规定的专业领域内，它是一个“专家”，但一旦超出特定的专业领域，专家系统就可能无法工作。协同式专家系统正是为了克服一般专家系统的局限性而逐渐发展起来的。

20 世纪 80 年代中叶，随常识推理和模糊理论实用化及深层知识表示技术的成熟，专家系统开始向着多知识表示、多推理机的多层次综合型转化。协同式专家系统立足于纠正传统专家系统对复杂问题求解的简单化，开始追求深层解释和推理，实现原则是技术互补，起始于单纯的知识表示和推理方法的结合，并逐渐发展到专家系统结构上的综合。

该系统能综合若干个相近领域或一个领域多个方面的分专家系统相互协同工作共同解决一个更广泛的问题。在研究复杂问题时，可将确定的总任务分解成几个分任务，分别由几个专家系统来完成。各个专家系统发挥自身的特长，解决一个问题再进行子系统的协同，确保专家系统的推理更加全面、准确、可靠。

协同式专家系统协同推理解题的过程可分为四个阶段：问题划分、子问题的分配、核心子问题求解和推理结果的综合。这四个阶段是递归的，对于非核心子问题需继续这一过程，而且可能反复“递归—回潮”，直到问题解决为止。

协同式专家系统广泛应用于医疗领域。例如，当今的肿瘤疾病包括多种，如果针对每一种肿瘤开发一款专家系统，那么这样的专家系统就只能辅助诊断一种癌症，这显然是人力与资源的浪费。专家们开发出了“沃森医生”及“十大常见恶性肿瘤诊疗专家系统”等协同式专家系统（见图 3-18），可很好地辅助医生诊断出各种不同的癌症，并给出相应的治疗方案。医生与专家系统（计算机等）相互协同，不仅节约了医生的时间与精力，而且极大地提高了诊断的准确率，取得了良好的效果。此外，协同式专家系统也广泛应用在医疗诊断、天气预报、化学工程、金融决策、地质勘探、语音识别、图像处理等领域。

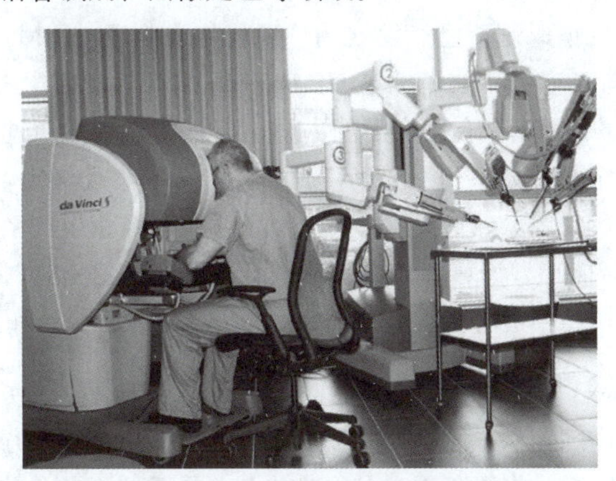


图 3-18　协同式医疗专家系统

## 3.6 计算机集成制造系统

在现代制造业中，人机协同系统的应用已经取得了很好的成效，计算机集成制造系统正在迅速发展起来（见图 3-19）。

图 3-19　计算机集成制造

计算机集成制造系统（CIMS）由美国学者约瑟夫·哈灵顿于 1973 年首次提出，指的是综合运用现代管理技术、制造技术、信息技术、系统工程技术等，将企业生产全部过程中有关的人、机（计算机、生产及控制设备等）集成并优化运行的复杂的大系统。在这样的系统中，人与机器配合工作，各司其职。人主要从事感知、推理、决策、创造等方面的工作；机器则在生产过程的实施与控制方面发挥作用，或者从事由于生理或心理因素人们无法完成的工作。在最近的几十年中，美国、西欧、日本、韩国及中国的多家化工、钢铁及机械制造等企业纷纷采用了计算机集成制造系统。

计算机集成制造系统是随着计算机辅助设计与制造的发展而产生的。它是在信息技术自动化技术与制造的基础上，通过计算机技术把分散在产品设计制造过程中各种孤立的自动化子系统有机地集成起来，形成适用于多品种、小批量生产，实现整体效益的集成化和智能化制造系统。从体系结构计算机集成制造系统 CIMS 系统的分系统关联来分，CIMS 可分成集中性、分散性和混合型三种。

当前，我国的计算机集成制造已经发展为“现代集成制造（CIM）”与“现代集成制造系统（CIMS）”，在广度与深度上拓展了原来 CIM/CIMS 的内涵。其中，“现代”的含义是计算机化、信息化、智能化。“集成”有更广泛的内容，包括信息集成、过程集成及企业间集成等三个阶段的集成优化；企业活动中“三要素”及“三流”的集成优化；CIMS 有关技术的集成优化及各类人员的集成优化等。CIMS 不仅仅把技术系统和经营生产系统集成在一起，而且把人（人的思想、理念及智能小型计算机集成制造系统）也集成在一起，使整个企业的工作流程、物流和信息流都保持通畅和相互有机联系，所以，CIMS 是人、经营和技术三者集成的产物。

### 3.6.1 CIMS 体系结构

CIMS 体系结构是用来描述研究对象整个系统的各个部分和各个方面的相互关系和层次结构，从大系统理论角度研究，将整个研究对象分为几个子系统，各个子系统相对独立自治、分布存在、并发运行和驱动等（见图 3-20）。可以从功能结构和逻辑结构来认识 CIMS 体系结构。从功能层方面分析，CIMS 大致可以分为六层：生产 / 制造系统、硬事务处理系统、技术设计系统、软事务处理系统、信息服务系统，决策管理系统。

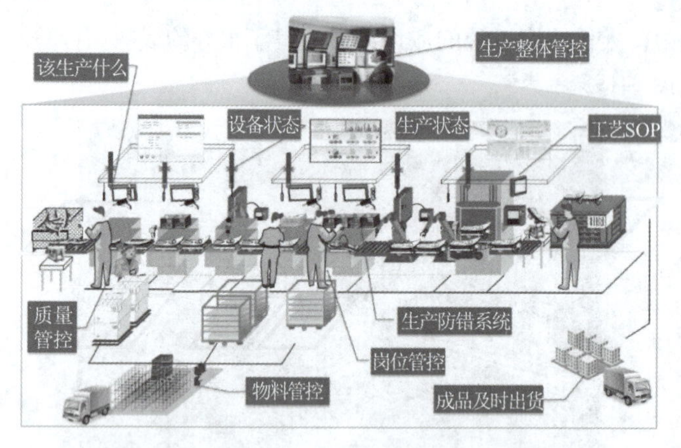


图 3-20 CIMS 体系结构

从生产工艺方面分，CIMS 可大致分为离散型制造业、连续性制造业和混合型制造业三种；从体系结构计算机集成制造系统 CIMS 系统的分系统关联来分，CIMS 也可以分成集中性、分散性和混合型三种。

### 3.6.2 CIMS 技术构成

CIMS 涉及的技术包括多个方面。

（1）先进制造技术（Advanced Manufacturing Technology，AMT）是传统制造技术不断吸收嵌入式计算机集成制造系统机械、电子、信息、材料、能源和现代管理等方面的成果，并将其综合应用于产品设计、制造、检测、管理、销售、使用、服务的制造全过程，以实现优质、高效、低耗、清洁、灵活的生产，并取得理想技术经济效果的制造技术的总称。

(2) 敏捷制造（Agile Manufacturing，AM）是以竞争力和信誉度为基础，选择合作者组成虚拟公司，分工合作，为同一目标共同努力来增强整体竞争能力，对用户需求作出快速反应，以满足用户的需要。

(3) 虚拟制造（Virtual Manufacturing，VM）利用信息技术、仿真技术、计算机技术对现实制造活动中的人、物、信息及制造过程进行全面仿真，以发现制造中可能出现的问题，在产品实际生产前就采取预防措施，从而达到产品一次性制造成功，来达到降低成本、缩短产品开发周期，增强产品竞争力的目的。

(4) 并行工程（Concurrent Engineering，CE）是集成地、并行地设计产品及其相关过程（包括制造过程和支持过程）的系统方法。它要求产品开发人员在一开始就考虑产品整个生命周期中从概念形成到产品报废的所有因素，包括质量、成本、进度计划和用户要求，并行工程的发展为虚拟制造技术的诞生创造了条件，虚拟制造技术将是以并行工程为基础的，并行工程的进一步发展就是虚拟制造技术。

在探讨现代集成制造技术未来发展趋势之前，首先应该了解当前现代制造业和制造企业的特征，它们是推动现代制造技术发展的内存动力。

### 3.6.3 CIMS 发展趋势

CIMS 是企业管理运作的一种手段，是一种战略思想的应用，其初期投资大，涉及面广，资金回笼周期长，短期内很难见到效益，因此，在对 CIMS 作效益评价时不能单凭货币标准来衡量其效益，要多方面综合考虑其效益指标。所谓综合效益是指 CIMS 系统对企业和社会所能带来的各种效益。

(1) 应用 CIMS 提高了劳动生产力为企业带来的利润，为国家增加国民收入所做出的贡献。

(2) 应用 CIMS 提高了企业对市场的应变能力和抗风险能力，对企业实现经营战略所做出的贡献；提高企业市场竞争力，促进技术进步所做出的贡献。

(3) 为提高整个企业员工素质和技术水平所做出的贡献。

(4) 为节约自然资源所做出的贡献。

(5) 通过应用和推广 CIMS 技术，为国家优化产业结构，发展新产业，提高在国际市场上的竞争力所做出的贡献。

以信息技术的发展为支持，以满足制造业市场需求和增强企业竞争力为目的，现代集成制造技术未来将突出以下八个方面的发展趋势。

(1) 发展核心。未来世界，“数字化”将势不可当。“数字化”不仅是“信息化”发展的核心，而且是先进制造技术发展的核心。信息的“数字化”处理同“模拟化”处理相比，有着三个不可比拟的优点：信息精确、信息安全、信息容量大。

数字化制造就是指制造领域的数字化，它是制造技术、计算机技术、网络技术与管理科学的交叉、融和、发展与应用的结果，也是制造企业、制造系统与生产过程、生产系统不断实现数字化的必然趋势。它包含了三大部分：以设计为中心的数字制造，以控制为中心的数字制造和以管理为中心的数字制造。

对制造设备而言，其控制参数均为数字化信号。对制造企业而言，各种信息（如图形、数据、知识、技能等）均以数字形式，通过网络，在企业内传递，以便根据市场信息，迅速收集资料信息，在虚拟现实、快速原型、数据库、多媒体等多种数字化技术的支持下，对产品信息、工艺信息与资源信息进行分析、规划与重组，实现对产品设计和产品功能的仿真，对加工过程与生产组织过程的仿真，或完成原型制造，从而实现生产过程的快速重组与对市场的快速响应，以满足客户化要求。对全球制造业而言，用户借助网络发布信息，各类企业通过网络，根据需求，应用电子商务，实现优势互补，形成动态联盟，迅速协同设计与制造出相应的产品。这样，在数字制造环境下，在广泛领域乃至跨地区、跨国界形成一个数字化组成的网，企业、车间、设备、员工、经销商乃至有关市场均可成为网上的一个“结点”，在研究、设计、制造、销售、服务的过程中，彼此交互，围绕产品所赋予的数字信息，成为驱动制造业活动的最活跃的因素。

(2) 发展关键。所谓“精密化”，一方面是指对产品、零件的精度要求越来越高，另一方面是指对产品、零件的加工精度要求越来越高。“精”是指加工精度及其发展，如精密加工、细微加工、纳米加工等。

(3) 发展焦点。“极”就是极端条件，就是指在极端条件下工作的或者有极端要求的产品，从而也是指这类产品的制造技术有“极”的要求。在高温、高压、高湿、强磁场、强腐蚀等等条件下工作的，或有高硬度、大弹性等要求的，或在几何形体上极大、极小、极厚、极薄的。显然，这些产品都是科技前沿的产品。其中之一就是“微机电系统”(MEMS)。可以说，“极”是前沿科技或前沿科技产品发展的一个焦点。

(4) 发展前提。这是所讲的“自动化”就是减轻人的劳动，强化、延伸、取代人的有关劳动的技术或手段。自动化总是伴随有关机械或工具来实现的。可以说，机械是一切技术的载体，也是自动化技术的载体。

“自动化”从自动控制、自动调节、自动补偿、自动辨识等发展到自学习、自组织、自维护、自修复等更高的自动化水平，而且今天自动控制的内涵与水平已远非昔比，从控制理论、控制技术、控制系统、控制元件，都有着极大的发展。制造业发展的自动化不但极大地解放了人的体力劳动，而且更为关键的是有效地提高了脑力劳动，解放了人的部分的脑力劳动。因此，自动化将是现代集成制造技术发展的前提条件。

(5) 发展方法。“集成化”，一是技术的集成，二是管理的集成，三是技术与管理的集成；其本质是知识的集成，亦即知识表现形式的集成。如前所述，现代集成制造技术就是制造技术、信息技术、管理科学与有关科学技术的集成。“集成”就是“交叉”，就是“融合”，就是取人之长，补己之短。

① 现代技术的集成。机电一体化是个典型，它是高技术装备的基础，如微电子制造装备，信息化、网络化产品及配套设备，仪器、仪表、医疗、生物、环保等高技术设备。

② 加工技术的集成、特种加工技术及其装备是个典型，如增材制造（即快速原型）、激光加工、高能束加工、电加工等。

③ 企业集成，即管理的集成，包括生产信息、功能、过程的集成，生产过程的集成，全生命周期过程的集成，企业内部的集成，企业外部的集成。

(6) 发展道路。“网络化”是现代集成制造技术发展的必由之路。制造业走向整体化、有序化，这同人类社会发展是同步的。制造技术的网络化是由两个因素决定的：一是生产组织变革的需要，二是生产技术发展的可能。这是因为制造业在市场竞争中，面临多方的压力：采购成本不断提高，产品更新速度加快，市场需求不断变化，客户订单生产方式迅速发展，全球制造所带来的冲击日益加强，等等；企业要避免传统生产组织所带来的一系列问题，必须在生产组织上实行某种深刻的变革。这种变革体现在两方面：一方面利用网络，在产品设计、制造与生产管理等活动乃至企业整个业务流程中充分享用有关资源，即快速调集、有机整合与高效利用有关制造资源；另一方面，这必然导致制造过程与组织的分散化、网络化，使企业必须集中力量在自己最有竞争力的核心业务上。科学技术特别是计算机技术、网络技术的发展，使得生产技术发展到可以使这种变革的需要成为可能。

(7) 智能化。制造技术的智能化是制造技术发展的前景。智能化制造模式的基础是智能制造系统，智能制造系统既是智能和技术的集成而形成的应用环境，也是智能制造模式的载体。与传统的制造相比，智能制造系统具有以下特点：人机一体化、自律能力、自组织与超柔性、学习能力与自我维护能力、在未来具有更高级的类人思维的能力。

制造技术的智能化突出了在制造诸环节中，以一种高度柔性与集成的方式，借助计算机模拟的人类专家的智能活动，进行分析、判断、推理、构思和决策，取代或延伸制造环境中人的部分脑力劳动。同时，收集、存储、处理、完善、共享、继承和发展人类专家的制造智能。尽管智能化制造道路还很漫长，但是必将成为未来制造业的主要生产模式之一。

(8) 绿色。这是从环境保护领域中引用来的。人类社会的发展必将走向人类社会与自然界的和谐。人与人类社会本质上也是自然世界的一个部分，部分不能脱离整体，更不能对抗与破坏整体。因此，人类必须从各方面促使人与人类社会同自然界和谐一致，制造技术也不能例外。

制造业的产品从构思开始，到设计、制造、销售、使用与维修，直到回收阶段、再制造各阶段，都必须充分计及环境保护。所谓环境保护是广义的，不仅要保护自然环境，而且要保护社会环境、生产环境，还要保护生产者的身心健康。在此前提与内涵下，还必须制造出价廉、物美、供货期短、售后服务好的产品。作为“绿色”制造，产品还必须在一定程度上是艺术品，以与用户的生产、工作、生活环境相适应，给人以高尚的精神享受，体现着物质文明、精神文明与环境文明木的高度交融。每发展与采用一项新技术时，应站在哲学高度，慎思“塞翁得马，安知非祸”，即必须充分考虑可持续发展及环境文明。制造必然要走向“绿色”制造。

(9) 标准化。在制造业向全球化、网络化、集成化和智能化发展的过程中，标准化技术(STEP、EDI 和 P-LIB 等）已显得越来越重要。它是信息集成、功能集成、过程集成和企业集成的基础。

1. (　　) 是指机器设备、系统或生产、管理过程，在没有人或较少人的直接参与下，按照人的要求，经过自动检测、信息处理、分析判断、操纵控制，实现重复性的复现和执行预期目标的过程。

A. 数字化　　B. 拟人化　　C. 智能制造　　D. 自动化

2. (　　) 是面向产品全生命周期，实现泛在感知条件下的信息化制造，它把制造概念更新，扩展到柔性化、智能化和高度集成化

A. 数字化　　B. 拟人化　　C. 智能制造　　D. 自动化

3. 从制造业角度出发，自动化主要是针对（　　）的生产，而在智能制造时代，是产品更新换代速度快、(　　)、个性化定制生产。

A. 大批量，小批量　　B. 小批量，大批量

C. 大批量，大批量　　D. 小批量，小批量

4. 与自动化相对比，其中一个重要差别就是，智能制造的信息来源和协同范围（　　）了。

A. 简化　　B. 扩大　　C. 缩小　　D. 复杂

5. 在传统自动化生产中，对象往往是（　　）级别的，而对于智能制造则是车间、工厂、企业、供应链，乃至全球级别的。

A. 企业　　B. 工厂　　C. 车间　　D. 机器

6. 智能制造应该将技术贯穿于产品的工业设计、生产、管理和服务的制造活动全过程，不仅包括智能制造装备，还应该包括智能制造（　　）。

A. 采购　　B. 维护　　C. 服务　　D. 设计

7. 在人机协作模式中，机器人是人的助手，辅助人去完成劳累艰苦的工作，因此，人机协同的一个很大的特点就是（　　）。

A. 相隔离、带护栏　　B. 不隔开、无护栏

C. 不隔离、带护栏　　D. 相隔离、无护栏

8. 协同机器人在3C行业中应用非常广泛。这里的3C，是指（　　）。

A. 结合计算机、通信和消费性电子（Computer，Communication，Consumer electronics）三大科技产品整合应用的资讯家电产业

B. 3C强制性产品认证（China Compulsory Certification）

C. 通信技术、计算机技术和控制技术（Communication，Computer，Control）

D. 计算机程序设计语言C、C++和C#

9. （　　）托马斯·马龙教授曾经说过："几乎人类做过的每件事，都不是由个人独立完成的，而是由一群人，通过跨越时间和空间相互协作完成的"。

A. 斯坦福大学　　B. 哈佛商学院

C. 麻省理工学院　　D. 帝国理工学院

10. 人机合作有四种方式，比如作为（　　）存在，机器为人类所用，计算机只是在执行你下达的指令，你也必须时刻关注它。

A. 管理者　　B. 助手　　C. 搭档　　D. 工具

11. 人机合作有四种方式，比如作为（　　）存在，机器有更高的自主性和能动性来帮助你实现目标，而且可能知道一些你不知道的知识，从而让你的目标达成更高效。

A. 管理者　　B. 助手　　C. 搭档　　D. 工具

12. 人机合作有四种方式，比如作为（　　）存在，例如训练机器学习的预测算法来预测足球联赛的输赢，然后让计算机和人一起参与到预测过程中。

A. 管理者　　B. 助手　　C. 搭档　　D. 工具

13. 人机合作有四种方式，比如作为（　　）存在，例如指挥交通、安排工作任务等。

A. 管理者　　B. 助手　　C. 搭档　　D. 工具

14. 广义地说，智能就是实现目标的能力。（　　）智能是指"在特定情况下实现特定目标的能力"。

A. 群体　　B. 专业　　C. 协作　　D. 通用

15. (　　) 智能是指“在多种情况下实现不同目标的能力”。

A. 群体　　B. 专业　　C. 协作　　D. 通用

16. (　　) 智能是一种共享智能，是集结众人的意见进而转化为决策的一种过程，用来对单一个体做出随机性决策。

A. 群体　　B. 专业　　C. 协作　　D. 通用

17. (　　) 机器人，就是机器人与人可以在生产线上合作作业，把机器人（精确）的重复性能和人类独特的技巧与能力结合起来，人类擅长解决不精确 / 模糊的问题，而机器人则在精度、力量和耐久性上占优。

A. 群体　　B. 专业　　C. 协作　　D. 通用

18. 全球性行业协会国际机器人联合会（IFR）定义了顺序协作、响应式协作和（　　）等四种类型的协作制造应用程序。

① 个性；② 共存；③ 合作；④ 独特

A. ①②　　B. ②③　　C. ①④　　D. ③④

19. (　　) 机器人是一种从设计之初就考虑降低伤害风险，可以安全地与人类进行直接交互 / 接触的机器人。

A. 自由　　B. 服务　　C. 工业　　D. 协作

20. 由美国学者约瑟夫 • 哈灵顿于 1973 年首次提出的（　　）是指综合运用现代管理技术、制造技术、信息技术、系统工程技术等，将企业生产全部过程中有关的人、机（计算机、生产及控制设备等）集成并优化运行的复杂的大系统。

A. 网络互联制造系统　　B. 个性化智能制造系统

C. 计算机集成制造系统　　D. 复杂系统制造系统

## 研究性学习 在 AI 时代背景下，结合职业生涯规划，探索创业发展愿景

小组活动：请阅读本课的【导读案例】，讨论以下问题。

(1) 对于 Rethink Robotics 这样一家拥有核心技术的专业机器人公司的倒闭遭遇，你有什么相关的想法？

(2) 在人工智能时代背景下，你有什么样的就业、从业和创业规划？

(3) 请举例说明：“协作机器人”的作业场景。

记录：请记录小组讨论的主要观点，推选代表在课堂上简单阐述你们的观点。

评分规则：若小组汇报得 5 分，则小组汇报代表得 5 分，其余同学得 4 分，余类推。

活动记录：________________________________________________

________________________________________________

________________________________________________

________________________________________________

________________________________________________

实训评价（教师）：________________________________________

________________________________________________

# 服务机器人

## 学习目标

### 知识目标

(1) 熟悉服务机器人的发展历程与发展前景。

(2) 熟悉服务机器人的定义。

(3) 熟悉服务机器人的应用场景与当前的应用水平。

### 能力目标

(1) 掌握专业知识的学习方法，培养阅读、思考与研究的能力。

(2) 具备团队精神，提高“研究性学习”的参与、组织和活动能力。

### 素质目标

(1) 热爱学习，掌握学习方法，提高学习能力。

(2) 热爱读书，善于分析，勤于思考，关心技术的发展进步。

(3) 体验、积累和提高“大国工匠”的专业素质。

### 重点难点

(1) 服务机器人的定义。

(2) 服务机器人的应用场景与应用水平。

## 导读案例 迪士尼“无皮机器人”神模仿人类

谈起迪士尼,你会想到的可能是机智勇敢的公主们,或者是城堡上空绚丽的烟花。不过，这次，迪士尼出品了机器人（见图 4-1)。在机器人国际顶级会议 2020 IEEE 国际智能机器人与系统大会（IROS 2020）上，有一篇论文《逼真、可互动的机器人凝视》介绍的就是这款机器人。这款机器人的凝视可太逼真了！近距离观察一下它的眼球（见图 4-1 右图）可以发现，这款机器人的特征一是没有皮肤，二是会眼神互动。

维基百科上，“类人机器人”的定义是：机器人的一种，具有类似于人类外型的特征，例如有头部、躯干与手脚，但不一定有头发、五官、牙齿、皮肤等细微特征。如此看来，这是一款类人机器人。它主要的应用领域是娱乐——迪士尼下一步打算将其发展成卡通人物，可以按脚本与游客互动。

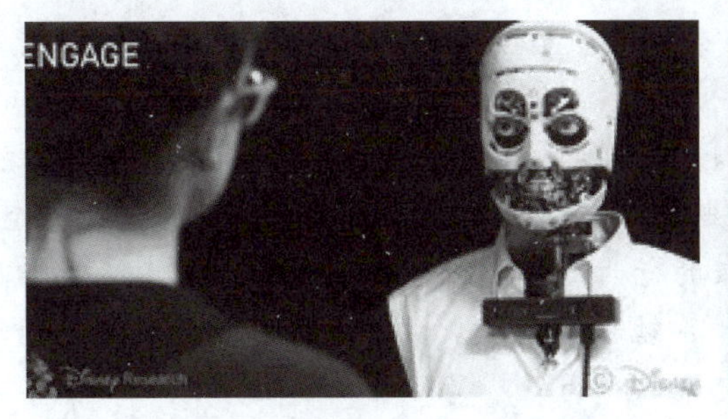

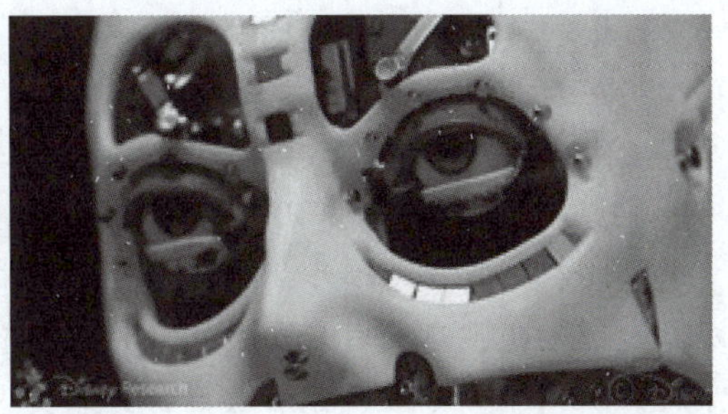

图 4-1　迪士尼出品的机器人

对于这款有点诡异的机器人，迪士尼官方的想法是：机器人的角色是一位正在读书的老人，可能是在图书馆里，也可能是在公园长椅上。他听力有困难、视力也在下降，但还是经常被路过的人分散注意力。大多数时候他会瞥一眼匆匆走过的人们，也会友好地向熟人点头示意，但当有人侵占私人空间时他会瞪着他们。也许下一次去迪士尼乐园就能偶遇这位“老人”，这时，还是希望工作人员能给它“穿”上人造皮肤（见图 4-2）。

图 4-2　眼神交流，真实最重要

这款机器人的研究团队阵容可以说是强强联合了：

- 曾设计过不少机器人的迪士尼研究中心；
- 负责设计、建造世界上所有迪士尼乐园及度假村的迪士尼业务部门华特迪士尼幻想工程（WDI）；
- 世界顶尖的私立研究型大学加州理工学院；
- 被誉为是“公立常春藤”的伊利诺伊大学厄巴纳—香槟分校。

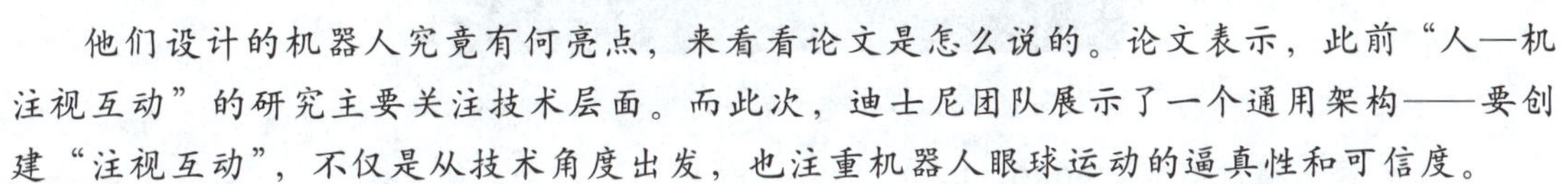

他们设计的机器人究竟有何亮点，来看看论文是怎么说的。论文表示，此前“人—机注视互动”的研究主要关注技术层面。而此次，迪士尼团队展示了一个通用架构——要创建“注视互动”，不仅是从技术角度出发，也注重机器人眼球运动的逼真性和可信度。

对此，IEEE 网站的评价是：可以把它想象成一种老式的、专用于注视的图灵测试——如果无法区分机器人与人类的注视，那么迪士尼的设计就是逼真的。

也就是说，迪士尼不是要让机器人注视远方，而是当人类走近它并望向它的眼睛时，它会有眼神的回应。通常科学家们会通过研究人类的大脑运作机制来设计控制系统，但这一次迪士尼团队采用的方法是他们最为擅长的东西——动画。正因为此，机器人硬件部分其实是一个“音频—动画半身像”。

毕竟，迪士尼只是不希望机器人在注视人类时出错。在这种所谓的“视觉吸引”方法背后，实际上是多年的、大量的人机交互（HRI）研究积累。迪士尼希望把“人—机注视互动”打造成真人面对面眼神交流的水平。为此，他们的设计是：机器人可以感知环境中的人，根据人们的动作确定他们是否对机器人感兴趣，随后机器人会选择适当方式执行高度逼真的动作。

具体来讲，机器人有以下几种状态：

- 阅读：机器人的默认状态。

• 扫视：使用RGB-D摄像机识别目标，当注意力引擎显示人们的好奇心分数超过某一阈值时，机器人会瞥一眼对方。

• 吸引：当注意力引擎显示刺激达到某一阈值时，机器人会将头转向对方，目光注视。

• 确认：当机器人判定见到“熟人”时，将直接从吸引状态或扫视状态进入确认状态。

不过，在上述状态以外，还有一些更低级的行为，如呼吸、轻微的头部运动、眨眼和眼球快速运动等。这几种行为其实涉及包容体系结构。简单来讲，这是一种自下而上的组织架构，从简单、分散、低层次的行为到更复杂的行为。

包容体系结构的概念是由斯坦福大学博士、美国著名机器人制造专家、前麻省理工学院计算机科学与人工智能实验室负责人罗德尼·布鲁克斯于20世纪80年代提出的，他也在推特上对迪士尼团队的设计发表了自己的看法：“人们低估了一款机器人从学术论文到现实世界所需的时间。迪士尼用了25年时间，在类人机器人眼控制方面使用了包容体系结构，比我1995年在机器人Cog（齿轮）和Kismet（基斯梅特）上的应用更好、更流畅。”由麻省理工学院创作的机器人Kismet（见图4-3）是最早实现与人类社交、情感互动的一款机器人。

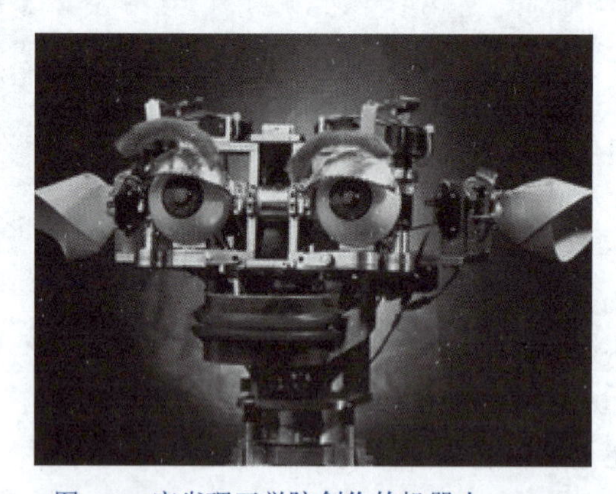

图4-3　麻省理工学院创作的机器人Kismet

资料来源：腾讯新闻，2020-11-23。

**阅读上文，请思考、分析并简单记录：**

（1）请通过网络搜索，进一步了解什么是包容体系结构，并简单阐述。

答：________________________________________

________________________________________

________________________________________

________________________________________

（2）这次迪士尼团队设计的类人“无皮”机器人，其亮点是“人—机注视互动”，这项设计在人机交互技术上走出了一条新路。请重温你所知道的人机交互的其他有效方式，并简述之。

答：________________________________________

________________________________________

________________________________________

________________________________________

（3）IEEE 网站对这项设计的评价中提到了“老式的”图灵测试：“如果无法区分机器人与人类的注视，那么迪士尼的设计就是逼真的。”请重温图灵测试，并简述什么是“新图灵测试”。

答：________________________________________

________________________________________

________________________________________

________________________________________

（4）请简单记述你所知道的上一周内发生的国际、国内或者身边的大事。

答：________________________________________

________________________________________

________________________________________

________________________________________

服务机器人是机器人家族中的一个年轻成员，可以分为专业服务机器人和个人/家庭服务机器人。服务机器人的应用范围很广，主要从事维护保养、修理、运输、清洗、保安、救援、监护等工作。研究数据显示，世界上很多国家都在发展机器人，其中半数以上的国家已涉足服务型机器人开发。不少类型的服务型机器人已经进入实验和商业化应用，全球服务机器人市场保持较快的增长速度。

## 4.1 服务机器人简介

由于劳动力价格日趋上涨，而且人们更趋向于选择自己喜欢从事的职业，因此，在发达国家，从事类似清洁、看护、保安等工作的人越来越少。另外，全球人口老龄化带来老人看护以及医疗等大量的问题，产生了巨大的财政负担。为弥补这种简单劳动力的不足，服务机器人（见图 4-4）的巨大市场由此产生。

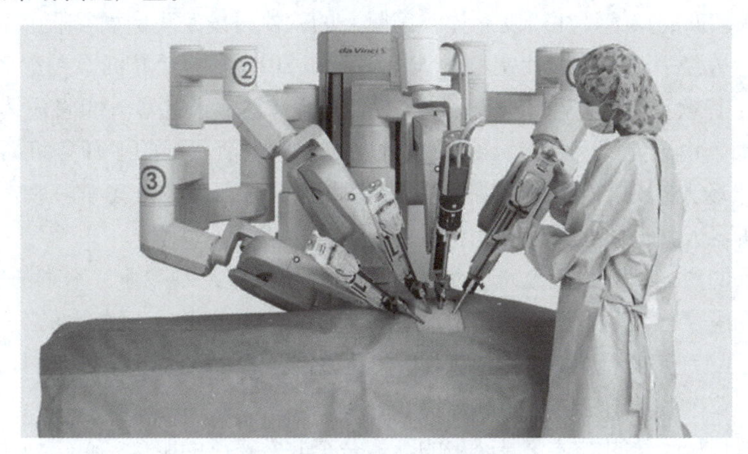


图 4-4　达·芬奇手术机器人

目前，服务机器人大部分都是行业使用的机器人，主要应用领域有医用机器人、多用途移动机器人平台、水下机器人及清洁机器人等。服务机器人普及所遇到的主要困难一个是价格问题，另一个是人们对机器人的益处、效率及可靠性还不十分了解。

### 4.1.1 服务机器人发展历程

服务机器人的发展随着人工智能技术的演进和市场需求而与时俱进，大致可分为三个阶段：

（1）实验室阶段（20世纪50—60年代）：计算机、传感器和仿真等技术不断发展，美国、日本等国家相继研发出有缆遥控水下机器人（ROV）、仿生机器人等。

（2）萌芽阶段（20世纪70—90年代）：服务机器人具备初步的感觉和协调能力，医用服务机器人、娱乐机器人等逐步投放市场。

（3）发展阶段（21世纪）：计算机、物联网、云计算等先进技术快速发展，服务机器人在家庭、教育、商业、医疗、军事等领域获得了广泛应用。

### 4.1.2 服务机器人的定义

服务机器人指的是为人类生活或特殊任务服务的机器人，且这些任务不包括工业生产。工业机器人通常处在标准化的制造流程中，与之相比，服务机器人是被放置在各种各样复杂环境中，因为经常需要与人和复杂环境互动，所以必须更加灵活。服务机器人的重要条件，就是必须“具备一定程度的自主性”，能够根据收取信息做出反应、并顺应环境变化有所调整。

和工业机器人构造类似，服务机器人也由驱动设备、机械设备、控制系统、感测与通信设备等组成。服务机器人的发展路线除了运动构造的精细化与仿人拟真，最受注目的技术是感测设备，搭载着模仿人类五感的各式传感器，除了视觉、听觉和触觉、也着力于人脸/身体姿态辨识、声音辨识等系统，以加强通信能力。除此之外，搭配人工智能及云端网络系统逐渐成为未来的发展方向，及时反应环境状况、在运作上更具自主性，并能更容易地融入社会、为人类所用。

一般来说，服务机器人依据是否商用分成两大类：个人/家庭用机器人与专业用机器人。专业用机器人多半为该产业量身定做，例如农业、救灾、水下、建筑等；个人/家庭用机器人则包含家庭事务与益智娱乐两部分，常见的有清扫与老人看护。

除了机器人厂商的持续投注研发之外，国际上的软件科技龙头例如谷歌、苹果也争相跨入这个领域。谷歌曾经一下子收购八家机器人公司，在2013年的世界机器人竞赛中，因福岛核灾的救援主题，谷歌更是一口气夺下冠、亚军，向世人宣示了机器人即将成为下一个时代的热门主题。然而，由于能顺利适应社会并应付各式各样生活状况的多任务机器人技术门槛较高，目前占据市场大部分产值的仍以服务特定需求的机器人为主，其中一般常见的扫地机器人等家务类型机器人就占了绝大部分比例。

智能机器人的产业领域，大致可归纳为四个方面：工业及制造业、军事与航空航天工业、教育与娱乐业和医疗与大健康产业。其中医疗与大健康领域的机器人融合了当代前沿科技和成熟产品，包括人工智能、计算机模拟、传感器、移动通信和“互联网+等”，是引领21世纪医疗、养老与康复等产业前景最前沿的技术和产品。

医用机器人是从医学的需求发展而来的，这是个非常宽泛的概念，可以说用于医疗全阶段的机器人或者机器人化设备都可以叫作医用机器人，大致可以分为手术机器人、康复机器人、医用服务机器人和智能设备等。医用机器人的目的是辅助医护人员更好地完成其工作。由于医用机器人作用对象是人，所以对于其安全性有很高的要求。在医疗机器人领域，大家通常关注和接触的主要是手术机器人、康复机器人这两个类别。

### 4.1.3 清洗机器人

随着城市的现代化，一座座高楼拔地而起。为了美观，也为了得到更好的采光效果，很多写字楼和宾馆都采用了玻璃幕墙，这就带来了玻璃窗的清洗问题。其实不仅是玻璃窗，其他材料的壁面也需要定期清洗。

长期以来，高楼大厦的外墙壁清洗主要方法有两种：一种是靠升降平台或吊篮搭载清洁工进行玻璃窗和壁面的人工清洗；另一种是用安装在楼顶的轨道及索吊系统将擦窗机对准窗户自动擦洗。采用第二种方式，要求在建筑物设计之初就将擦窗系统考虑进去，而且它无法适应阶梯状造型的壁面，这就限制了这种方法的使用。由于建筑设计配套尚不规范，国内绝大多数高层建筑的清洗都采用吊篮人工完成。

图 4-5 清洗机器人

以爬壁机器人为基础开发的大楼清洗机器人（见图 4-5）有负压吸附和磁吸附两种吸附方式，其擦窗采用负压吸附方式。

北京航空航天大学机器人研究所发挥其技术优势与北京铁路局北京科学技术研究所合作为北京西客站开发了一台玻璃顶棚（约 3 000 $m^2$）清洗机器人。该机器人由机器人本体和地面支援机器人小车两部分组成。机器人本体沿着玻璃壁面爬行并完成擦洗动作，它重 25 kg，可以根据实际环境情况灵活自如地行走和擦洗，且具有很高的可靠性。作为配套设备，地面支援小车在机器人工作时，负责为其供电、供气、供水及回收污水，它与机器人之间通过管路连接。

### 4.1.4 机器人“演奏家”

上海交通大学机器人研究所开发了一位“长笛演奏家”（见图 4-6），它能用 10 个金属手指灵活地按动发音孔，吹出一曲悠扬的《春江花月夜》。除了模拟手指，这位“演奏家”还有一个人工肺，吸气、吐气都受过“专门训练”，音域圆润而宽广。

图 4-6 演奏机器人

### 4.1.5 手术机器人

手术机器人能显著改善医生手术中的一些问题，减少患者痛苦、提高手术精确度、降低手术风险。现代手术进入到了微创时代，微创手术的成功不仅依赖于技术精湛的外科大夫，也依赖于医生手里优良的手术工具。从开放手术到普通腹腔镜手术，再到机器人腹腔镜手术，微创技术的需求推动了机器人技术在这方面的应用。例如，眼科手术机器人能够很好地把医生手部的颤抖滤除，辅助医生完成较为精细的眼科手术；血管介入手术机器人也是被研究较多的，康复和助力机器人的使用可以显著提升患者的身体机能恢复情况和生存质量。

手术机器人的动作更加精确，能降低手术风险，伤口的切口可以更小，从而降低了感染风险，加速康复进程（见图 4-7）。

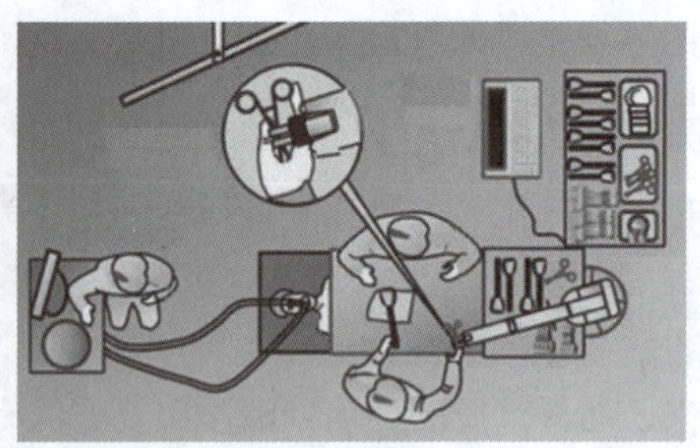

图 4-7　手术机器人

### 4.1.6　医用服务机器人

在医疗康复领域，行为辅助机器人主要提供医务护理、清洁、配送等服务。在辅助医护工作中也能起到非常大的作用，可以直接减轻医护人员的工作量，提高他们的工作准确性。医院服务机器人还包括导诊、辅助护士操作等。典型的应用是当传染性疾病暴发时通过机器人进行消毒，可以有效地避免人员受到病毒感染。

（1）长颈鹿通信机器人（Vasteras Giraff）。这是一个让老年人与外界通信的移动通信工具，它由轮子、摄像头和显示器组成，拥有网络电话的双向视频通话功能（见图 4-8），可以通过遥控器来进行控制。

图 4-8　长颈鹿通信机器人

（2）教学用患者机器人（见图 4-9）。它能够让医学学生们大胆地开展各种学习活动，利用机器人来培训医生实践。这种患者机器人拥有跳动的心脏、转动的眼睛，甚至还能呼吸，它能训练医学学生们如何正确测量血压和其他生命体征。这种机器人甚至还分为孕妇或婴儿版本。

（3）亚通（Aethon TUG）医用服务“立方体”机器人（见图 4-10）。它可以通过系统设定进行送餐、送药、整理患者的床单和脏餐盘，收集医院的废物等活动。利用医院的 Wi-Fi 信号与中央系统通信，亚通能躲避障碍，乘坐电梯，提高了医院的工作效率。

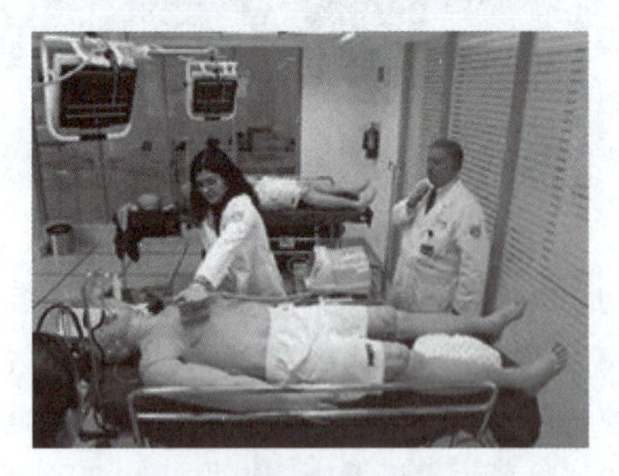

图 4-9　教学用患者机器人

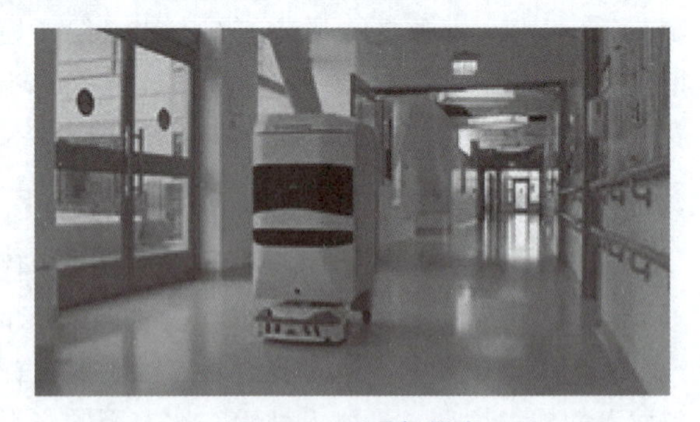

图 4-10　亚通机器人

（4）疾病诊断机器人（见图 4-11）。疾病诊断是医疗实践中最核心的部分，但有时在血检或胸透时，可能存在医生没有察觉的细微情况，而这些机器人能提供更多特定的诊断功能。

（5）RP-VITA 远程医疗机器人（见图 4-12）。这是由 iRobot 和 InToch Heath 公司联合研发的通过 iPad 应用进行控制的远程医疗机器人。作为远程医疗助手，设计者希望医生们可以通过它远程实时监控病人的情况。因此，包括 B 超和电子听诊器等诊断设备均被内嵌在机器人上。

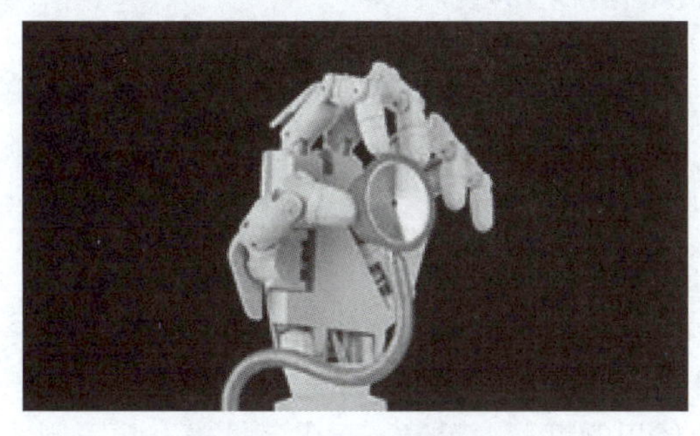

图 4-11　疾病诊断机器人

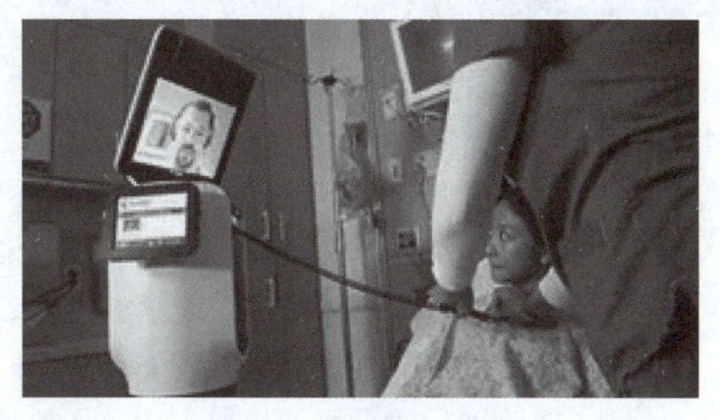

图 4-12　远程医疗机器人

（6）贝斯蒂克机械臂（见图 4-13）。这是一个小型机械手臂，末端是一个勺子，它主要适用于那些不希望麻烦别人而自己进食的患者。用户能轻松控制勺子的运动，从而决定吃餐桌上的哪样食物。

（7）康复机器人（见图 4-14）。如果患者接受了长期的物理治疗，需要尽早康复以重获移动能力，通过康复机器人的辅助复健，能加速患者康复进度。

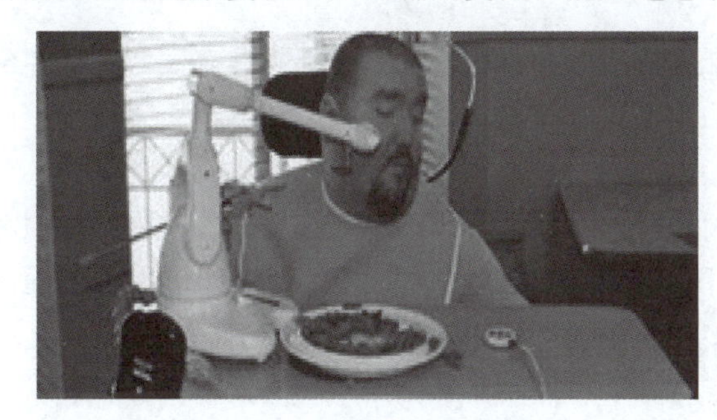

图 4-13　贝斯蒂克机械臂

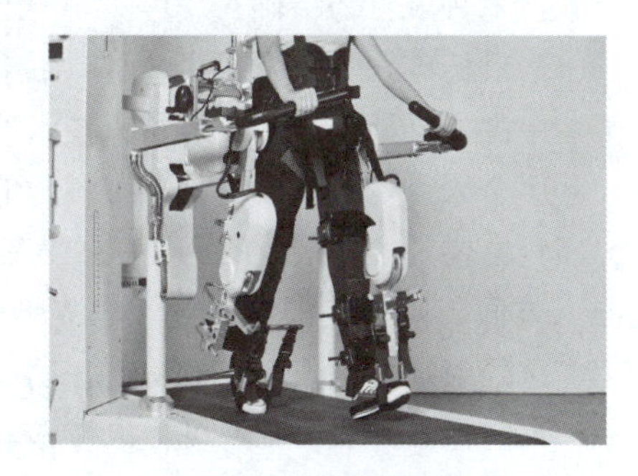

图 4-14　康复机器人

（8）Cody 护理机器人（见图 4-15）。这是一个护理助手，采用直接物理接口（DPI），护士能直接控制机器人的身体，例如领着机器人行走。通过相机和激光测距仪，Cody 能为患者清洁身体。

（9）替换肢体（见图 4-16）。机器人已被用于替换人们损坏的肢体或其他身体部位。此外，科学家们还在研发一些新技术，使用机器人来创建人类心脏或其他器官。目前已经创造出人造水母，下一个目标就是人类器官。

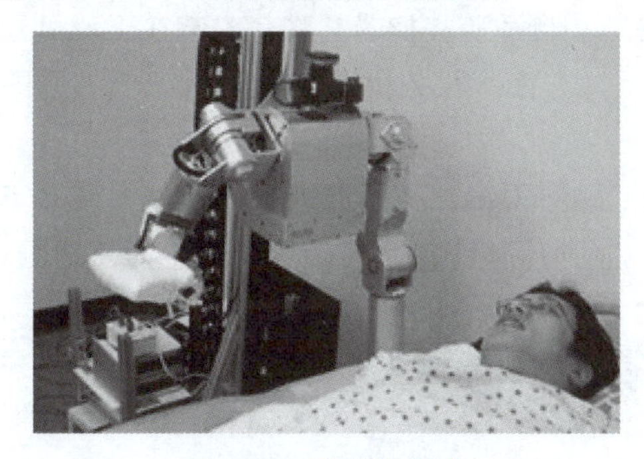

图 4-15　护理机器人

图 4-16　替换肢体

## 4.2 工业机器人与服务机器人的区别

工业机器人的结构和设计理念与服务机器人有本质区别。工业机器人强调在规划好的环境中完成既定任务，同时要求高耐久、高精度、高力矩输出；而服务机器人强调在开放的非预设环境下完成轻型、非高精度作业，且尽可能低成本之下的可接受寿命，而且由于服务机器人直接与人接触，故而对于安全性，可靠性要求很高。

工业机器人的核心在于上游三大零部件，即控制器、伺服电机、减速器；服务机器人的核心不在硬件，而在于传感器和人工智能算法。

（1）应用领域。通常工业机器人是产品制造中使用的机器人手臂；而服务机器人除了制造业以外，还有其他一切。较知名的服务机器人有军事机器人、医疗机器人、物流机器人等。

（2）市场潜力。工业机器人自20世纪70年代开始出现，已经成为一个成熟的行业，利润率很低，因此要实现差异化发展，这对企业是一项挑战。服务机器人起步不久，有着巨大的增长潜力。

（3）市场数据。由于工业机器人技术行业多年来已经整合，因此数据要比零散应用的服务机器人技术领域更为精确。

（4）目标客户。工业机器人主要由制造商购买，是一种典型的B2B销售方式，并且在汽车工业中占主导地位。服务机器人技术的客户类型更加多样化，可能是制造商、军事团体、医院，甚至个人。购买的决定是多种多样的。

（5）主要国家。最大的工业机器人制造国是日本，欧洲和美国也有重要的参与者。在服务机器人方面，则是美国显然处于领先地位。围绕麻省理工学院、斯坦福大学和卡内基梅隆大学等，已经形成了机器人产业集群，其中许多初创企业都是由这些机构组成的。

（6）向世界开放。工业机器人技术非常专有，所有控制器都使用不同的语言，并且通常处于封闭状态。即使在通信协议级别也是如此。尽管工业机器人也开始开放，但第三方应用程序的开发变得更加烦琐。而开源计划即将达到服务机器人技术的临界点，成为事实标准的最佳选择是ROS。可以访问开发人员社区开发的工具，这将大大加快服务机器人技术的发展。

（7）利用技术。工业机器人使用特定的机器人硬件和软件。服务机器人行业在利用成本更低，需要更少定制的现成技术方面做得更好。嵌入式电子设备、网络技术和通信协议，甚至包括诸如Microsoft Kinect之类的传感器，都被用于服务机器人。广泛采用的组件可以加快开发速度，并降低机器人解决方案的成本。

（8）平台成熟度。在服务和工业机器人上都安装了自适应夹持器。将其安装在工业机器人上非常简单，通常一切都很稳定，要求也很明确。这方面，服务机器人需要从工业方面的结构和组织中学习。

（9）“酷”因素。服务机器人比工业机器人要“酷”得多。孩子们进入机器人领域并不是为了制造业，通常帮助服务机器人吸引年轻人才的“酷”因素，这在工业机器人中似乎很困难。

## 4.3 建立服务机器人全球标准

工业机器人正处在标准化的工作流程中，而服务机器人则需要和人或者更复杂的环境互动，因此需要比工业机器人更“智能”，必须具备一定的自主反应能力，能够根据获取到的指令信息做出相应的反馈。

### 4.3.1 服务型机器人前景广阔

从市场现状来看，服务机器人之所以可以蓬勃发展，政策的助推、人力成本的增加、社会人口老龄化的驱动、人工智能技术的崛起等都是不可或缺的因素。

一方面，我国近年来相继颁发了《机器人产业发展规划（2016—2020 年）》等纲领性文件，为机器人产业发展创造了风口；另一方面，数据显示，社会就业人员人力成本不断增高，中国 65 岁及以上的人口数量占比已超过 10.8%。通过服务型机器人提升效率、节省成本，满足庞大的老年人群在养老、康复、护理、陪伴等方面出现的巨大需求缺口，都在一定程度上促使服务机器人迎来了发展新机遇。

同时，随着人工智能技术的持续发展，作为智能服务机器人核心要素之一的语音识别、面部识别也进入发展新阶段，使得服务机器人的仿真度（动作、语言、识别）得以大幅提升，已从以往的僵化动作进入更“人性化”的新阶段。

在这些原因的共同促使下，服务机器人产业迎来井喷式发展。伴随着服务机器人产业的发展，业界对于机器人与人类在未来的关系展开了新一轮讨论。创新工场 CEO 李开复认为：“未来十年，翻译、记者、助理、保安、司机、销售、客服、交易员、会计、保姆，这些职业中 90% 从业者将会被机器人取代。”中国科学技术大学博士生导师梅涛指出，人类有多少种分工，未来就会有多少种专业服务型机器人，服务机器人的风口即将到来。

目前，服务机器人逐步应用在餐饮、医疗、超市、物流等行业，迈出了替代或辅助人工的第一步，而医疗机器人领域市场发展更是突出。在细分领域中，由于我国未来人口高龄化是大势所趋，养老看护的缺口逐渐扩大，国内康复机器人的发展已成为医疗机器人领域中最重要组成部分。由于技术和工程化尚未成熟，机器人向传统行业渗透还需要一定时间。而我国尚处于该领域的探索发展阶段，服务机器人在使用功能的安全、可靠性等技术成熟度上还有诸多空间亟待发掘。

### 4.3.2 日本推动建立全球标准

日本已与国际标准组织（ISO）展开磋商，旨在为辅助人类的机器人制定标准。

日本在机器人领域投入巨资的部分原因是该国的人口老龄化，为帮助老年人而设计的机器人正变得越来越普遍。日本已经为机器人与人的互动建立了一个国家标准，该标准涉及医疗、商业和交通等诸多领域。日本国家先进工业科学技术研究所已经发布了日本的 JIS Y1001 标准。

随着老龄化社会的推进，导致了劳动力短缺，这对日本所有行业都构成了重大挑战。作为克服这种情况的解决方案之一，业界对引入机器人服务入寄予厚望。各种服务机器人，如导游机器人、送货机器人、护理机器人、辅助机器人等，有望在机场、商业设施、护理设施等普通人与这些机器人能够共存的特定场所发挥重要作用。在这种情况下，应该确保机器人的使用安全，以防止对人类造成任何伤害。

机器人可以帮助降低未来医疗机构一线工作人员和其他一线工人面临的风险，此外还可以为许多仍需要人类的领域腾出时间。

作为机器人领域的世界领导者，日本希望能够出口更多的机器人助手。由于任何未来的

ISO 标准都可能以日本现有的 JIS Y1001 为基础，因此日本企业将在与全球竞争对手的竞争中占得先机。ISO 现有的 TC 299 标准是“机器人领域的标准化，不包括玩具和军事应用”，它没有像日本标准那样考虑到各种设置的最佳实践。TC299 的新工作小组由日本领导，以确保全球标准至少与日本的国家标准一样强大。

## 4.4 2021 服务机器人

在 2021 世界机器人大会上，手术机器人是必看的亮点之一，“达・芬奇”机器人、天智航“天玑”骨科手术机器人、术锐腔镜机器人、康多腔镜机器人等手术机器人争奇斗艳。

（1）“达・芬奇”手术机器人（见图 4-17）。这是较早问世的手术机器人，在世界范围内应用较广，享有较高声誉。这款机器人由医生控制台、手术机械臂和成像系统三个部分组成，展会现场，工作人员还展示了用“达・芬奇”手术机器人搭体积非常小的积木。

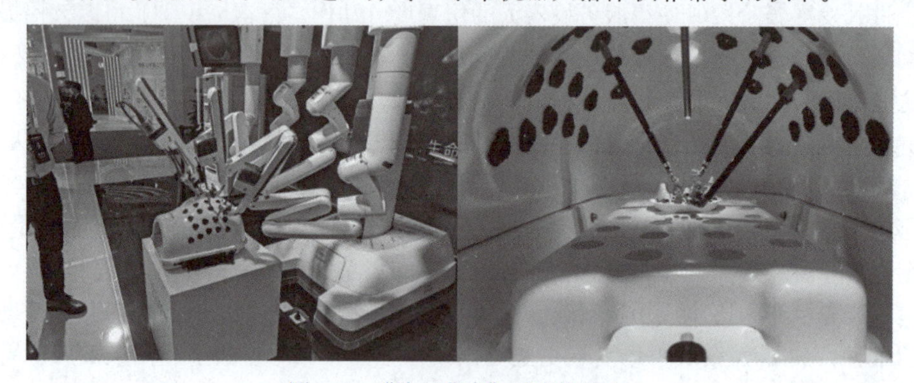

图 4-17 “达・芬奇”手术机器人

据介绍，医生利用“达•芬奇”手术机器人可以进行更加精细化的手术，并且由于是微创，对于患者来说具有出血少、并发症少、康复快等优点。目前“达・芬奇”手术机器人在我国装机量达到 200 多台，主要采购者为三甲医院等大型医院。

（2）天智航“天玑”骨科手术机器人（见图 4-18）。这是国际首款能够开展创伤骨科、脊柱外科手术的骨科机器人，能够辅助开展脊柱外科以及创伤骨科手术，可以进行精准定位的微创手术，据说能让手术时间节省 30%。

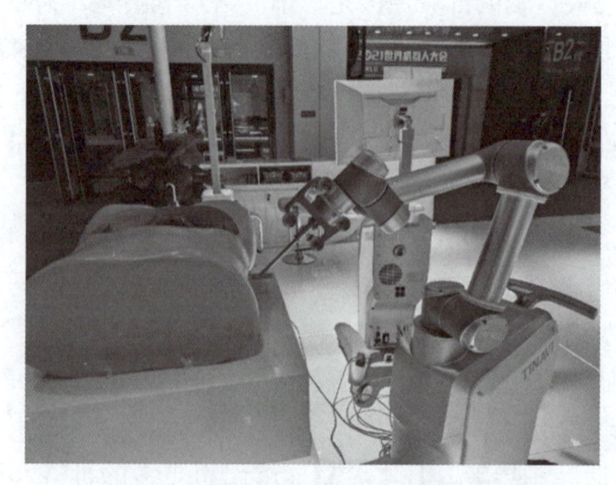

图 4-18 天智航“天玑”骨科手术机器人

“天玑”骨科手术机器人已在北京积水潭医院等多家医院投入使用。据统计，截至2020年末，这款机器人已辅助医生完成超万例手术。2021 年，天智航推出第二代“天玑”骨科手术机器人，并且已被纳入北京医保支付范畴。

(3) 术锐腔镜手术机器人。在展览中，一台手术机器人在演示剥一颗生的鹌鹑蛋（见图 4-19），并且还能在剥掉外壳的同时不破坏蛋壳下面的薄膜。这是北京术锐技术推出的腔镜手术机器人。手术时医生通过操控主控台上的操作器，对手术工具和高清电子内窥镜进行遥控操作，便能够完成一台微创手术治疗。

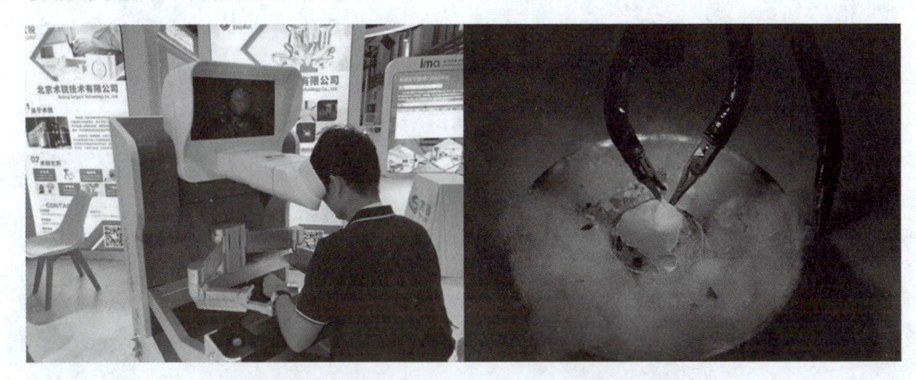


图 4-19 工作人员演示操纵机器人剥鹌鹑蛋

图 4-20 清华大学咽拭子机器人

(4) 疫情之下的“打工人”机器人。突如其来的疫情让人们不得不“居家抗疫”，即使出门也要保持社交距离，而这给了机器人大展身手的好机会。清华大学人工智能学院在展会上带来了咽拭子机器人（见图 4-20）和病房巡诊机器人。

咽拭子机器人顾名思义是能够自主进行咽拭子采样的机器人，它可以快速部署并开展持续性的咽拭子采集任务。使用者只需要根据机器人的语音提示便可快捷简单的完成自主采样。

病房巡诊机器人可以用于传染病房的日常查房巡诊，并且得益于 5G 的加持，可以实现跨省远程问诊。此外，在新冠肺炎疫情不断传播的情况下，它的使用不仅减轻了医生的工作量，还能降低医生交叉感染的风险。

抗击疫情的斗争中，消杀工作也是重要的一个环节，当然这项工作也可以由机器人来完成。这次大会上也有不少厂商展示了消杀机器人。比如洛必德带来的智能消杀机器人（见图 4-21）能够自主移动，以应用于室内外多种环境中。它具有四个喷雾口，可以实现 360° 喷雾消杀。

另外，它还支持手机小程序远程操控，既能远程规划路线，也能完成定时定点消杀工作。它还具有人体感应功能，当发现有人来到身边时，便会自动停止喷雾，防止消毒液沾染到人体皮肤上。

除了医用，送餐机器人也发展很快，几乎成了当今餐厅的标配。从全国连锁的海底捞，到街边普通的餐厅，处处都能见到送餐机器人的身影。与此同时，各类配送机器人也越来越多地出现在我们的身边，比如商场、酒店、医院等用到的室内配送机器人以及室外的物流机器人等。这些各种用途的配送机器人都出现在了 2021 世界机器人大会上。

（1）走得稳、端菜稳的送餐机器人（见图 4-22）。在展会 B 区，普渡科技的送餐机器人在各样的障碍物里走来走去，当有人站在它面前时，它会自动绕行，还能保证托盘里的食物纹丝不动。

图 4-21　洛必德智能消杀机器人

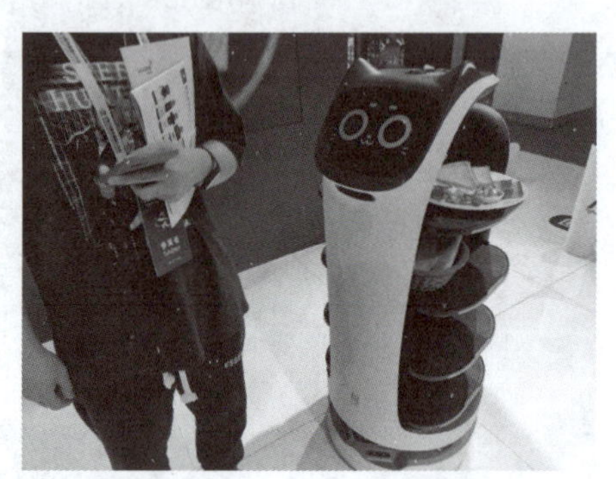

图 4-22　普渡送餐机器人遇到行人停下

餐厅中人来人往的环境以及可能会出现的狭窄过道对机器人来说是一项不小的挑战，因此机器人要想在餐厅工作至少要具备自主避障能力、行走的稳定性和极强的通过性。普渡在设计送餐机器人的时候，针对这三点做出了专门的优化，让机器人送餐过程中不仅走得稳，还能主动绕过行人或障碍物。此外，为了吸引顾客的兴趣，普渡还为送餐机器人添加了一些交互功能，比如抚摸现场一款机器人小猫一样的耳朵时，它还可以露出满足的表情与你互动。

擎朗智能也出现在了这次大会上，还发布了其专门面向中小型餐厅打造的“飞鱼”送餐机器人（见图 4-23）。这款机器人拥有纤细的机身，还具备厘米级的导航能力，让它可以在 50 cm 宽的过道中自由穿梭。同时，擎朗还在取餐方面对它进行了精心设计，通过灯光、语音、动画等多种交互方式提醒顾客取餐。并且它还搭配擎朗的视觉识别技术，能够自动监测餐品是否被取走，提高送餐效率。

（2）物流机器人打通送快递的“最后一公里”。相信很多人经常会为下楼取快递而苦恼。哈奇智能在这次大会上带来了一款智能物流机器人，就能解决这个问题。

哈奇智能的这款物流机器人（见图 4-24）拥有智能路径规划、自主乘梯、人脸识别取件等多项功能，当快递员把快递放入机器人货舱中后，收货人可以自由预约送货时间，然后机器人就可以自主规划路径进行配送，让你再也不用下楼取快递。

这款物流机器人可以在酒店、高校、科技园、社区等多种场景使用，据工作人员介绍，目前这款机器人已经在多个城市的多个小区投入使用。

在物流领域深耕多年的京东物流也带来了其智能配送机器人“京麟”（见图 4-25）。京麟智能配送机器人基于京东 L4 级别的自动驾驶技术，可以实现自主导航、避障、上下电梯等功能，实现24小时无人配送。而且它不止可以收送快递，还能够送物品、送外卖，目前已经在一些商场、写字楼等场景投入使用。

除此之外，还有不少厂商带来了自己的智能配送机器人，比如广州映博智能科技旗下的派宝机器人（见图4-26）、洛必德的智能配送机器人“小洛”、优地科技的送物机器人“优小妹”等，都能够在酒店、写字楼等不同的场景提供配送服务。

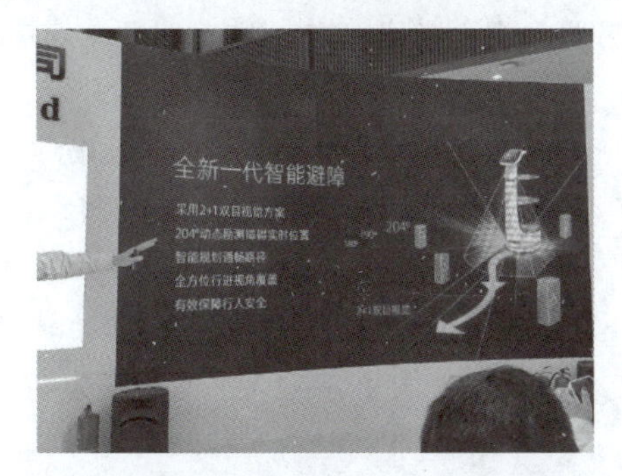


图4-23　擎朗“飞鱼”送餐机器人

图4-24　哈奇智能物流机器人

图4-25　京东“京麟”配送机器人

图4-26　派宝机器人

1. 服务机器人的发展随着人工智能技术的演进和市场需求而与时俱进，大致可顺序分为（　　）三个阶段。

① 实验室；② 发展；③ 萌芽；④ 细化

A. ③②④　　B. ①③②　　C. ①②③　　D. ②③④

2. 服务型机器人指的是为人类生活或特殊任务服务的机器人，且这些任务（　　）。

A. 不包括工业生产　　B. 以工业生产为核心

C. 基于工业生产　　D. 不包括医用机器人

3. 工业机器人通常处在（　　）的制造流程中，而服务机器人经常需要与人和复杂环境互动。

A. 个性化　　B. 随机性　　C. 人性化　　D. 标准化

4. 服务机器人的构造与工业机器人类似，其发展路线除了运动构造的精细化与仿人拟真，最受注目的技术是（　　）。

A. 机械能力　　B. 通信水平　　C. 感测设备　　D. 控制系统

5. 智能机器人的产业领域，大致可归纳为四个方面：工业及制造业、军事与航空航天工业、教育与娱乐业和（　　）产业。其中后者融合了当代前沿科技和成熟产品，包括人工智能、计算机模拟、传感器、移动通信和“互联网+”等，是引领21世纪的最前沿技术和产品。

A. 轻工与食品　　B. 医疗与健康

C. 农业与森林　　D. 艺术与表演

6.（　　）机器人能显著改善医生手术中的一些问题，减少患者痛苦、提高手术精确度、降低手术风险。

A. 手术　　B. 护理　　C. 开放　　D. 辅助

7. 在医疗康复领域，（　　）机器人主要提供医务护理、清洁、配送等服务，在医护工作中也能起到非常大的作用。

A. 拟人爱宝　　B. 协作消杀　　C. 微创手术　　D. 行为辅助

8.（　　）机器人强调在规划好的环境中完成既定任务，同时要求高耐久、高精度、高力矩输出。

A. 协作　　B. 服务　　C. 工业　　D. 娱乐

9.（　　）机器人强调在开放的非预设环境下完成轻型、非高精度作业，且尽可能低成本之下的可接受寿命，对于安全性，可靠性要求很高。

A. 协作　　B. 服务　　C. 工业　　D. 娱乐

10. 服务机器人的核心在于（　　）和人工智能算法。

A. 传感器　　B. 控制器　　C. 伺服电机　　D. 减速器

11. 在（　　）方面，通常工业机器人是产品制造中使用的机器人手臂；而服务机器人除了制造业以外，还有其他一切。

A. 市场潜力　　B. 应用领域　　C. 目标客户　　D. 市场数据

12. 在（　　）方面，工业机器人已经成为一个成熟行业，利润率很低，因此要实现差异化发展；而服务机器人起步不久，有着巨大的增长潜力。

A. 市场潜力　　B. 应用领域　　C. 目标客户　　D. 市场数据

13. 在（　　）方面，由于工业机器人行业多年来已经整合，因此数据要比零散应用的服务机器人技术领域更为精确。

A. 市场潜力　　B. 应用领域　　C. 目标客户　　D. 市场数据

14. 在（　　）方面，工业机器人主要由制造商购买，是一种典型的B2B销售方式，并且在汽车工业中占主导地位。服务机器人技术的客户类型更加多样化，购买决定也是多种多样。

A. 市场潜力　　B. 应用领域　　C. 目标客户　　D. 市场数据

15. 在（　　）方面，最大的工业机器人制造国是日本，欧洲和美国有重要的参与者；在服务机器人方面，美国处于领先地位。

A. 利用技术　　B. 平台成熟度　　C. 主要国家　　D. 开放世界

16. 在（　　）方面，工业机器人技术非常专有，所有控制器都使用不同的语言，并且通常处于封闭状态；而开源计划即将成为服务机器人技术的事实标准。

A. 利用技术　　B. 平台成熟度　　C. 主要国家　　D. 开放世界

17. 在（　　）方面，工业机器人使用特定的机器人硬件和软件；服务机器人行业在利用成本更低，需要更少定制的现成技术方面做得更好。

A. 利用技术　　B. 平台成熟度　　C. 主要国家　　D. 开放世界

18. 在（　　）方面，在服务和工业机器人上都安装了自适应夹持器。将其安装在工业机器人上非常简单，通常一切都很稳定，要求明确。这方面，服务机器人需要进步。

A. 利用技术　　B. 平台成熟度　　C. 主要国家　　D. 开放世界

19. 日本与国际标准组织（ISO）展开磋商，旨在为辅助人类的机器人制定标准。目前，日本已经发布了（　　）Y1001 标准。

A. EMS　　B. ISO　　C. GB　　D. JIS

20. 由日本领导的工作小组完成制定（　　）现有的 TC 299 标准，这是“机器人领域的标准化，不包括玩具和军事应用”，它没有像日本标准那样考虑到各种设置的最佳实践。

A. EMS　　B. ISO　　C. GB　　D. JIS

## 研究性学习 熟悉服务机器人及其应用场景

小组活动：请阅读本课的【导读案例】，讨论以下问题。

(1) 迪士尼团队设计的类人“无皮”机器人，其亮点是“人—机注视互动”，这项设计在人机交互技术上走出了一条新路。请列举人机交互的各种有效方式，甚至可以展望未来。

(2) 相信你已经注意到在你身边出现的服务机器人，请列举服务机器人的各种有效方式，甚至可以展望未来。

记录：请记录小组讨论的主要观点，推选代表在课堂上简单阐述你们的观点。

评分规则：若小组汇报得 5 分，则小组汇报代表得 5 分，其余同学得 4 分，余类推。

活动记录：________________________________________

________________________________________

________________________________________

________________________________________

________________________________________

实训评价（教师）：________________________________________

________________________________________

# 第5课 特种机器人

## 学习目标

**知识目标**

（1）熟悉特种机器人的定义及其应用场景。

（2）熟悉四足仿生机器人，了解其相关核心技术。

（3）熟悉系列仿生机器人，了解特种机器人的行业发展。

**能力目标**

（1）掌握专业知识的学习方法，培养阅读、思考与研究的能力。

（2）积极参与“研究性学习小组”活动，提高组织能力，具备团队精神。

**素质目标**

（1）热爱学习，掌握学习方法，提高学习能力。

（2）热爱读书，善于分析，勤于思考，培养关注技术进步的优良品质。

（3）体验、积累和提高“大国工匠”的专业素质。

**重点难点**

（1）特种机器人的应用场景与技术发展。

（2）仿生机器人及其核心技术。

## 导读案例 开诚智能特种机器人亮相世界机器人大会

2019年8月25日召开的世界机器人大会（WRC）汇聚了国内外的先进机器人，吸引了众多专业与非专业人士前来听会观展。在此次参展的企业中，中信重工开诚智能（以下简称“开诚智能”）展出了消防、巡检、水下等10余款特种机器人，吸引了源源不断的人们驻足观看，在这里领略国产特种机器人的实力与魅力。

开诚智能经过多年深耕，在消防机器人、矿用机器人、石化巡检机器人和水下机器人领域都取得了不俗成绩，此次参展的10余款机器人个个身怀绝技，独领风骚。比如，看似悠闲的巡检机器人（见图5-1），实则担负着煤矿井下等危险作业场所的智能巡检工作；展现“奔跑、跳跃”等绝活儿的“小黄人”，是城乡立体消防的得力干将；“步履稳健”的防爆轮式巡检机器人是石化场站无人巡检的主角担当；雄赳赳、气昂昂的“大黄鸭”，以其威武气质征服全场。

图 5-1 巡检机器人

这些参展的机器人，也展现了开诚智能在特种机器人领域的系统布局。

### 1. 消防机器人系列

据介绍，开诚智能目前拥有应对各种复杂火情的十多款消防机器人产品，包括空中与地面侦察机器人、不同流量的消防灭火机器人、消防排烟机器人、中高倍数泡沫灭火以及空中灭火等系列化产品，在消防应急救援软件平台的指挥下，实现火场侦察、灾情研判、多机器人协同作战、空中地面多方位灭火的智能消防机器人立体作战体系（见图 5-2）。

目前消防机器人已全面列装全国各地 30 多个消防系统及石油石化企业，并参加数百次重大火灾、突发事故现场救援，为灭火救援工作保驾护航。

### 2. 矿用机器人系列

基于煤矿实际需求，开诚智能自主研制出适用于煤矿井下皮带机、绞车房、掘进面、水泵房等场所的防爆轨道式巡检机器人、防爆固定值守机器人，以及适用于选煤厂、煤化工、变电站等场所的矿用一般型轨道式巡检机器人、矿用防爆轮式巡检机器人。新一代的矿用机器人系列产品具备听觉、视觉和热感检测分析等功能，成功地将人工智能技术运用到煤矿。

矿用巡检机器人系列产品目前已在全国多家大型矿井投入使用，助力煤矿企业实现“机械化换人、自动化减人、智能化无人”的目标（见图 5-3）。

### 3. 石化防爆轮式巡检机器人

防爆轮式巡检机器人（见图 5-4）广泛应用于Ⅱ类爆炸环境中，可代替巡检人员进行设备及环境巡检，减轻巡检人员的劳动强度，降低巡检过程中存在的安全隐患，提升巡检质量的同时，最大限度提升石化企业的本质安全水平。

经过四代防爆轮式巡检机器人的迭代，产品智能化程度不断提高（见图 5-5）。该机器人融合了先进的计算机技术、定位导航技术、无线通信技术、传感器技术、防爆设计、能源供应等关键技术，已在中石油、中石化等多个场站投入使用。

此外，中信重工开诚智能还拥有应用于城市综合管廊巡检、爬壁特种作业、水下侦测等不同场景的特种机器人产品。

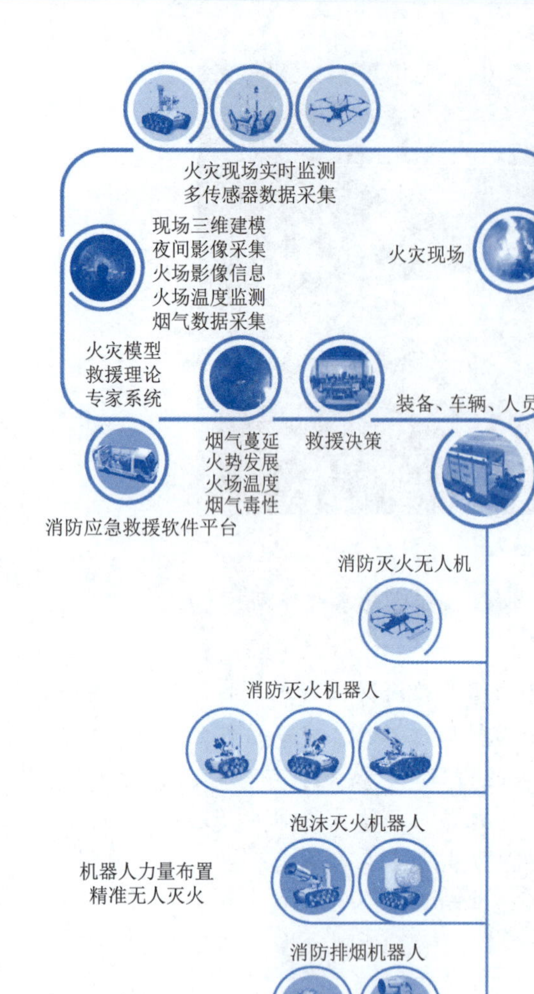


图 5-2 智能消防机器人立体作战体系

图 5-3 矿用巡检系列机器人

图 5-4 防爆轮式巡检机器人（第四代）在中石油某场站应用

图 5-5 巡检机器人迭代

资料来源：机器人大讲堂，2019-08-30。

**阅读上文，请思考、分析并简单记录：**

(1) 本文中介绍的开诚智能企业目前拥有应对各种复杂火情的十多款消防机器人产品，请仔细观察“智能消防机器人立体作战体系”（图 5-2），熟悉消防机器人的产品布局。你觉得特别在哪里？

答：________________________________________________

________________________________________________

________________________________________________

________________________________________________

(2) 仅文中介绍的一家企业就有如此众多的特种机器人产品。请简述你对机器人丰富种类的看法。

答：________________________________________________

________________________________________________

（3）你能从开诚智能的系列产品中了解到这个企业产品的共性吗？

答：______

（4）请简单记述你所知道的上一周内发生的国际、国内或者身边的大事。

答：______

与工业机器人不同，特种机器人工作环境具有多样性和复杂性，其有关信息往往是多义、不完全或不准确的，而且可能随着时间改变。

## 5.1 特种机器人简介

所谓特种机器人，是指除工业机器人、公共服务机器人和个人服务机器人之外的、应用于非制造业专业领域的各种先进机器人（见图 5-6），包括水下机器人、娱乐机器人、军用机器人、农业机器人、电力机器人、建筑机器人、物流机器人、安防与救援机器人、核工业机器人、矿业机器人、石油化工机器人、市政工程机器人等行业机器人。实际上，服务机器人也属于特种机器人类别，但特种机器人一般是由经过专门培训的人员操作或使用的，辅助和 / 或代替人执行任务。

图 5-6　特种机器人

根据特种机器人使用的空间（陆域、水域、空中、太空），可将特种机器人分为地面机器人、地下机器人、水面机器人、水下机器人、空中机器人、空间机器人和其他机器人。

根据特种机器人的运动方式，可分为轮式机器人、履带式机器人、足腿式机器人、蠕动式机器人、飞行式机器人、潜游式机器人、固定式机器人、喷射式机器人、穿戴式机器人、复合式机器人和其他运动方式机器人。

与工业领域的机器人不同，特种机器人的工作环境具有多样性和复杂性，其使用环境的有关信息往往是多义、不完全或不准确的，而且可能随着时间改变。

## 5.2 机器人的可移动性

特种机器的移动机构主要有轮式、足式、履带式和混合式（见图 5-7 ~ 图 5-10），此外还有步进式、蠕动式、蛇行式和混合式移动机构，以适应不同的工作环境和场合。室内移动机器人通常采用轮式移动机构；为了适应野外环境的需要，室外移动机器人多采用履带式移动机构。一些仿生机器人，通常模仿某种生物运动方式而采用相应的移动机构。其中轮式的效率最高，但适应性能力相对较差；而足式的移动适应能力最强，但其效率最低。

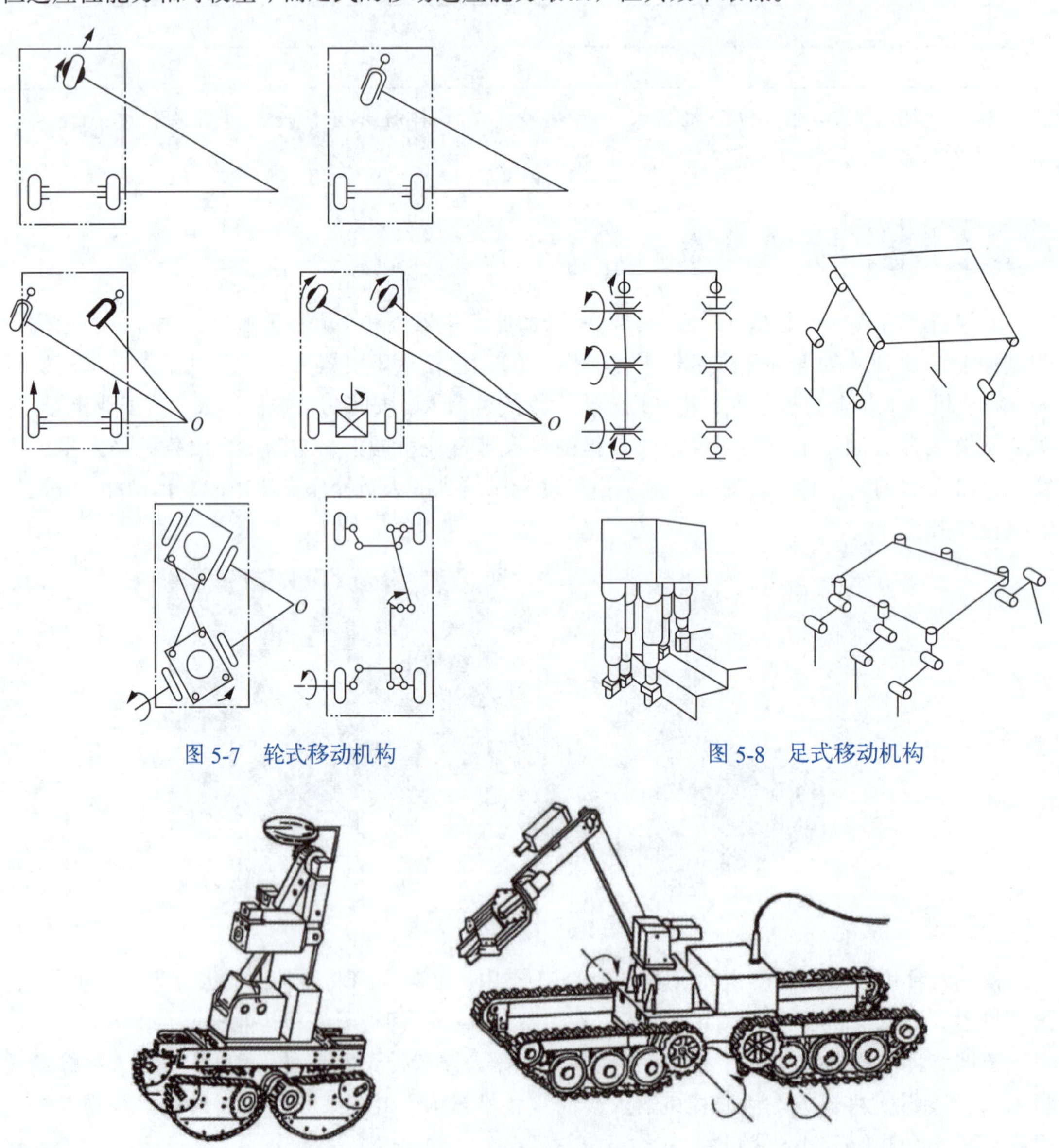

图 5-7　轮式移动机构

图 5-8　足式移动机构

图 5-9　履带式移动机构

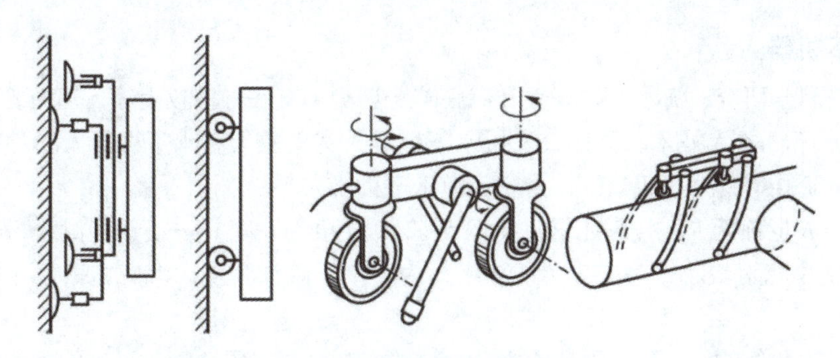

图 5-10　混合式移动机构

## 5.3 典型特种机器人

特种机器人发展非常迅速，新机型不断问世，整机性能不断提高，应用领域越来越广泛。

### 5.3.1　管道检测机器人

地下管网犹如城市的“血管”和“神经系统”，关乎电力、排水、通信等安全，甚至关系到社会民生的发展。但一般城市管道系统尚无定期巡检制度，而且工作环境恶劣、检测难度大。

管道的检测和维护可以采用管道检测机器人（见图 5-11）来进行，这是一种可沿管道内壁行走的机械，“身材”小巧，可钻入小直径的地下管道，具有防水、抗高温和质量小等特点，可以超过 0.5 m/s 的速度在 −30 ～ 50℃的环境中连续工作。管道检测机器人可以携带一种或多种传感器及操作装置，如 CCD 摄像机、位置和姿态传感器、超声传感器、涡流传感器、管道清理装置、管道焊接装置、简单的操作机械手等，在操作人员的控制下进行管道检测维修作业。

图 5-11　管道检测机器人

管道检测机器人能通过多传感器融合技术准确判断管道泄漏点，检测管道内部是否存在破裂、变形、腐蚀、异物侵入、沉积、结垢和树根障碍物等病害，在施工、维护保养、定期检验中发挥重要作用。

在技术上，这种机器人包含履带式爬行器、控制系统以及电动收线车系统三部分。爬行器配备前置多维度旋转云台摄像头、470 线分辨率、10 倍光学变焦及白光高功率卤素灯照明，可在管道内直视和侧视，灵活观察，提供清晰的成像效果。同时，在高分辨率彩色监视器上实时显示管道内视频画面信息以及声呐分析图像，并将所探测到的状况实时提供给检测工作人员，从而形成准确、专业的检测报告，为后期管道修复工作提供可靠依据。

### 5.3.2 水下机器人

进行海洋科学研究、海上石油开发、海底矿藏勘测、海底打捞救生等，都需要开发海底载人潜水器和水下机器人技术。因此，发展水下机器人意义重大。水下机器人的种类很多，如载人潜水器、遥控有缆水下机器人、自主无缆水下机器人等。

水下机器人也称无人遥控潜水器（见图 5-12），主要分两类，一类为观测级，主要用于海洋科考等，功率相对较小；另一类为作业级，主要用于海洋救捞、海底施工作业等，功率相对较大。

水下机器人所处的水下环境要比水上环境更为复杂，所以需要更加过硬的本领才能完成正常的工作。复杂的智能控制系统和监测识别系统是水下机器人的关键技术，保证了水下机器人可以正常稳定运动和看清周围环境。

目前全球范围内功率最大的无人遥控潜水器 ROV 主要用于对深海水下沉船沉物等进行应急救险、搜寻和打捞等作业，也能应用到海洋深水工程辅助作业等方面。它凭借其强大动力，能深入 3 000 m 海底，轻松提起 4 t 的重物。同时，该机器人的操作精度非常高，能达到几毫米，可在水下捡起一根针。

2015 年 3 月 19 日，中国自主建造的首艘深水多功能工程船——海洋石油 286（见图 5-13）进行深水设备测试，首次用水下机器人将五星红旗插入南海近 3 000 m 水深海底。海洋石油 286 深水工程船是世界顶级技术难度的海洋工程船舶，专门用于深海油气资源开发，其技术含量高，具有优异的操纵性和耐波性，配有升沉补偿功能的 400 t 大型海洋工程起重机和最大作业水深的水下机器人，具有深水大型结构物吊装、脐带缆与电缆敷设、饱和潜水作业支持以及深水设施检验、维护等多项功能，综合作业能力在国际同类船舶中处于领先地位。

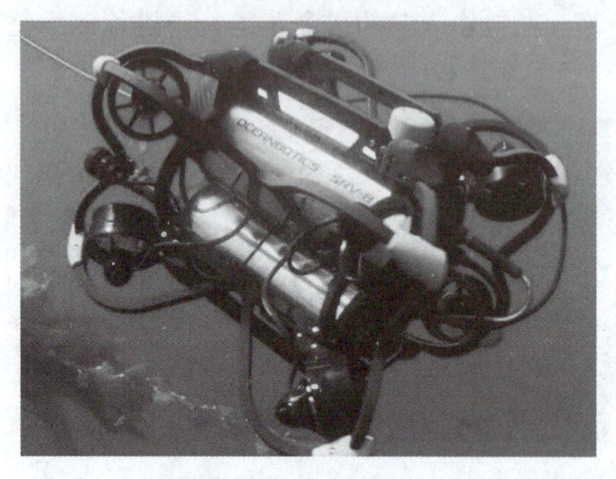


图 5-12 水下机器人

图 5-13 海洋石油 286 水下机器人

### 5.3.3 农林机器人

农林机器人可以提高劳动生产率，解决劳动力的不足；改善农业的生产环境，防止农药、化肥等对人体的伤害，提高作业质量等。

农业机器人有如下特点：

（1）农业机器人一般要求边作业边移动；

（2）农业领域的行走不是连接出发点和终点的最短距离，而是具有狭窄的范围，较长的距离及遍及整个田间表面的特点；

（3）使用条件变化较大，如气候影响，道路的不平坦和在倾斜的地面上作业，还须考虑左右摇摆的问题；

（4）农业机器人的使用者是农民，一般不具有机械电子知识，因此要求农业机器人必须具有高可靠性和操作简单的特点。

嫁接机器人（见图 5-14）技术是近年在国际上出现的一种集机械、自动控制与园艺技术于一体的高新技术，它可在极短的时间内，把蔬菜苗茎杆直径为几毫米的砧木、穗木的切口嫁接为一体，使嫁接速度大幅度提高；同时由于砧、穗木接合迅速，避免了切口长时间氧化和苗内液体的流失，从而可以大大提高嫁接成活率。

林木球果采集机器人（见图 5-15）可以在较短的林木球果成熟期大量采摘种子，对森林的生态保护、森林的更新以及森林的可持续发展等方面都有重要的意义。它一般由机械手、行走机构、液压驱动系统和单片机控制系统组成。

图 5-14　农林嫁接机器人

图 5-15　林木球果采集机器人

### 5.3.4　消防机器人

石化等基础工业的飞速发展，带来了生产过程中易燃易爆和剧毒化学制品的急剧增长。由于设备和管理方面的原因，导致化学危险品和放射性物质泄漏、燃烧爆炸的事故增多。消防机器人作为特种消防设备，可代替消防队员接近火场实施有效的灭火救援、化学检验和火场侦察。它的应用将提高消防部队扑灭特大恶性火灾的实战能力，对减少国家财产损失和灭火救援人员的伤亡将产生重要的作用。

当在隧道内发生火灾时，通常消防队员不得不在浓烟和高温的危险环境下在隧道内灭火，于是产生了在恶劣条件下工作的消防机器人的研究。当消防人员难于接近火灾现场灭火时，或有爆炸危险时，便可使用遥控消防机器人（见图 5-16）。这种机器人装有履带，最大行驶速度可达 10 km/h，每分钟能喷出 5 t 水或 3 t 泡沫。用于在狭窄的通道和地下区域例如隧道进行灭火。例如，机器人高 45 cm，宽 74 cm，长 120 cm，由喷气式发动机或普通发动机驱动行驶。当机器人到达火灾现场时，为了扑灭火焰，喷嘴将水流转变成高压水雾喷向火焰。

当发生火灾时，消防机器人可以喷射 60 ～ 80 m 长的水柱，覆盖到三四层楼高。它的履带采用特殊材质加工而成，最高可承受 750 ℃高温；可通过远程遥控行走、爬坡、登梯及跨越障碍物；适应多种环境，耐高温、抗热辐射、防雨淋、防化学腐蚀、防电磁干扰等，能够全天候持续工作。消防（灭火）机器人独有的透雾及精准识别功能，可作为消防作战中的先遣兵，准确识别火场中遗留人员和火源位置，使得救援更有效、灭火更迅速。其自身装有自喷淋降温系统，可在火场中保持长时间作业的能力，甚至可穿越火带（见图 5-17）。

图 5-16　遥控消防机器人

图 5-17　消防机器人

这种机器人还具有“排爆”功能。它的机械臂灵活轻巧、自由度大、性能稳定、整体适应性强。它可在泥泞路面、城市废墟、煤矿及油田等多种地形快速移动，对危险物进行探测、抓取、转移、搬运、销毁，可代替安检人员到化工类易燃易爆场所对可疑物进行实地勘察。

此外，在消防领域，还有消防侦察机器人、攀登营救机器人、现场救护机器人等。

### 5.3.5　仿生机器人

许多机器人都属于仿人或者仿生机器人，是模仿人或者动物的形态和行为而被设计与制造出来的，一般分别或同时具有仿人或动物的四肢和头部。

猎豹机器人（见图 5-18）做得比较好的机构主要有两家：一是波士顿动力，二是麻省理工学院。

波士顿动力的猎豹机器人通过背部铰链关节的来回运动，改变运动的步长和步频来实现机器人速度的改变，这里的灵感正是来自模仿真实动物的运动特性。波士顿动力的猎豹机器人在实验室的一台跑步机上完成各项试验。在跑步机上，猎豹通过一台液压泵提供动力。下一代猎豹机器人又名野猫，将会离开绳索的牵绊，在陆地上真正跑动起来。

波士顿动力的猎豹机器人是目前世界上运动速度最快的腿式机器人，约为 29 迈，打破了 MIT 在 1989 年创下的 13.1 迈的历史记录。猎豹项目受美国国防高级研究计划局（DARPA）的最大限度移动和操控项目的资助。MIT 猎豹通过研究真实生物的肌腱结构，认为肌腱结构能够减小冲击力，增加腿部的强度。通过有限元分析，研究人员设计了类似的肌腱结构足部，并在两个肌腱之间加入了弹簧以增加一定的柔顺性。这就使得 MIT 猎豹具有十分出色的弹跳及越障能力。而且通过对关节处驱动电机的改装以及尾巴的加入，使得 MIT 猎豹拥有高速奔跑的能力和良好的平衡性。通过实验，其可以在 8.3 km/h 的速度下奔跑 2.23 h，或者运用 3 kg

的电池跑 10 km。

仿生类机器人，都是人们通过对自然界的“天才”们进行观察和研究后，利用它们出色的外形特点与运动特性而设计出来的（见图 5-19），这些机器人很多都可以用来充当人类的助手，通过它们来完成人类不能完成的一些任务。

图 5-18 猎豹机器人

### 5.3.6 军用机器人

军用机器人是指为了军事目的而研制的自动机器人，在未来战争中，自动机器人士兵会成为对敌作战的军事行动的主力之一。其中，地面军用机器人是指在地面上使用的机器人系统，它们不仅在和平时期可以帮助军警排除炸弹、完成要地保安任务，在战时还可以代替士兵执行扫雷、侦察和攻击等各种任务（见图 5-20）。美、英、德、法、日等国均已研制出多种型号的地面军用机器人。

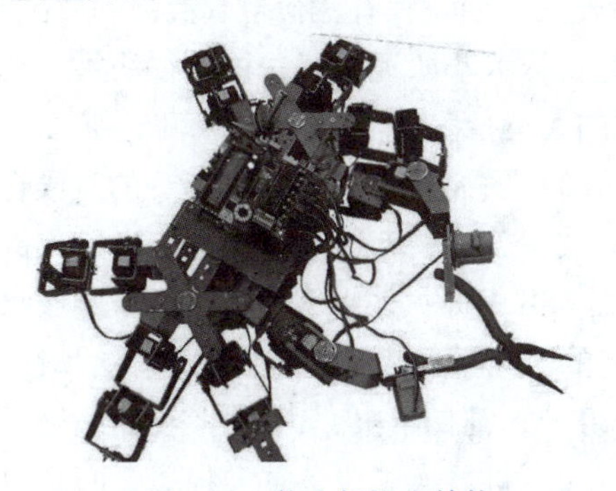

图 5-19 仿生机器人结构

图 5-20 军用机器人

（1）程序变异。毫无疑问，未来战争中，自动机器人士兵将成为作战主力。但是，美国海军研究室帕特里克·林博士在一份关于机器人士兵的研究报告《自动机器人的危险、道德以及设计》中，对美国军方使用机器人提出警告，机器人程序可能发生变异，建议为军用机器人设定道德规范。研究人员认为，必须对军用机器人设定严格限制，否则世界就有可能毁于它们的钢铁之手。

上述报告中表示，为军用机器人设定道德规范是一项严肃的工作，人类必须正视快速发展的机器人，它们足够聪明，甚至最后可能展示出超过现代士兵的认知优势。

帕特里克·林博士在报告中说：“现在存在一个共同的误解：认为机器人只会做程序中规定它们做的事情。可不幸的是，这种想法已经过时了，一个人书写和理解程序的时代已经一去不复返了。”林博士说，实际上，现在的程序大都是由一组程序师共同完成的，几乎没有哪个人能完全理解所有程序。因此，也没有任何一个人能精确预测出这些程序中哪部分可能发生变异。

如何能够保护机器人士兵不受恐怖分子、黑客的袭击或者出现软件故障呢？如果机器人突然变得狂暴，谁应该负责呢？机器人应该有“自杀开关”吗？林暗示说，唯一解决这些问题的办法就是提前为机器人设定“密码”，包括伦理道德、法律、社会以及政治等因素。

（2）警告程序师不要急于求成。报告还指出，现今美国的军用机器人设计师往往急于求成，常常会将还不成熟的机器人技术急匆匆推入市场，促使人工智能的进步在不受控制的领域内不断加速发展。更糟糕的是,目前还没有一套控制自动系统出错的有效措施。如果设计出现错误,足以让人类付出生命的代价。

(3) 机器人军团正在组建。目前一些国家正在组建机器人部队,其机器人已开始执行侦察和监视任务,替代士兵站岗放哨、排雷除爆。英国谢菲尔德大学计算机系教授夏基认为,机器人的成本仅是士兵的 1/10,它替人类厮杀疆场的场景,将有可能在 10 年内变成现实,可降低士兵伤亡率达 60% ~ 80%。世界在不知不觉中滑进了机器人军备竞赛,而研制出能够决定在什么时候以及向谁动用致命武力的机器人,也许就在今后 10 年之内。

2004 年美军仅有 163 个地面机器人。2007 年则增长到 5 000 个,至少 10 款智能战争机器人"服役"。智能机器人"赫耳墨斯"主要用于探穴钻洞,它身上安装有两个照相机,能爬进漆黑洞穴并向外发送图片;机器人"剑"能轻易通过任何阻碍,备弹 200 发,装备一挺经改造的 M249 型机枪,射速高达 1 000 发 / 分钟,火力强度足以与一挺重机枪媲美;而"背包"机器人则能在巷战环境中捕捉、分辨狙击手的细微动静;"嗅弹"机器人能灵敏地嗅出伪装起来的爆炸物……

(4) 美军机器人"叛乱",正式部署前线仅 11 h 后便被召回。曾有三台带有武器的"剑"式美军地面作战机器人被部署到了战场,但是这支遥控机器人小队还未开一枪就很快被从战场撤回——因为它们做了可怕的事情:将枪口对向它们的人类指挥官。

美陆军地面作战指挥官凯文·法赫证实,这些机器人的"枪管在操作者未发指令的时候自己移动",也就是说,"剑"式机器人工作时将枪口指向友军部队,而这也导致这支机器人部队在正式部署前线仅 11 小时后便被召回。法赫证实机器人并未开火,也无任何人类在此次事件中伤亡。但这并不意味着零损失,所有关于机器人作战的研究项目都可能因此取消。法赫称:"一旦遇到如此严重的事变,我们必须花上 10 年乃至 20 年,推倒重来。"因此,我们必须再等上很久才能看到机器人和人类并肩作战了。这不仅仅对于机器人工业是重大损失,而且也树立了一个重要先例:关于机器人的任何试验都必须以无人类伤亡为绝对前提。

### 5.3.7 空间机器人

空间机器人是用来进行空间探测活动的特种机器人(见图 5-21),它是一种轻型遥控机器人,可在行星的大气环境中导航及飞行。恶劣的空间环境给人类在太空的生存活动带来了巨大的威胁。要使人类在太空停留,需要有庞大而复杂的环境控制系统、生命保障系统、物质补给系统、救生系统等,这些系统的耗资十分巨大。

图 5-21　空间机器人

在未来的空间活动中,将有大量的空间加工、空间生产、空间装配、空间科学实验和空间维修等工作要做,这样大量的工作是不可能仅仅靠宇航员去完成,还必须充分利用空间机器人。

空间机器人主要从事的工作有:

(1) 空间建筑与装配。一些大型的安装部件,比如无线电天线、太阳能电池、各个舱段的组装等舱外活动都离不开空间机器人,机器人将承担各种搬运、构件之间的连接紧固、有毒或危险品的处理等任务。在不久的将来，人类空间站初期建造一半以上的工作都将由机器人完成。

（2）卫星和其他航天器的维护与修理。随着太空活动的不断发展，人类在太空的“财产”越来越多，其中人造卫星占了绝大多数。这些卫星一旦发生故障，丢弃它们再发射新的卫星很不经济，必须设法修理后使它们重新发挥作用。但是，如果派宇航员去修理，又牵涉到舱外活动的问题，而且由于航天器在太空中处于强烈宇宙辐射的环境之下，人根本无法执行任务，所以只能依靠机器人。空间机器人所进行的维护和修理工作有回收失灵卫星、故障卫星就地修理、为空间飞行器补给物资等。

（3）空间生产和科学实验。宇宙空间为人类提供了地面上无法实现的微重力和高真空环境，利用这一环境可以生产出地面上无法或难以生产出的产品。在太空中还可以进行地面上不能做的科学实验。和空间装配、空间修理不同，空间生产和科学实验主要在舱内环境进行，操作内容多半是重复性动作，在多数情况下，宇航员可以直接检查和控制。这时的空间机器人如同工作在地面的工厂生产线一样。因此，可以采用的机器人多是通用型多功能机器人。

空间和地面环境差别很大，因此，空间机器人与地面机器人的要求也必然不相同，有其自身的特点。首先，空间机器人的体积和质量比较小，抗干扰能力比较强。其次，空间机器人的智能程度比较高，功能比较全。空间机器人消耗的能量要尽可能小，工作寿命要尽可能长，而且由于是工作在太空这一特殊环境中，对它的可靠性要求也比较高。

空间机器人在保证空间活动的安全性，提高生产效率和经济效益，扩大空间站的作用等方面都将发挥巨大的作用。

## 5.4 四足仿生机器人

山地四足仿生无人平台是满足极端粗糙、复杂地表环境下行走作业的自主机器人，具有典型的移动和智能特点，在军事和民用领域具有广泛的应用需求。国际上，美国波士顿动力公司研制的大狗四足仿生机器人（见图 5-22）实现了雪地、冰面等复杂路面稳定行走，并能够在受到外界冲撞后自主保持稳定。俄罗斯研制的四足仿生机器人配备中口径武器，可以参加复杂环境作战。德国、意大利、韩国等国家也开展了相关技术研究。在我国，也有不少研究机构开展了四足仿生无人平台研究。

图 5-22 大狗四足仿生机器人

### 5.4.1 概念和优势

四足仿生机器人融合了机械、电子、控制、计算机、传感器、人工智能等多学科技术于一体，是机械化、信息化、智能化高度融合的典型机电产品，不仅可完成在危险和复杂地形下的侦察、搜索和救援等任务，还可安装多任务载荷以满足不同作业需求，具有机动灵活、生存力强、反应快捷、作业持久等特点。随着控制技术、通信技术、能源技术和材料技术的飞速发展，四足仿生机器人逐步实现高灵巧、多用途和轻量化，并向着高智能化方向迈进，在我国公共安全、巡检作业、探测搜救等应用领域都具有重大应用前景和产业需求。四足仿生机器人是智能机器人发展的重要方向，是解决当前工业、生活等领域关键问题的技术枢纽，具有极其重要的研究价值和广阔的发展前景。

腿足式机器人（见图5-23）在崎岖地形中比车轮或履带具有更好的通过性，它使用独立的落足点来优化支撑和牵引力，而车轮需要连续的支撑路径。因此，腿足式机器人的灵活性通常受到可达地形中最佳立足点的限制，而车轮则受到最差地形的限制。腿足式系统的另一个优点是，身体的路径与脚的路径是可以解耦的，因而实现了类似主动悬挂的效果。即使地形有明显的变化，机身与负重也可以自由而平稳地移动。因此，腿足式系统的性能在很大程度上与地面的粗糙度无关。腿足式系统可以使用这种解耦特性来提高它在崎岖地形上的速度和效率。

图5-23　波士顿动力公司研发的阿特拉斯能慢跑、后空翻甚至跑酷

### 5.4.2　核心技术

四足仿生机器人所需要的关键技术包括：

（1）地形感知建模技术。动物在攀爬峭壁时，主要依靠视觉系统获得的地形和地貌，频繁调整姿态、步态和运动节律。由于机器人的运动具有动态性和关联性，使得地形信息与机器人自身姿态信息的实时融合决策成为四足机器人稳定控制的关键。因此，构建“地形理解与行为步态”的大闭环行为控制模型，是解决足式机器人与极端粗糙陡峭地形环境融合的难点，而地形理解的前提是地形感知建模。

目前，足式机器人复杂环境自主动态越障的实现，主要依靠视觉/激光雷达对环境的感知。美国波士顿动力公司的SpotMini四足机器人（见图5-24），其机身正前方搭载了一套3D立体摄像头，能够观察前方的障碍物情况，可以自由穿梭在城市的大街小巷，实现灵活静默侦察。

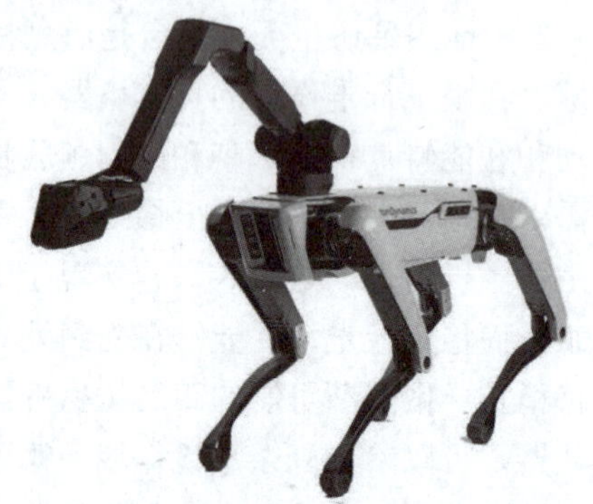

图5-24　波士顿SpotMini四足机器人

（2）步态动态稳定控制技术。按照发展脉络，仿生工程学可以分为形态仿生、结构仿生、功能仿生和耦合仿生四个阶段。四足仿生机器人的结构设计灵感来自于四足动物，但其仿生效果的优劣，关键在于能否像四足动物一样灵活运动。

目前，四足仿生机器人可根据不同地形环境，在走、跑、跳、攀爬等多种运动模式间灵活切换，且具有较强的奔跑、爬坡、越障、跳跃等运动能力，这得益于四足机器人大多采用的多步态动态稳定控制技术，其主流思想是：针对地形环境突变或外界突发扰动，基于虚拟伺服控制建立机身本体位姿控制模型，基于力分配原理建立关节驱动控制模型，分析移动平台与多类型地面的作用关系，最终采用力反馈原理和滑移率闭环实现自主平衡控制。

经过多年的发展，智能机器人的步态及稳定性技术主要形成以中枢神经振荡 CPG 模型、弹簧负载倒立摆 SLIP 模型、基于模型预测控制模型 MPC、整体控制模型 WBC 为主要方向。随着人工智能技术的发展，基于机器学习的动物行为迁移网络控制模型得到重视，相关技术发展迅速。美国波士顿动力公司以弹簧负载倒立摆 SLIP 模型为特色，开发大量仿生机器人；美国麻省理工学院以整体控制模型 WBC 和基于模型预测控制模型 MPC 相结合的方法，开发出猎豹系列机器人；瑞士苏黎世理工大学以机器学习为特色技术，开发出 Anymal 系列四足机器人。智能机器人控制正在从多种融合算法及人工智能技术，向自演进、可学习控制方向发展。

（3）摆动腿落足点规划技术。为提高四足机器人对障碍物的通过性能和任务执行效率，要求四足机器人在基于感知传感器实现对环境的认知后，可以对越障行为进行智能决策。通过对摆动腿落足点的实时规划，打破周期性、节律性运动难以适应复杂环境与地形突变的桎梏，真正实现机器人的智能化。

为提高四足机器人对障碍物的通过性能，避免足端与障碍物发生碰撞，四足机器人需依靠环境感知信息实现对障碍物的测量，根据障碍物的实际尺寸，建立虚拟障碍物，并根据虚拟障碍物的边缘信息以及障碍物的尺寸，智能调整行为节律，提高四足机器人对地形障碍的通过性能。

（4）基于浮动基座的机械臂作业技术。四足机器人作为一个移动平台，要想实现特定功能，必须搭载相应的任务载荷，而机械臂则是最为典型且通用程度最高的任务载荷。因此，浮动基座平台机械臂移动作业技术是四足机器人从原理样机走向工业产品的关键一环。

浮动基座平台机械臂移动作业技术的难点在于，机械臂控制器融合手臂末端负载向机器人质心进行映射。机械手抓取重物时，需要根据重物的抬升目标位置及当前位置，机械臂的各关节的传感信息以及多自由度运动关系，实时估计重物的重量，采用阻抗控制方法建立机械臂末端的负载力模型。最终，通过机械臂末端与机身质心的映射关系，建立机器人质心力的映射，并融合机器人位姿平衡控制器，通过多支撑点力分配的优化方法，实现机器人的全身协调稳定控制。

四足仿生机器人在很多国家已经有了成功的应用案例，勾勒出了四足机器人未来实际应用的具象场景，让人们切实体会到科技对生活的改变。

## 5.5 2021 仿生机器人

在 2021 年 9 月 10 日召开的 2021 世界机器人大会上，仿生机器人成为大会的一大亮点。不少企业都带来了自己的四足仿生机器人。这一段时间里，仿生机器人市场似乎格外火热，先有小米推出只要 9 999 元的四足仿生机器人“铁蛋”，后有波士顿动力秀出双足机器人 Atlas“跑酷”视频。之后车企也出来凑热闹，马斯克宣布要造人形机器人“Tesla Bot”，小鹏也突然官宣自家旗下生态公司的机器马“小白龙”。

### 1. 多款机器狗亮相，谁更胜一筹？

来到展会的序厅，就见到云深处科技最新的机器狗绝影 X20（见图 5-25）。这款机器狗能够适应复杂地形环境和特殊操作需求，甚至能胜任有毒有害的恶劣工作场景。

绝影 X20 具有丰富的拓展能力，不仅可以在背上装上机械臂，也可以定制搭载双光云台、4G/5G、北斗 /GPS 模块等，进行安放巡检、探测探索、公共救援等工作。

在春晚上和刘德华同台跳舞的机器狗“犇犇”也在展会上亮相。和犇犇一起来的还有它的另外两位“兄弟”。一位是伴随式仿生机器人 Go1，这款机器狗主要面向普通消费者和教学、研究机构，它具有智能伴随系统，出门逛街带上它，不牵绳也不怕跑丢。另一位 B1 是个大家伙，它主要面向工业领域，能够进行安防巡逻、勘探检测、应急救援等工作。另外它还具有 IP67 级防尘防水，站立时负载能力更是达到 80 kg，一个成年人坐到它的背上也没问题（见图 5-26）。

图 5-25　装有机械臂的绝影 X20

图 5-26　能承载一个成年人质量的机器狗 B1

中电科也带来了一款名叫“虎贲”的机器狗（见图 5-27），它主要面向工业领域，具有环境感知能力，能够从事安防巡检、物流运输、灾难救援等工作。得益于它的高精度室内外定位技术，以及复杂地形的适应能力，它还具有成为“导盲犬”的潜力。

图 5-27　中电科四足仿生机器人“虎贲”

### 2. 水里游的“大鲨鱼”亮相会场

在展会 D 馆，一条大鲨鱼映入眼帘（见图 5-28），这是博雅工道研发的智能仿生鲨鱼，主要用于目标搜救、水文监测、海底测绘等工作。仿生鲨鱼不仅速度快，运动起来也极为灵活。

在鲨鱼的旁边还有一条仿生金龙鱼（见图 5-28）。工作人员介绍说，它能够像真鱼一样在水中自如地游动，达到以假乱真的效果。

图 5-28　仿生鲨鱼机器人（左）与仿生金龙鱼机器人（右）

### 3. “爱因斯坦”助阵，熊猫机器人发布

这次大会上出现的人形机器人也是值得关注的一大亮点。展会大门口，一个不停向观

众招手微笑的漂亮小姐姐竟然是个机器人，再一看，她旁边站着的竟然是“爱因斯坦”（见图 5-29）。这是大连新次元文化科技带来的仿生人形机器人，它的外观、形态和动作模仿真人外观，可以惟妙惟肖地还原电影明星、历史人物，应用于博物馆、展览馆等场所之中。

优必选可算得上是国内机器人界的“网红”了，曾四度登上春晚的舞台，让全国人都感受到了机器人的魅力。2021 年春晚上的“拓荒牛”更是一度登上热搜，成为全国人的“团宠”。本次展会上，优必选的熊猫机器人“优悠”首次亮相。它以大熊猫的形象为设计原型，是为迪拜世博会中国馆专属定制的，不仅可以在馆内导览讲解，向来自全世界的观众讲解中国故事，还能舞蹈写字、比心卖萌（见图 5-30）。

图 5-29 “爱因斯坦”与机器人小姐姐

图 5-30 优必选熊猫机器人“优悠”

1. 所谓（　　）机器人，是指除工业机器人、公共服务机器人和个人服务机器人之外的、应用于非制造业专业领域的各种先进机器人。

A. 特种　　B. 自动　　C. 服务　　D. 智能

2. 与工业领域的机器人不同，特种机器人的工作环境具有（　　），其使用环境的有关信息往往是多义、不完全或不准确的，而且可能随着时间改变。

A. 独特性和多义性　　B. 灵活性和机动性

C. 多样性和复杂性　　D. 智慧性和典型性

3. 特种机器的移动机构主要有轮式、足式、履带式和混合式。室内移动机器人通常采用（　　）移动机构。

A. 混合式　　B. 轮式　　C. 足式　　D. 履带式

4. 为了适应野外环境的需要，室外移动机器人多采用（　　）移动机构。一些仿生机器人，通常模仿某种生物运动方式而采用相应的移动机构。

A. 混合式　　B. 轮式　　C. 足式　　D. 履带式

5.（　　）机器人能通过多传感器融合技术准确判断管道泄漏点，检测管道内部是否存在破裂、变形、腐蚀、异物侵入、沉积、结垢和树根障碍物等病害。

A. 线路分析　　B. 水下轮式　　C. 管道检测　　D. 神经系统

6.（　　）机器人所处的环境要比水上环境更为复杂，所以需要更加过硬的本领才能完成正常的工作。

A. 水下　　B. 嫁接　　C. 猎豹　　D. 仿生

7. 2015年3月19日，中国自主建造的首艘深水多功能工程船——海洋石油286进行深水设备测试，首次用水下机器人将五星红旗插入南海近（　　）米水深海底。

A. 4 500　　B. 3 000　　C. 300　　D. 1 500

8. 农业机器人可以提高劳动生产率，防止农药、化肥等对人体的伤害，提高作业质量等。农业机器人一般要求（　　）。

A. 作业时间不移动　　B. 作业停止开始移动

C. 边作业边移动　　D. 作业停止移动停止

9.（　　）机器人技术是一种集机械、自动控制与园艺技术于一体的高新技术，它可在极短的时间内，把蔬菜苗茎杆直径为几毫米的砧木、穗木的切口嫁接为一体，使嫁接速度大幅度提高。

A. 水下　　B. 嫁接　　C. 猎豹　　D. 仿生

10.（　　）机器人，是模仿人或者动物的形态和行为而被设计与制造出来的，一般分别或同时具有仿人或动物的四肢和头部。

A. 水下　　B. 嫁接　　C. 猎豹　　D. 仿生

11. 波士顿动力的（　　）机器人通过背部铰链关节的来回运动，改变运动的步长和步频来实现机器人速度的改变，这里的灵感来自模仿真实动物的运动特性。

A. 水下　　B. 嫁接　　C. 猎豹　　D. 仿生

12. MIT猎豹通过研究真实生物的（　　），认为其能够减小冲击力，增加腿部强度。通过有限元分析，研究人员设计了类似的机构足部，并在两个肌腱之间加入了弹簧以增加一定的柔顺性。

A. 肌腱结构　　B. 腿部组织　　C. 四肢条件　　D. 肢体结构

13.（　　）类机器人，都是人们通过对自然界的“天才”们进行观察和研究后，利用它们经过数百年进化后得到的出色的外形特点与运动特性而设计出来的，很多都可以用来充当人类助手。

A. 水下　　B. 嫁接　　C. 猎豹　　D. 仿生

14. 美国海军研究者在一份关于机器人士兵的研究报告中，对军方使用机器人提出警告，机器人程序可能发生（　　），建议为军用机器人设定道德规范。

A. 丢失　　B. 变异　　C. 退化　　D. 进化

15. 如何能够保护机器人士兵不受恐怖分子、黑客的袭击或者出现软件故障呢？研究者暗示说，唯一解决这些问题的办法就是提前为机器人设定“（　　）”，包括伦理道德、法律、社会以及政治等因素。

A. 程序　　B. 信号　　C. 密码　　D. 机关

16. 空间机器人是用来空间探测活动的特种机器人，它是一种（　　）遥控机器人，可在行星的大气环境中导航及飞行。

A. 轻型　　B. 重型　　C. 手动　　D. 机械

17.（　　）机器人融合了机械、电子、控制、计算机、传感器、人工智能等多学科技术于一体，是机械化、信息化、智能化高度融合的典型机电产品。

A. 空中空间　　B. 管道检测　　C. 四足仿生　　D. 六足自动

18. 由于机器人的运动具有（　　），使得地形信息与机器人自身姿态信息的实时融合决策成为四足机器人稳定控制的关键。

A. 交互性和临时性　　B. 实时性和特殊性

C. 自主性和及时性　　D. 动态性和关联性

19. 按照发展脉络，（　　）可以分为形态仿生、结构仿生、功能仿生和耦合仿生四个阶段。

A. 仿生工程学　　B. 仿生生态学

C. 结构仿生学　　D. 仿生自主性

20. 四足仿生机器人所需要的关键技术包括基于浮动基座的机械臂作业技术和（　　）。

① 地形感知建模技术；② 步态动态稳定控制技术；③ 多媒体虚拟现实技术；④ 摆动腿落足点规划技术

A. ①②③　　B. ①②④　　C. ①③④　　D. ②③④

## 研究性学习 熟悉特种机器人及其应用场景

小组活动：请阅读本课的【导读案例】，讨论以下问题。

(1) 开诚智能特种机器人展出了丰富的机器人种类。请讨论，为什么机器人需要有这么多的不同种类？

(2) 请列举各种特种机器人的有效作业方式。

记录：请记录小组讨论的主要观点，推选代表在课堂上简单阐述你们的观点。

评分规则：若小组汇报得 5 分，则小组汇报代表得 5 分，其余同学得 4 分，余类推。

活动记录：________________________________________

________________________________________

________________________________________

________________________________________

实训评价（教师）：________________________________

________________________________________

# 第6课 智能机器人

## 学习目标

**知识目标**

（1）熟悉十大标志机器人，熟悉智能机器人的定义及其三要素。

（2）熟悉机器人智能的定义与相关概念。

（3）了解智能机器人的关键技术。

**能力目标**

（1）掌握专业知识的学习方法，培养阅读、思考与研究的能力。

（2）积极参与“研究性学习小组”活动，提高组织和活动能力，具备团队精神。

**素质目标**

（1）热爱学习，掌握学习方法，提高学习能力。

（2）热爱读书，善于分析，勤于思考，培养关心智能机器人技术进步的优良品质。

（3）体验、积累和提高“大国工匠”的专业素质。

**重点难点**

（1）智能机器人的关键要素。

（2）智能机器人的关键技术。

## 导读案例 激光雷达和视觉算法，谁才是自动驾驶的未来?

华为在上海车展展示了一项接近L4级别的无人驾驶技术，由此引发了一连串的技术讨论。华为的这套方案，是通过自主研发的激光雷达算法实现了接近L4级别的自动驾驶（见图6-1）。同时，华为宣称要将96线激光雷达的成本降低到200美元以内。

从目前的情况看，以特斯拉、百度Apollo为代表的视觉算法派坚持认为激光雷达是成本高、技术发展慢的产物，并不如视觉算法的价值高。但华为、小鹏则认为，激光雷达是比视觉算法更好的技术。

哪一种方案最靠谱？目前激光雷达发展到了一个怎样的水平？希望这篇文章能给你答案。

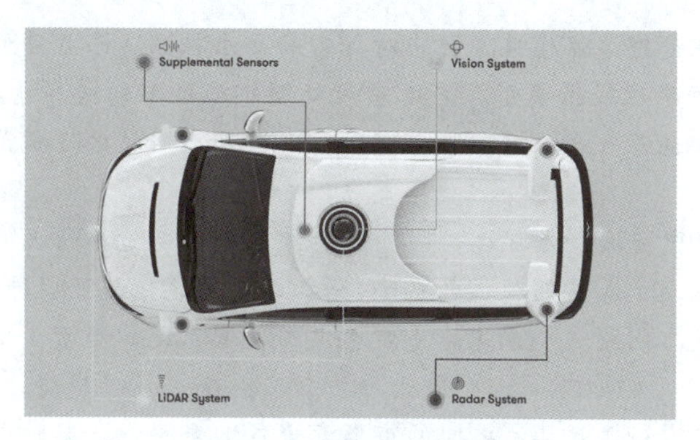


图 6-1 自动驾驶传感系统

## “激光雷达”派和“视觉算法”派先进性的争论，由来已久

激光雷达和视觉算法，谁才是智能驾驶的未来，这个争论由来已久。

在展开讨论之前，我们首先需要明确关键的一点：这里所讨论的激光雷达，并非独立存在的，它是由激光雷达所组成的一整套车辆周边数据采集系统，采用激光雷达方案并不意味着抛弃视觉算法，而是在原视觉算法方案的基础上增加了激光雷达的应用。

例如，“视觉派”特斯拉的感知系统由一个毫米波雷达（见图 6-2）、12 个超声波雷达和八个摄像头组成。而在已公布的“激光雷达派”量产车型中，极狐 αS 的感知系统由三个激光雷达（见图 6-3）、六个毫米波雷达、12 个超声波雷达、13 个摄像头以及高精地图组成，小鹏 P5 的感知系统则是由两个激光雷达、12 个超声波传感器、两个毫米波雷达、13 个高感知摄像头和高精地图组成。

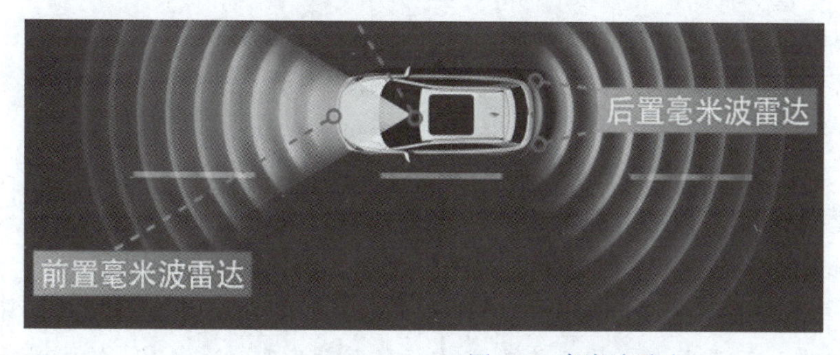

图 6-2 毫米波雷达

由此可见，“激光雷达派”不仅增加了全新的激光雷达传感器和高精地图，而且在传统的视觉传感器上，数量也比“视觉派”车型多。因此，“激光雷达”派和“视觉算法”派谁才是自动驾驶的未来这个问题，更严谨的问法应该是：仅依靠视觉算法的方案，与以激光雷达和视觉多传感器融合的方案，各自的优势与劣势是什么？

从现有的情况可以发现，仅仅依靠视觉算法的方案的优势是成本较低，但它对于算法的要求非常高，而当前的算法水平远达不到人类要求的水平。而以激光雷达和视觉多传感器融合的方案，

图 6-3 激光雷达

其优势是可以更好地处理边界情况，但它对算力的要求很高，而且硬件成本也不低。其实视觉算法的识别准确率已经很高了，只是它对处理极低概率的边界情况的能力实在有限。这是正常的情况，即便是人类依靠双眼，有时候也会因为眼睛的可视范围、眼花等问题导致交通事故的产生。

而在原视觉系统中增加激光雷达，则可以大大减小这类边界情况的概率。即便是有一天视觉算法的水平达到了人类驾驶员的水平，增加激光雷达依然可以进一步减小事故概率，要考虑的仅仅只是成本问题——如果激光雷达足够便宜，就相当于支出一份保险费来降低事故率。

在未来，激光雷达和视觉算法之间的市场竞争依旧会存在，同时成本收益问题仍旧是需要考虑的一个重要方面。不同应用场景下对感知系统的要求不同，技术的选择也会有差别。例如，基本的L2辅助驾驶功能和2020年较为高阶的高速领航驾驶功能（特斯拉NOA、蔚来NOP、小鹏NGP），仅依靠毫米波雷达及视觉就可以完好地运行，而在2022年大家重点关注的城市领航驾驶功能设计中，激光雷达就成了必备品。

以未来3～5年的时间点来看，激光雷达成本将会大幅降低，但依然会有一定的成本，这意味着同一车型可以选择不同等级的自动辅助驾驶系统，车型的价格也不同，消费者可以根据自己的需求选装激光雷达。换而言之，从目前我们定义的最先进的自动辅助驾驶技术来看，未来几年带有激光雷达的方案会成为主流，但从装载车型的绝对数量上来看，带激光雷达的方案还是一个相对小众的选择。

对于在技术上已经相对成熟的视觉算法，激光雷达当下的技术水平究竟如何？

特斯拉在目前电动汽车市场上的成功，从一个侧面反映了在当下的市场、政策和用户需求的前提下，视觉算法已经是一套相当成熟的解决方案。通过摄像头和毫米波/超声波雷达的配合，特斯拉可以实现L2级别的ADAS（高级自动辅助驾驶）功能。但是因为受限于芯片算力、逻辑算法等因素，视觉算法实际上很难再进一步。

而对于激光雷达来说，它还属于“半上车”的状态，之所以技术发展得如此缓慢，与激光雷达本身存在的历史问题不无关系。如果要理清这个问题，我们先要从ADAS技术领域入手，在充分考虑其应用场景与成本的背景下做出评判。

早期无人驾驶开发的车型多采用的是机械旋转式激光雷达（见图6-4），可以对周围环境进行360°的水平视场扫描，而半固态与固态激光雷达往往只能做到最高120°的水平视场扫描。

图6-4　WAYMO自动驾驶汽车当时所搭载的机械式激光雷达

从绝对指标来看，360°肯定要优于 120°，但这并不能说明机械旋转式激光雷达的技术水平更高，因为考虑到成本、安装位置、可靠性与寿命等因素，将机械旋转式激光雷达应用到量产车上的难度，会远大于固态与半固态激光雷达。从 ADAS 技术领域来评价激光雷达的技术水平，不仅要关注其绝对性能的指标，更应该结合应用场景、感知系统的角度来评价，这样才会更具现实意义（见图 6-5）。

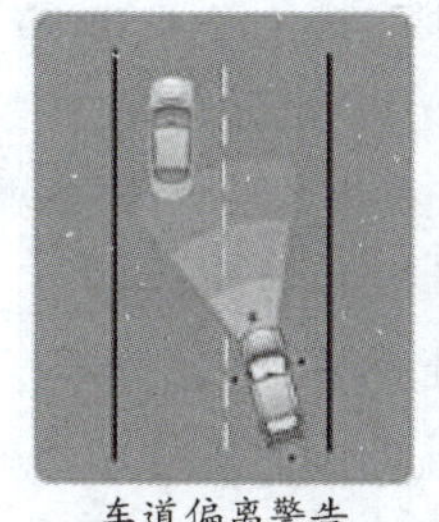

车道偏离警告

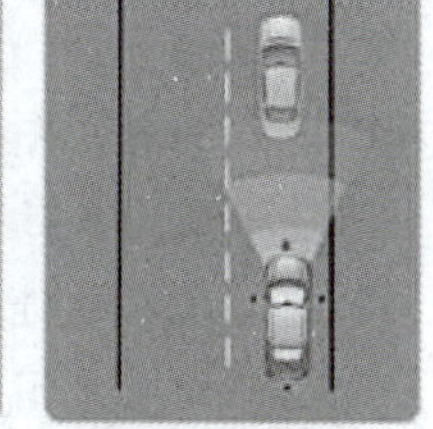

前方碰撞警告

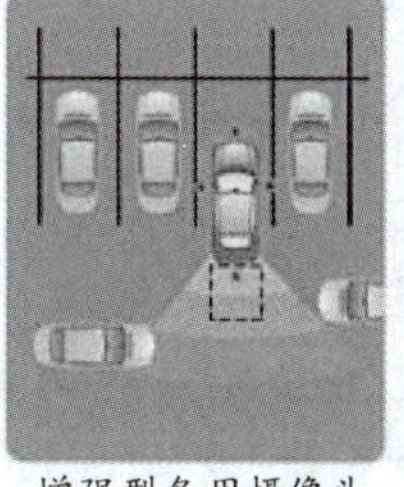

增强型备用摄像头

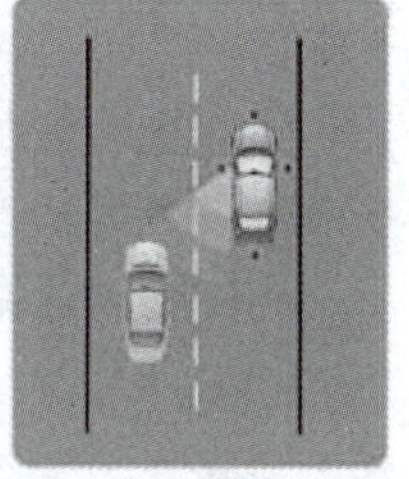

盲点检测

图 6-5　ADAS 系统

从这个意义来说，像华为、大疆这种既做全套解决方案，又做激光雷达零部件的厂家，能更好地发挥有限性能激光雷达的潜力，在未来的行业中有更具优势。一个更好的角度是观察那些实装到量产车上的产品，例如采用华为激光雷达方案的极狐 αS 与采用大疆 Livox 方案的小鹏 P5。可以肯定的是，未来几年的主流是激光雷达的快速提升性能、降低成本。

除此之外，关于当前的 ADAS 技术领域，上述提及的激光雷达和摄像头其实都属于感知系统的一部分，而感知系统通常还包括了毫米波雷达、超声波雷达、高精定位系统与高精地图。

一套完整的 ADAS 除了感知系统之外，还应该包括决策系统与执行系统。要理解这些系统，我们可以回想一下平时是怎么开车的：

第一是眼睛的环境感知方面：车道的位置，前方是否有车辆行驶，红灯和绿灯的交换，这些工作都是由超广角、快速对焦、无级调光圈、双目即时测距、损伤自修复的超高性能仿生摄像头——眼睛来完成的。

更为重要的是，此仿生摄像头自带极强的人工智能处理器，自动完成图像处理（例如剔除毛细血管的遮挡、插帧补全盲点像素等）、对象识别（例如红绿灯、车道）、轨迹预测（前方的车辆即将转弯）等功能之后，将信息上报给“上层意识”。

第二是大脑的行为决策：通过环境感知的信息来判断车辆需要执行的控制策略，例如前方车辆停止，需要紧急制动等。还要提到的是，像“今天走不走高速”的路径规划也属于广义的决策功能。

第三是手脚的控制执行：在收到大脑的决策指令后，驾驶员的神经、四肢，以油门制动与方向盘作为人车交互的两大媒介，与整个汽车系统一起承担车辆控制的功能。所以目前来看，ADAS 系统中最难、最关键的还是感知系统。

### 成本控制，视觉算法和激光雷达最大的分水岭

极光雷达“上车难”，难在成本控制。按照公开资料显示，特斯拉目前所运用在其车型上的单目摄像头成本在 150 ～ 600 元之间，更复杂的三目摄像头成本也不过千元以内。

激光雷达的价格在最近几年中呈现一个明显的下降趋势，但是相比摄像头来说，依然贵得多。2020 年 8 月，大疆旗下的览沃科技发布了激光雷达新品的行货版本，其中 Livox Horizon 激光雷达定价 6 499 元，另一款长量程的 Livox 泰览 Tele-15 价格则是 8 999 元。而这辆产品，在全球市场的定价分别是 999 美元和 1 499 美元。激光雷达的成本价格高，

成了阻碍其“上车”的主要原因。

2020年，华为研制出了属于自己的96线激光雷达，其宣称要在未来将成本降低至200美元以内，这也是华为尚未实现的一个目标，而制定这个目标的依据主要是以下五点：

（1）量产导致成本的降低。

（2）技术的进步促使了成本降低。

（3）针对应用场景开发特定性能的产品以降低成本。

（4）提供更好的系统开发环境以降低主机厂的研发成本，相当于变相降低了激光雷达成本。

（5）华为提供整套方案，激光雷达让出的利润可以在整套方案中挣回来，其实也相当于降低了成本。

虽然成本问题并未得到解决，但已经有人开始将激光雷达正式应用到上市的汽车上。目前明确表示已搭载激光雷达的车有蔚来ET7、小鹏P5、极狐αS。这些车在交付的时候只能说是“硬件支持L3、L4级自动驾驶”，但并不能“立刻实现L3、L4级自动驾驶”。

这么看来，在厂家能够真正实现L3、L4级自动驾驶之前，激光雷达是不是暂时用不上了呢？其实并非如此，因为激光雷达不仅对L3、L4有用，也能显著提升L2辅助驾驶的功能体验。

### 为什么激光雷达会让人更放心呢？

这要从它的原理讲起：一条激光，穿过去的时候是直的，相当于数字扫点，理论上把所有周围的点扫一遍之后，就能清楚地知道周围环境是什么样（见图6-6）。

图6-6 激光雷达的扫描示意图

与激光雷达不同，摄像头的采集的是像素信息，其实就和人眼看到的范围差不多。而与人不同的是，人眼配备了超强的智能处理器（大脑），可以在毫不费力的情况下识别出环境中的车道、车辆、行人等；对车辆来说，像素信息只是无意义的海量数字，必须经过抽象、重构等复杂过程，依赖超强智能才能达到人类的识别效果。也就是说，如果不配备激光雷达，要想通过智能算法弥补感知能力地缺陷，需要多付出10倍的努力。

再打个比方，人类驾驶员在开车的时候，偶尔也有看错的时候，比如将近处的物体识别成了远处的——这就是大脑在处理像素信息的时候产生了视错觉。但如果给每个像素点都标上距离信息（相当于配备了激光雷达），那就绝不可能产生这种视错觉了。同时，除了上面提到的场景之外，激光雷达对于强光变换、弯道巡航、夜间行车、狭窄通行等场景下的L2功能体验提升都会很有帮助。

因此，在目前的技术环境下，激光雷达和视觉算法并不应该是相互对立的关系，也没有“激光雷达的解决方案一定比视觉算法解决方案更好”这样的说法。激光雷达和视觉算法应该是相辅相成的关系，激光雷达可以大幅提升视觉算法的精度，降低视觉处理对于超高精度算法的依赖，但高成本制约了更多激光雷达出现在整车上；而视觉算法在未来的自动驾驶领域依然是主流核心技术之一，它的应用广泛性暂时是激光雷达这样的产品无法替代的。

对于激光雷达来说，尽管它还有比较多的问题亟待解决，但很显然行业内已经有了共识，在未来的几年内，L3-5 的自动驾驶系统中，激光雷达将成为必不可少的组成部分。相对于计算机视觉技术，激光雷达技术优点是安全性上会更高。这也是行业主动推动激光雷达在更高级别的自动驾驶中成为主流的主要动力。

资料来源：张抗抗，清华大学动力工程与工程热物理博士，腾讯新闻。

**阅读上文，请思考、分析并简单记录：**

(1) 读完本文，关于自动驾驶的“激光雷达”方案还是“视觉算法”方案，你清楚了吗？你认为哪一种方案更好呢？

答：________________________________________

________________________________________

________________________________________

________________________________________

(2)“激光雷达”还是“视觉算法”，核心还是成本控制问题。从这个意义上讲，几年之后，你认为哪种方案会发展更好？

答：________________________________________

________________________________________

________________________________________

________________________________________

(3) 事实上，激光雷达和视觉算法并不应该是相互对立的关系，现阶段也没有“激光雷达的解决方案一定比视觉算法解决方案更好”这样的说法。为什么这么说？

答：________________________________________

________________________________________

________________________________________

________________________________________

(4) 请简单记述你所知道的上一周内发生的国际、国内或者身边的大事。

答：________________________________________

________________________________________

________________________________________

________________________________________

1966 年到 1972 年间，美国斯坦福大学国际研究所（SRI）研制了移动式机器人 Shakey，这是首台采用了人工智能学的移动机器人（见图 6-7）。Shakey 具备一定人工智能，能够自主进行感知、环境建模、行为规划并执行任务，如寻找木箱并将其推到指定目的位置。它装备了电视摄像机、三角法测距仪、碰撞传感器、驱动电机以及编码器，并通过无线通信系统由两台计算机控制。当时计算机的体积庞大，但运算速度缓慢，导致 Shakey 往往需要数小时的时间来分析环境并规划行动路径。

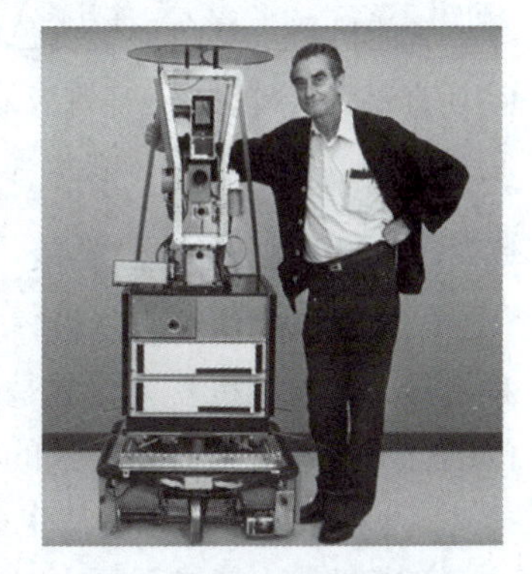

图 6-7 斯坦福研制的第一台智能机器人 Shakey

# 6.1 智能机器人简介

智能机器人的研究从 20 世纪 60 年代初开始，经过几十年的发展，基于感觉控制的智能机器人已达到实际应用阶段，基于知识控制的智能机器人（又称自主机器人）也取得较大进展。

## 6.1.1 十大标志性机器人

2016 年 4 月，国家工信部、发改委、财政部等三部委联合印发《机器人产业发展规划(2016—2020 年)》，以引导中国机器人产业向中高端快速健康可持续发展。文件指出，要推进重大标志性产品率先突破。

在工业机器人领域，聚焦智能生产、智能物流，攻克工业机器人关键技术，提升可操作性和可维护性，重点发展弧焊机器人、真空（洁净）机器人、全自主编程智能工业机器人、人机协作机器人、双臂机器人、重载 AGV（小车）等六种标志性工业机器人产品。

在服务机器人领域，重点发展消防救援机器人、手术机器人、智能公共服务机器人、智能护理机器人等四种标志性产品，推进专业服务机器人实现系列化，个人 / 家庭服务机器人实现商品化。

国家对以上十大标志性产品技术、规格和功能都制定了一定的规范标准。例如，智能公共服务机器人，其导航方式为激光 SLAM（即时定位与地图构建），最大移动速度为 0.6 m/s，定位精度为 ±100 mm，定位航向角精度为 ±5°，最大工作时间为 3 h，手臂数量为 2，单臂自由度为 2 ～ 7，头部自由度为 1 ～ 2，具备自主行走、人机交互、讲解、导引等功能。

SLAM 问题可以描述为：机器人在未知环境中从一个未知位置开始移动，在移动过程中根据位置估计和地图进行自身定位，同时以此为基础建造增量式地图，实现机器人的自主定位和导航。由于 SLAM 重要理论的应用价值，被很多学者认为是实现真正全自主移动机器人的关键。

## 6.1.2 机器人的智能定义

一般机器人是指不具有智能，有一般编程能力和操作功能的机器人。而智能机器人是机械技术、电子技术、信息技术有机结合的产物，是一个在感知、思维、效应方面全面模拟人的机器系统，其外形不一定像人。智能机器人是人工智能技术的综合试验场，可以全面地考察人工智能各个领域的技术，研究它们之间的相互关系。还可以在有害的环境中替人从事危险的工作，在上天下海、战场作业等方面大显身手。

智能机器人具备形形色色的内部信息传感器和外部信息传感器，如视觉、听觉、触觉、嗅觉。除具有感受器外，它还有效应器，作为作用于周围环境的手段。这就是筋肉，或称自整步电动机，它们使手、脚、鼻子、触角等动起来。

## 6.1.3 智能机器人三要素

大多数专家认为智能机器人至少要具备三个要素：感觉要素、运动要素和思考要素，称这种机器人为自控机器人，它是控制论产生的结果。控制论主张这样的事实：生命和非生命有目的的行为在很多方面是一致的。正像一个智能机器人制造者所说的，机器人是一种系统的功能描述，这种系统过去只能从生命细胞生长的结果中得到，现在已经成为人们能够制造的东西了。

智能机器人能够理解人类语言，用人类语言同操作者对话，在它自身的“意识”中单独形成一种使它得以“生存”的外界环境（见图 6-8）。它能分析出现的情况，调整自己的动作以达到操作者所提出的全部要求，能拟定所希望的动作，并在信息不充分的情况下和环境迅速变化的条件下完成这些动作。当然，要它和人类思维一模一样，这是不可能办到的。不过，仍然有人试图建立计算机能够理解的某种“微观世界”。

图 6-8 在自身“意识”中形成“生存”环境

（1）感觉要素。用来认识周围环境状态。感觉要素包括能感知视觉、接近、距离等的非接触型传感器和能感知力、压觉、触觉等的接触型传感器。这些要素实质上就相当于人的眼、鼻、耳等五官，它们的功能可以利用诸如摄像机、图像传感器、超声波传成器、激光器、导电橡胶、压电元件、气动元件、行程开关等机电元器件来实现。

（2）运动要素。或称反应要素，对外界做出反应性动作。对运动要素来说，智能机器人需要有一个无轨道型的移动机构，以适应诸如平地、台阶、墙壁、楼梯、坡道等不同的地理环境。它们的功能可以借助轮子、履带、支脚、吸盘、气垫等移动机构来完成。在运动过程中要对移动机构进行实时控制，包括有位置控制、力度控制、位置与力度混合控制、伸缩率控制等。

（3）思考要素。根据感觉要素所得到的信息，思考出采用什么样的动作。智能机器人的思考要素是三个要素中的关键，也是人们要赋予机器人必备的要素。思考要素包括有判断、逻辑分析、理解等方面的智力活动。这些活动实质上是一个信息处理过程，而计算机则是完成这个处理过程的主要手段。

### 6.1.4 智能机器人的不同形式

根据其智能形式的不同，智能机器人可分为三种：

（1）传感型，又称外部受控机器人。其本体上没有智能单元，只有执行机构和感应机构，它具有利用传感信息（包括视觉、听觉、触觉、接近觉、力觉和红外、超声及激光等）进行传感信息处理、实现控制与操作的能力。受控于外部计算机，在外部计算机上具有智能处理单元，处理由受控机器人采集的各种信息以及机器人本身的各种姿态和轨迹等信息，然后发出控制指令指挥机器人的动作。机器人世界杯小型组比赛所使用的机器人就属于这种类型（见图 6-9）。

（2）交互型。机器人通过计算机系统与操作员或程序员进行人—机对话，实现对机器人的控制与操作。交互型机器人虽然具有一定的处理和决策功能，能够独立地实现一些诸如轨迹规划、简单避障等功能，但是还要受到外部的控制。

（3）自主型。在设计制作之后，机器人无须人的干预就能够在各种环境下自动完成各项拟人任务。自主型机器人的本体上具有感知、处理、决策、执行等模块，可以像人一样独立地活动和处理问题。机器人世界杯中型组比赛中使用的机器人就属于这一类型（见图 6-10）。

全自主移动机器人最重要的特点在于它的自主性和适应性。自主性是指它可以在一定的环境中，不依赖任何外部控制，完全自主地执行一定的任务。适应性是指它可以实时识别和测量周围的物体，根据环境变化调节自身参数，调整动作策略以及处理紧急情况。交互性也是自主机器人的一个重要特点，机器人可以与人、外部环境以及其他机器人进行信息交流。由于全自主移动机器人涉及诸如驱动器控制、传感器数据融合、图像处理、模式识别、神经网络等许多方面，所以能够综合反映一个国家在制造业和人工智能等方面的水平。

图 6-9　机器人世界杯赛（小型组）

图 6-10　机器人世界杯赛（中型组）

## 6.2　按智能对机器人分类

之所以被称为“智能机器人”，是因为它有相当发达的“大脑”（中央处理器），这种计算机和操作它的人有直接联系。最主要的是这样的计算机可以进行按目的安排的动作。正因为这样，我们才说这种机器人是真正的机器人，尽管它们的外表可能有所不同。

### 6.2.1　工业机器人与人工智能

工业机器人和人工智能是两个不同的概念，一个是数字化机械设备（即工业机器人），一个是技术科学（即人工智能）。

工业机器人是面向工业领域的多关节机械手或多自由度的机器人。工业机器人是自动执行工作的机器装置，是靠自身动力和控制能力来实现各种功能的一种机器。它可以接受人类指挥，也可以按照预先编排的程序运行，现代的工业机器人还可以根据人工智能技术制定的原则纲领行动。

工业机器人涉及众多领域，包括汽车制造、食品行业、五金电子、电器等行业，它又分不同的工作站，包括上下料、焊接、抛光打磨、装配、喷涂、码垛等工序。由原来的人工产线更迭为机器人自动化生产线，不仅管理更方便，效率也大大提高。

但是，工业机器人一般只能刻板地按照人给它规定的程序工作，不管外界条件有何变化，自己都不能对程序也就是对所做的工作进行相应的调整。如果要改变机器人所做的工作，必须由人对程序进行相应的改变，因此它是毫无智能的。

人工智能是研究、开发用于模拟、延伸和扩展人的智能的理论、方法、技术及应用系统的一门新的技术科学。属于宏观概念的，并不是一种运作的机器，它是计算机科学的一个分支，试图了解智能的实质，并生产出一种新的能以人类智能相似的方式做出反应的智能机器。该领域的研究包括机器人、语言识别、图像识别、自然语言处理和专家系统等。

人工智能可以对人的意识、思维的信息过程进行模拟，但人工智能不是人的智能，虽然它可能像人那样思考，也可能超过人的智能。人工智能更偏向于数字化、科学化，而不具有人的情感思绪。

### 6.2.2　初级智能

初级智能是指具有像人那样的感受、识别、推理和判断能力。可以根据外界条件的变化，在一定范围内自行修改程序，也就是它能适应外界条件变化对自己进行相应调整。不过，修改程序的原则由人预先给以规定。这种初级智能机器人已拥有一定的智能，虽然还没有自动规划能力，但这种初级智能机器人已开始走向成熟，达到实用水平。

### 6.2.3 高级智能

和初级智能机器人一样，高级智能机器人具有感觉、识别、推理和判断能力，同样可以根据外界条件的变化，在一定范围内自行修改程序。与初级智能不同的是，修改程序的原则不是由人规定的，而是由机器人自己通过学习，总结经验来获得修改程序的原则，所以它的智能程度高出初级智能机器人。这种机器人已拥有一定的自动规划能力，能够自己安排工作。这种机器人可以不用人照料而完全独立工作，故又称自律机器人（见图 6-11）。

图 6-11 自律服务机器人

## 6.3 智能机器人关键技术

智能机器人所处的环境往往是未知、难以预测的，随着社会发展的需要和机器人应用领域的扩大，人们对智能机器人的要求也越来越高。

### 6.3.1 多传感器信息融合

多传感器信息融合技术是近年来十分热门的研究课题，它与控制理论、信号处理、人工智能、概率和统计相结合，为机器人在各种复杂、动态、不确定和未知的环境中执行任务提供的一种技术解决途径。机器人所用的内部、外部传感器有很多种。内部测量传感器用来检测机器人组成部件的内部状态，包括特定位置、角度传感器，任意位置、角度传感器，速度、角度传感器，加速度传感器，倾斜角传感器，方位角传感器等。外部传感器包括视觉（测量、视觉传感器）、触觉（接触、压觉、滑动觉传感器）、力觉（力、力矩传感器）、接近觉（距离传感器）以及角度传感器（倾斜、方向、姿式传感器）。多传感器信息融合是指综合来自多个传感器的感知数据，以产生更可靠、更准确或更全面的信息（见图 6-12）。经过融合的多传感器系统能够更加完善、精确地反映检测对象的特性，消除信息的不确定性，提高信息的可靠性。融合后的多传感器信息具有以下特性：冗余性、互补性、实时性和低成本性。多传感器信息融合方法主要有贝叶斯估计、登普斯特 - 谢弗（Dempster-Shafer）理论、卡尔曼滤波、神经网络、小波变换等。

多传感器信息融合技术的主要研究方向有：

（1）多层次传感器融合。由于单个传感器具有不确定性、观测失误和不完整性的弱点，因此单层数据融合限制了系统的能力和健壮性。对于要求高健壮性和灵活性的先进系统，可以采用多层次传感器融合的方法。低层次融合方法可以融合多传感器数据；中间层次融合方法可以融合数据和特征，得到融合的特征或决策；高层次融合方法可以融合特征和决策，得到最终的决策。

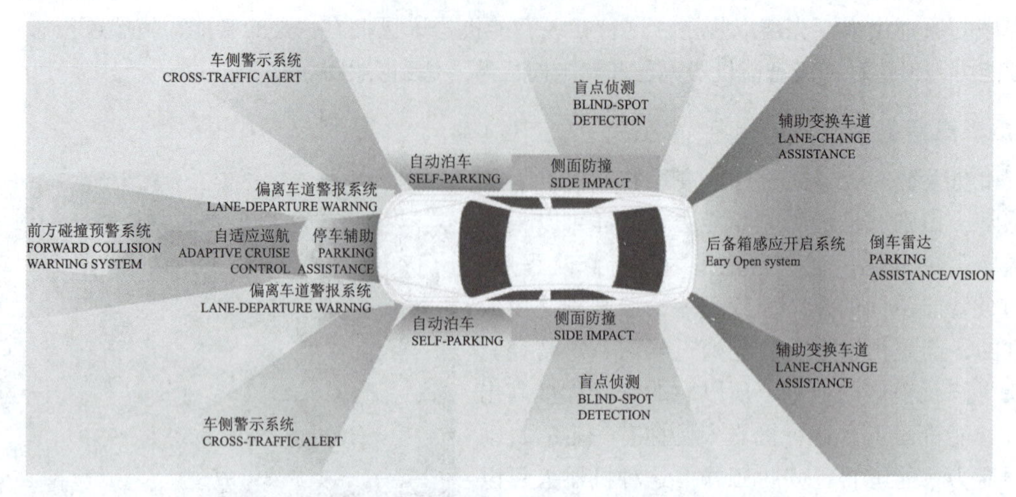


图 6-12　多传感器信息融合举例：自动驾驶传感系统

（2）微传感器和智能传感器。传感器的性能、价格和可靠性是衡量传感器优劣与否的重要标志，然而许多性能优良的传感器由于体积大而限制了应用市场。微电子技术的迅速发展使小型和微型传感器的制造成为可能。智能传感器将主处理、硬件和软件集成在一起。如 Par Scientific 公司研制的 1000 系列数字式石英智能传感器，日本日立研究所研制的可以识别四种气体的嗅觉传感器，美国霍尼韦尔研制的 DSTJ23000 智能压差压力传感器等，都具备了一定的智能。

（3）自适应多传感器融合。实际世界中很难得到环境的精确信息，也无法确保传感器始终能够正常工作。因此，对于各种不确定情况，健壮融合算法十分必要。现在已经研究出一些自适应多传感器融合算法来处理由于传感器的不完善带来的不确定性。如 Hong 通过革新技术提出一种扩展的联合方法，能够估计单个测量序列滤波的最优卡尔曼增益。Pacini 和 Kosko 也研究出一种可以在轻微环境噪声下应用的自适应目标跟踪模糊系统，它在处理过程中结合了卡尔曼滤波算法。

### 6.3.2　导航与定位

在机器人系统中，自主导航是一项核心技术，也是研究领域的重点和难点问题。导航的基本任务有三点：

（1）基于环境理解的全局定位：通过环境中景物的理解，识别人为路标或具体的实物，以完成对机器人的定位，为路径规划提供素材。

（2）目标识别和障碍物检测：实时对障碍物或特定目标进行检测和识别，提高控制系统的稳定性。

（3）安全保护：能对机器人工作环境中出现的障碍和移动物体作出分析并避免对机器人造成的损伤。

机器人有多种导航方式，根据环境信息的完整程度、导航指示信号类型等因素的不同，可以分为基于地图的导航、基于创建地图的导航和无地图的导航三类。

根据导航采用的硬件不同，可将导航系统分为视觉导航和非视觉传感器组合导航。视觉导航是利用摄像头进行环境探测和辨识，以获取场景中绝大部分信息。视觉导航信息处理的内容主要包括视觉信息的压缩和滤波、路面检测和障碍物检测、环境特定标志的识别、三维信息感知与处理。非视觉传感器导航是指采用多种传感器共同工作，如探针式、电容式、电感式、力学传感器、雷达传感器、光电传感器等，用来探测环境，对机器人的位置、姿态、速度和系统内部状态等进行监控，感知机器人所处工作环境的静态和动态信息，使得机器人相应的工作顺序和操作内容能自然地适应工作环境的变化，有效地获取内外部信息。

在自主移动机器人导航中，无论是局部实时避障还是全局规划，都需要精确知道机器人或障碍物的当前状态及位置，以完成导航、避障及路径规划等任务，这就是机器人的定位问题。比较成熟的定位系统可分为被动式传感器系统和主动式传感器系统。被动式传感器系统通过码盘、加速度传感器、陀螺仪、多普勒速度传感器等感知机器人自身运动状态，经过累积计算得到定位信息。主动式传感器系统通过包括超声传感器、红外传感器、激光测距仪以及视频摄像机等主动式传感器感知机器人外部环境或人为设置的路标，与系统预先设定的模型进行匹配，从而得到当前机器人与环境或路标的相对位置，获得定位信息。

### 6.3.3 路径规划

路径规划技术是机器人研究领域的一个重要分支。最优路径规划就是依据某个或某些优化准则（如工作代价最小、行走路线最短、行走时间最短等），在机器人工作空间中找到一条从起始状态到目标状态、可以避开障碍物的最优路径（见图 6-13）。

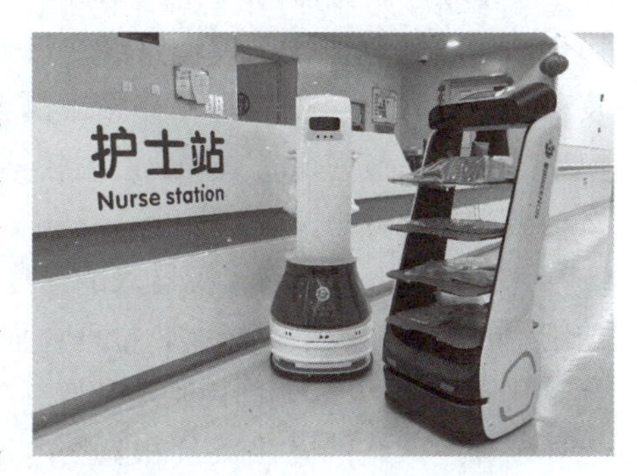

图 6-13　机器人路径规划

路径规划方法大致可以分为传统方法和智能方法两种。传统路径规划方法主要有自由空间法、图搜索法、栅格解耦法、人工势场法。大部分机器人路径规划中的全局规划都是基于上述几种方法进行的，但这些方法在路径搜索效率及路径优化方面有待进一步改善。人工势场法是传统算法中较成熟且高效的规划方法，它通过环境势场模型进行路径规划，但是没有考察路径是否最优。

智能路径规划方法是将遗传算法、模糊逻辑以及神经网络等人工智能方法应用到路径规划中，来提高机器人路径规划的避障精度，加快规划速度，满足实际应用的需要。其中应用较多的算法主要有模糊方法、神经网络、遗传算法、Q 学习及混合算法等，这些方法在障碍物环境已知或未知情况下均已取得一定的研究成果。

### 6.3.4 机器人视觉

机器人视觉是其智能化最重要的标志之一，对机器人智能及控制都具有非常重要的意义。视觉系统一般由摄像机、图像采集卡和计算机组成，它是自主机器人的重要组成部分（见图 6-14）。机器人视觉系统的工作包括图像获取、图像处理和分析、输出和显示，其核心任务是特征提取、图像分割和图像辨识。如何精确高效的处理视觉信息是视觉系统的关键问题。

图 6-14　机器人视觉系统

视觉信息处理的工作是逐步细化，包括视觉信息的压缩和滤波、环境和障碍物检测、特定环境标志的识别、三维信息感知与处理等。其中环境和障碍物检测是视觉信息处理中最重要也是最困难的过程。边沿抽取是视觉信息处理中常用的方法，对于一般的图像边沿抽取，如采用局部数据的梯度法和二阶微分法等，对于需要在运动中处理图像的移动机器人而言，难以满足实时性的要求。为此人们提出基于计算智能的图像边沿抽取方法，如基于神经网络的方法、利用模糊推理规则的方法，特别是贝兹德克教授全面论述了利用模糊逻辑推理进行图像边沿抽取的意义。这种方法具体到视觉导航，就是将机器人在室外运动时所需要的道路知识，如公路白线和道路边沿信息等，集成到模糊规则库中来提高道路识别效率和健壮性。此外，还有人提出将遗传算法与模糊逻辑相结合。

### 6.3.5 智能控制

随着机器人技术的发展，许多学者提出了各种不同的机器人智能控制系统，如模糊控制、神经网络控制和智能控制技术的融合等。

在模糊控制方面，J.J. 巴克利等人论证了模糊系统的逼近特性，E.H. 曼丹首次将模糊理论用于一台实际机器人。模糊系统在机器人的建模、控制、对柔性臂的控制、模糊补偿控制以及移动机器人路径规划等各个领域都得到了广泛的应用。在机器人神经网络控制方面，小脑模型控制器关节（CMCA）是应用较早的一种控制方法，其最大特点是实时性强，尤其适用于多自由度操作臂的控制。

智能控制方法提高了机器人的速度及精度，但是也有其自身的局限性。例如，机器人模糊控制中的规则库如果很庞大，推理过程的时间就会过长；如果规则库很简单，控制的精确性又会受到限制；无论是模糊控制还是变结构控制，都会出现抖振现象，这将给控制带来严重影响。此外，神经网络的隐层数量和隐层内神经元数的合理确定仍是神经网络在智能控制设计方面所遇到的问题等。

### 6.3.6 人机接口技术

智能机器人的研究目标并不是完全取代人，复杂的智能机器人系统仅仅依靠计算机来控制是有一定困难的，即使可以做到，也由于缺乏对环境的适应能力而并不实用。智能机器人系统需要借助人机协调来实现系统控制，因此，设计良好的人机接口就成为智能机器人研究的重点问题之一（见图 6-15）。

图 6-15 机器人人机接口

人机接口技术是研究如何使人方便自然地与计算机交流。为了实现这一目标，除了要求机器人控制器有友好、灵活方便的人机界面之外，还要求计算机能够看懂文字、听懂语言、说话表达，甚至能够进行不同语言之间的翻译，而这些功能的实现又依赖于知识表示方法的研究。因此，研究人机接口技术既有巨大的应用价值，又有基础理论意义。

人机接口技术已经取得了显著成果，文字识别、语音合成与识别、图像识别与处理、机器翻译等技术已经开始实用化。另外，人机接口装置和交互技术、监控技术、远程操作技术、通信技术等也是人机接口技术的重要组成部分，其中远程操作技术是一个重要的研究方向。

# 6.4 智能机器人的发展

尽管针对机器人的人工智能研究已经取得了显著的成绩，但控制论专家们认为它可以具备的智能水平的极限并未达到。问题不仅在于计算机的运算速度不够和感觉传感器种类少，而在于例如缺乏编制机器人理智行为程序的设计思想。实际上，现在甚至连人在解决最普通的问题时的思维过程都还没有破译，又怎能掌握规律，提高计算机的“思维”速度呢？认识人类自己这个问题成了机器人发展道路上的绊脚石。

## 6.4.1 人的意识与机器人模拟

制造“生活”在不固定性环境中的智能机器人这一课题，近年来使人们对发生在生物系统、动物和人类大脑中的认识和自我认识过程进行了深刻研究，结果就出现了等级自适应系统学说。

纯粹从机械学观点来粗略估算，人类的身体具有两百多个自由度（见图 6-16）。当我们在进行写字、走路、跑步、游泳、弹钢琴这些复杂动作的时候，大脑究竟是怎样对每一块肌肉发号施令的呢？大脑怎么能在最短的时间内处理完这么多的信息呢？实际上人类的大脑可能根本没有参与这些活动。大脑“不屑于”去管这些，它根本不去监督身体的各个运动部位，动作的详细设计是在比大脑皮层低得多的水平上进行的。最明显的就是，“一接触到热的物体就把手缩回来”这类最明显的指令甚至在大脑还没有意识到的时候就已经发出了。

图 6-16 人身体的自由度

把一个大任务在几个皮层之间进行分配，这比控制器官给构成系统的每个要素规定必要动作的严格集中的分配经济、有效。在解决重大问题的时候，这样集中化的大脑就会显得过于复杂，不仅脑颅，甚至连人的整个身体都容纳不下。在完成这样或那样的一些复杂动作时，人们通常将其分解成一系列的普遍的小动作（如起来、坐下、迈右脚、迈左脚）。教给小孩各种各样的动作可归结为在小孩的“存储器”中形成并巩固相应的小动作。同样的道理，知觉过程也是如此组织起来的。感性形象——这是听觉、视觉或触觉脉冲的固定序列或组合，或者是序列和组合二者兼而有之。

学习能力是复杂生物系统中组织控制的另一个普遍原则，是对先前并不知道，在相当广泛范围内发生变化的生活环境的适应能力。这种适应能力不仅是整个机体所固有的，而且是机体的单个器官，甚至功能所固有的，这种能力在同一个问题应该解决多次的情况下是不可替代的。可见，适应能力这种现象，在整个生物界的合乎目的的行为中起着极其重要的作用。

控制机器人的问题在于模拟动物运动和人的适应能力。建立机器人控制的等级——首先是在机器人的各个等级水平上和子系统之间实行知觉功能、信息处理功能和控制功能的分配。第三代机器人具有大规模处理能力，在这种情况下信息的处理和控制的完全统一算法，实际上是低效的，甚至是不中用的。所以，等级自适应结构的出现首先是为了提高机器人控制的质量，也就是降低不定性水平，增加动作的快速性。为了发挥各个等级和子系统的作用，必须使信息量大大减少。因此算法的各司其职使人们可以在不定性大大减少的情况下来完成任务。总之，智能的发达是第三代机器人的一个重要特征。

人们根据机器人的智力水平决定其所属的机器人代别，甚至依此将机器人分为以下几类：

（1）受控机器人。不具备任何智力性能，是由人来掌握操纵的机械手。

（2）可以训练的机器人。拥有存储器，由人操作，动作的计划和程序由人指定，它只是记住（接受训练的能力）和再现出。

（3）感觉机器人。机器人记住人安排的计划后，再依据外界这样或那样的数据（反馈）算出动作的具体程序。

（4）智能机器人。人指定目标后，机器人独自编制操作计划，依据实际情况确定动作程序，然后把动作变为操作机构的运动。因此，它有广泛的感觉系统、智能、模拟装置（周围情况及自身，即机器人的意识和自我意识）。

### 6.4.2 使机器人更聪明

人工智能专家指出：计算机不仅应该去做人类指定它做的事，还应该独自以最佳方式去解决许多事情。比如，核算电费或从事银行业务的普通计算机的全部程序就是准确无误地完成指令表，而某些科研中心的计算机却会“思考”问题。前者运转迅速，但绝无智能；后者存储了比较复杂的程序，计算机里塞满了信息，能模仿人类的许多能力（在某些情况下甚至超过人的能力）。

科学家认为，智能机器人的研发方向是，给机器人装上“大脑芯片”（见图 6-17），从而使其智能性更强，在认知学习、自动组织、对模糊信息的综合处理等方面将会前进一大步。

图 6-17　AI 芯片

虽然有人表示担忧：这种装有“大脑芯片”的智能机器人将来是否会在智能上超越人类，甚至会对人类造成威胁？但不少科学家认为，这类担心是完全没有必要的。就智能而言，机器人的智商相当于四岁儿童的智商，而机器人的“常识”比起正常成年人就差得更远了。

1.（　　）年 4 月，国家工信部、发改委、财政部等三部委联合印发《机器人产业发展规划》，以引导中国机器人产业向中高端快速健康可持续发展。

A. 2017　　B. 2016　　C. 2012　　D. 2018

2. 在工业机器人领域，国家建议重点发展弧焊机器人、真空（洁净）机器人、全自主编程智能工业机器人、人机协作机器人、双臂机器人、重载 AGV（小车）等六种（　　）产品。

A. 商品化　　B. 个性化　　C. 标志性　　D. 突破性

3. 在服务机器人领域，国家建议重点发展消防救援机器人、手术机器人、智能公共服务机器人、智能护理机器人等四种产品，推进服务机器人实现系列化，个人 / 家庭服务机器人实现（　　）。

A. 商品化　　B. 个性化　　C. 现代化　　D. 典型化

4. 智能公共服机器人的（　　）导航方式是指：机器人在未知环境中从一个未知位置开始移动，在移动过程中根据位置估计和地图进行自身定位，同时在自身定位的基础上建造增量式地图，实现机器人的自主定位和导航。

A. Unimate　　B. SCARA　　C. KUKA　　D. SLAM

5.（　　）机器人是机械技术、电子技术、信息技术有机结合的产物，是一个在感知、思维、效应方面全面，模拟人的机器系统，其外形不一定像人。

A. 服务　　B. 智能　　C. 工业　　D. 特种

6. 大多数专家认为，智能机器人至少要具备三个要素：（　　）。

① 思考要素；　② 情绪要素；　③ 运动要素；　④ 感觉要素

A. ①③④　　B. ②③④　　C. ①②③　　D. ①②④

7.（　　）用来认识周围环境状态，包括能感知视觉、接近、距离等的非接触型传感器和能感知力、压觉、触觉等的接触型传感器。

A. 情绪要素　　B. 感觉要素　　C. 运动要素　　D. 思考要素

8.（　　）是对外界做出反应性动作。智能机器人需要有一个无轨道型的移动机构，以适应诸如平地、台阶、墙壁、楼梯、坡道等不同的地理环境。

A. 情绪要素　　B. 感觉要素　　C. 运动要素　　D. 思考要素

9.（　　）是根据感觉要素所得到的信息，思考出采用什么样的动作，这是智能机器人三个要素中的关键，也是人们要赋予机器人必备的要素。

A. 情绪要素　　B. 感觉要素　　C. 运动要素　　D. 思考要素

10. 根据其智能形式的不同，智能机器人可分为（　　）三种。

① 灵巧型；　② 传感型；　③ 交互型；　④ 自主型

A. ②③④　　B. ①②③　　C. ①③④　　D. ①②④

11.（　　）机器人本体上没有智能单元，只有执行机构和感应机构，它具有利用传感信息进行传感信息处理、实现控制与操作的能力。

A. 交互型　　B. 传感型　　C. 灵巧型　　D. 自主型

12.（　　）机器人通过计算机系统与操作员或程序员进行人—机对话，实现对机器人的控制与操作。

A. 交互型　　B. 传感型　　C. 灵巧型　　D. 自主型

13.（　　）机器人在设计制作之后，就无须人的干预，能够在各种环境下自动完成各项拟人任务。

A. 交互型　　B. 传感型　　C. 灵巧型　　D. 自主型

14. 智能机器人有相当发达的“大脑”，即（　　），它跟操作它的人有直接联系，最主要的是，它可以进行按目的安排的动作。

A. 机械系统　　B. 感应系统　　C. 中央处理器　　D. 存储器

15.（　　）智能是指具有像人那样的感受、识别、推理和判断能力。可以根据外界条件的变化，在一定范围内自行修改程序，也就是它能适应外界条件变化对自己进行相应调整。

A. 中级　　B. 初级　　C. 高级　　D. 特殊

16.（　　）智能机器人具有感觉、识别、推理和判断能力，同样可以根据外界条件的变化，在一定范围内自行修改程序。

A. 中级　　B. 初级　　C. 高级　　D. 特殊

17.（　　）技术与控制理论、信号处理、人工智能、概率和统计相结合，为机器人在各种复杂、动态、不确定和未知的环境中执行任务提供一种技术解决途径。

A. 导航与定位　　B. 多传感器信息融合

C. 路径规划　　D. 机器人视觉

18. 多传感器信息融合技术的主要研究方向有（　　）。

① 虚拟现实和增强现实；② 多层次传感器融合；

③ 微传感器和智能传感器；④ 自适应多传感器融合

A. ①③④　　B. ①②④　　C. ①②③　　D. ②③④

19. 针对机器人的人工智能研究已经取得了显著的成绩，控制论专家认为它可以具备的智能水平的极限（　　）。

A. 并未达到　　B. 已经超越　　C. 远远不够　　D. 并不存在

20. 纯粹从机械学观点来粗略估算，人类的身体具有（　　）自由度。

A. 八个　　B. 十多个　　C. 两百多个　　D. 二十多个

## 研究性学习 熟悉智能机器人及其应用场景

小组活动：请阅读本课的【导读案例】，讨论以下问题。

(1) 未来的电动汽车，感觉系统的主流装备是视觉算法，还是激光雷达？请综合分析并简述大家的讨论观点。

(2) 请列举各种智能机器人及其有效作业方式。

(3) 请举例说明工业机器人和智能机器人的不同之处。

记录：请记录小组讨论的主要观点，推选代表在课堂上简单阐述你们的观点。

评分规则：若小组汇报得 5 分，则小组汇报代表得 5 分，其余同学得 4 分，余类推。

活动记录：______________________________

______________________________

______________________________

______________________________

______________________________

实训评价（教师）：______________________________

______________________________

# 第7课 智能飞行器

## 学习目标

**知识目标**

(1) 熟悉无人驾驶飞行器的发展历程，熟悉无人机的应用场景。

(2) 了解无人机的基本构造机器工作原理。

(3) 了解无人机的关键技术。

**能力目标**

(1) 掌握专业知识的学习方法，培养阅读、思考与研究的能力。

(2) 积极参与“研究性学习小组”活动，提高组织和活动能力，具备团队精神。

**素质目标**

(1) 热爱学习，掌握学习方法，提高学习能力。

(2) 热爱读书，善于分析，勤于思考，培养关心技术新亮点、技术进步的优良品质。

(3) 体验、积累和提高“大国工匠”的专业素质。

**重点难点**

(1) 无人机的应用场景与基本种类。

(2) 无人机的构造与工作原理。

## 导读案例 四款新一代智能飞行器

### 1. 上海峰飞航空全球首发400 kg级大型垂直起降智能飞行器——V400信天翁

一款大型垂直起降智能飞行器——V400信天翁（见图7-1），在深圳举办的2020世界无人机大会上全球首发，显示中国在长航时、400 kg级大载荷的大型垂直起降智能飞行器领域取得突破。

V400信天翁由上海峰飞航空科技自主研发，机身长度为6.67 m，高度为1.11 m，机翼翼展为9 m、机翼面积为4.66 $m^2$。作为一款垂直起降的智能飞行器，其最大起飞质量为400 kg，最大载荷为100 kg，最大起飞海拔为5 000 m。V400信天翁有两个动力版本可供选择：纯电动版满载续航里程为300 km，混动版满载续航里程达到1 000 km。

据介绍，V400信天翁采用鸭式布局设计，整机机身使用碳纤维复合材料一体成型技术，质量更小，强度和刚性更好，具有比传统布局更高的升阻比特性，实现了优秀的气动性能。

整机机体采用三轴布局，保证整体高可靠及高强度特性。在安全性方面，该无人机不仅具有八升二推多冗余控制系统、多冗余飞控系统、对地雷达辅助异地起降功能，还可配备整机降落伞，最大程度保障飞行安全。

V400信天翁配备完全自主知识产权的飞控以及高功重比电机电控系统，升力部分采用八套电机，推力部分由前后两套动力源提供平飞推力，既能像多旋翼无人机一样垂直起降并在空中悬停，又能像固定翼飞机一样水平飞行。

V400信天翁还可自动驾驶飞行，具备空中智能感知、避让能力，支持与4G/5G网络无缝对接，将用于快递物流、紧急物资运输、医疗救援以及消防应急等场景。

在首发式上，峰飞航空科技还首次公开了企业战略规划，以大型智能物流飞行器+“空中出租”自动驾驶载人飞行器为主要产品布局，构建空中物流运营系统和空中立体出行方式，打造未来城市空中交通。

### 2. 一飞智控发布新一代集群表演无人机——敏捷蜂Ⅱ型

一飞智控发布新一代集群表演无人机——敏捷蜂Ⅱ型，续航时长38 min，远超行业整体水平；最快速度提至10 m/s，通信冗余覆盖电台、Wi-Fi、4G、5G，可实现不同环境任意切换，安全飞行。

### 3. 华盛顿研究人员成功测试无人机液态氢动力

华盛顿州立大学的一个研究小组首次成功演示了为无人机提供动力的液态氢和一种独特的加油系统（见图7-2），测试证明了中型无人机长航时全电动飞行所需的一项关键技术，这也可能是未来在航空中使用氢的第一步。

图7-1　大型垂直起降智能飞行器——V400信天翁

图7-2　无人机液态氢动力

在现场演示中，研究人员使用液态氢加油站来填充一个液态氢罐，为用于驾驶中型无人机的燃料电池功率转换系统提供氢气，并模拟飞行的能量需求。就像回到加油站给汽车的油箱加油一样，这个团队又回到他们的氢站，重新加满液态氢，使燃料电池再次运转。

该项目还利用了便携式氢气站，用水和电制造液态氢。低温制冷技术和电解技术的进步使得制造一种紧凑的氢加注系统成为可能。液化器和加油站完全被装在一个15英尺的集装箱内。

### 4. 纵横大鹏垂直起降固定翼无人机系统

纵横大鹏垂直起降固定翼无人机系统（见图7-3）由纵横大鹏无人机平台、任务载荷、无人机地面指挥车三个分系统组成。纵横大鹏垂直起降固定翼无人机系统集纵横大鹏无人机平台、任务载荷、地面指挥系统于一体，高度集成在指控车内。面对紧急情况，立即出动，掌握越多的信息和情报，就能越快做出判断，让工作更简单和安全。

图 7-3　纵横大鹏垂直起降固定翼无人机系统

无人机地面指挥车具备超大收纳空间，最大可同时搭载两架纵横大鹏 CW-25 无人机。工作区设计符合人体工程学，空间充裕，多屏显示，方便操作员信息调度和现场作业。系统具备 100 km 超长双链路，倒伏天线可以发送和接收无人机飞行控制数传数据、视频图传数据。可选装 200 km 超长双链路。

为了匹配不同行业的需求，纵横大鹏无人机平台可以自由选择，灵活搭配 CW-25、CW-15F、CW-15Q，或两架 CW-25。基于纵横大鹏多年来在无人机领域的技术积累，全新纵横大鹏垂直起降固定翼无人机系统将持续推动应急、环保、安防、交通、能源等领域的技术革新，发挥无人机系统可靠、强大的科技力量，真正成为各行各业的基础工具。

资料来源：高博特，尖兵之翼，2020-09-14。

**阅读上文，请思考、分析并简单记录：**

（1）本文介绍的三款新一代智能飞行器和一款无人机动力系统，有没有颠覆你对无人机技术现有的认识？请简述之。

答：________________________________________

（2）除了无人驾驶飞行器之外，本文中还介绍了无人机作为一个系统的存在。作为系统，除了无人飞机，还有哪些设备？

答：________________________________________

（3）请简单说说你对无人机行业未来发展的看法。

答：________________________________________

（4）请简单记述你所知道的上一周内发生的国际、国内或者身边的大事。

答：________________________________________

无人驾驶飞机，简称“无人机”，是利用无线电遥控设备和自备的程序控制装置操纵的不载人飞机（见图 7-4）。无人机实际上是无人驾驶飞行器的统称，从技术角度定义可以分为无人直升机、无人固定翼机、无人多旋翼飞行器、无人飞艇、无人伞翼机这几大类。

图 7-4　智能飞行器（无人机）

## 7.1 无人驾驶飞行器

无人机在通信、气象、灾害检测、农业、地质、交通、广播电视等方面都有广泛的应用，目前其技术已趋成熟，性能日益完善，逐步向小型化、智能化、隐身化方向发展。同时，与无人机相关的雷达、探测、测控、传输、材料等方面的技术也处于飞速发展的阶段。

无人机也可分为仿昆虫无人机、四轴飞行器、微型飞行器等。其中微型飞行器是指尺寸只有手掌大小（约 15 cm）的飞行器（见图 7-5），它的研制是一项包含了多种交叉学科的高、精、尖技术，其研究水平在一定程度上可以反映一个国家在微电机系统技术领域内的实力。微型飞行器的研制还能对其他许多相关技术领域的发展起推动作用。

图 7-5　微型飞行器

从诞生至今，无人机的发展历程已经走过了一个世纪，但无人机真正走进人们的生活，在娱乐、环保、交通等领域大展身手，还是最近十多年的事。

### 7.1.1　百年前先驱探索

19 世纪，无线电的发现和运用给人们远距离控制机器的运行创造了可能。1898 年，物理学家特斯拉向人们展示了通过无线电遥控一条模型船的航行，从而首次实现了遥控技术的应用。当飞机被人们发明出来并在第一次世界大战中得到应用后，发明家们开始尝试将遥控技术与飞机结合，制成一种无须飞行员亲自驾驶的飞机。

1909 年，美国工程师发明了一种名叫“陀螺仪”的装置（见图 7-6），可以测定飞机的飞行方向及机身正以什么样的姿势在空中飞行。这种装置是现代飞机自动控制和惯性导航系统的核心组成部分。这种装置出现后，美国海军很感兴趣，希望以此为基础，研究一种不需要飞行员驾驶的飞行器。当时，美国海军将其称之为“飞行鱼雷”（见图 7-7）。为了提高飞行鱼雷的导航精度,美国西部电器公司为它开发了专用的无线电导航系统。飞行鱼雷是无人机雏形之一，而惯性导航与无线电控制技术，至今仍然是遥控无人机的核心技术。

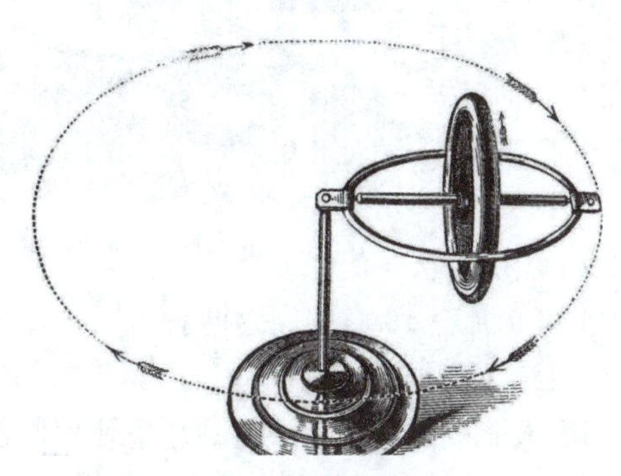
图 7-6 陀螺仪

图 7-7 飞行鱼雷

1914 年，第一次世界大战正进行得如火如荼，英国的卡德尔和皮切尔两位将军，向英国军事航空学会提出了一项建议：研制一种用无线电操纵的小型飞机，使它能够飞到敌方某一目标区上空，将事先装在小飞机上的炸弹投下去。这种大胆的设想立即得到当时英国军事航空学会理事长戴 · 亨德森爵士赏识。他指定由 A.M. 洛教授率领一班人马进行研制。

最初的研制是在一个名叫布鲁克兰兹的地方进行的。为了保密，该计划被命名为“AT 计划”。经过多次试验，研制小组首先研制出一台无线电遥控装置。飞机设计师杰佛里 · 德哈维兰设计出一架木制结构的小型上单翼机，通过安装在卡车上的弹射装置起飞。研制小组把无线电遥控装置安装到这架小飞机上，希望可以通过遥控的方式，让飞机平稳飞行一段时间。

1917 年 3 月，在第一次世界大战临近结束之际，世界上第一架无人驾驶飞机在英国皇家飞行训练学校进行了第一次飞行试验（见图 7-8）。但在实际的飞行表演中，飞机刚刚起飞就失控了，仅仅飞行了一小段距离便坠落到了地上。不久，小组又研制出第二架无人机进行试验。飞机在无线电的操纵下平稳地飞行了一段时间。就在大家兴高采烈地庆祝试验成功的时候，飞机发动机突然熄火了，失去动力的无人机一头栽入人群。虽然试验遭遇失败，但由于飞机在飞行过程中的确响应了通过无线电发出的控制信号，因此这次试飞仍然被视为是无人机技术的发端。

图 7-8 世界上第一架无人驾驶飞机

“AT 计划”失败之后，A.M. 洛教授并没有灰心，继续进行着无人机的研制。10 年后他终于取得成功。1927 年，由他参与研制的“喉”式单翼无人机在英国海军“堡垒”号军舰上成功地进行了试飞。该机载有 113 kg 炸弹，以 322 km/h 的速度飞行了 480 km。“喉”式无人机的问世在当时的世界上曾引起极大的轰动。

### 7.1.2 战场上初露锋芒

在飞行员的实弹训练中，需要像士兵打靶一样，实际演练攻击天空中的靶机，来提升自己的作战技能，地面高炮防空部队也需要用靶机来进行训练。在第二次世界大战期间，美国、英国和德国都开始了将无人机作为靶机的尝试（见图 7-9）。美国军方还发现，无人机可以方便快捷地在战场上传递信息，代替当时还广泛使用的传令兵，于是，在“飞行鱼雷”的基础上研发了“信使”无人机。

图 7-9　英国使用的无人靶机

1941 年美国海军萌生了使用无人机攻击敌人空中和地上目标的想法，研发了 TDN-1 和 TDR-1 型无人攻击机。1944 年 9 月至 10 月间，这两种无人机在太平洋战争中小试牛刀，攻击了日军的堡垒和火炮阵地等目标，取得了一定的战果。

在第二次世界大战中，美国陆军航空队曾大量使用无人靶机，还在太平洋战场上使用携带重型炸弹的活塞式发动机无人机对日军目标进行轰炸。战争期间，美军曾打算将报废的 B-17 和 B-24 轰炸机改装成携带炸弹的遥控轰炸机。驾驶员先驾驶这种遥控轰炸机至海边，然后跳伞脱身，遥控轰炸机则在无线电的遥控下继续飞行，直至对目标进行攻击。可惜由于所需经费巨大，再加上操纵技术过于复杂，美军最终还是放弃了这一研制计划。

第二次世界大战结束后，无人机开始投入战场侦察工作。世界上第一种实用型的无人侦察机是无线电控制的美国 AN/USD-1 战场无人监视机。这种飞机装备有一台可以在白天工作的光学照相机和一台在夜间工作的红外照相机，通过火箭助推器起飞，完成任务后释放降落伞降落。但它拍摄收集到的照片还需要进行复杂耗时的处理和分析工作。

在冷战和越南战争期间，美军发现无人机除了照相外，还可以执行另一种形式的搜索任务。无人机飞临敌人控制的空域后，可以诱骗敌人的防空雷达开机，获得其信号特征。敌人的高炮、防空导弹、战斗机在拦截无人机的过程中，也会将自身的部署情况暴露。越南战争期间，美军在战场上大量使用“火蜂”型无人侦察机执行这方面的工作，在此期间还催生了直升机在半空回收无人机的技术。

第二次世界大战结束后，随着航空技术的飞速发展，无人机家族逐渐步入鼎盛时期。时至今日，世界上研制生产的各类无人机已达上百种。随着计算机技术、自动驾驶技术和遥控遥测技术的发展及其在无人机中的应用，以及随着对无人机战术的深入研究，无人机在军事方面的应用日益广泛。

### 7.1.3 新科技助力指令控制

进入 20 世纪 80 年代后，电子工业和航空工业的发展为无人机发展带来了新的契机。此时，军用无人机的飞行控制技术出现了两大分支，即自动飞行控制系统和指令控制系统。

自动飞行控制系统需要在无人机起飞前将本次飞行的路径、高度和侦察目标等信息设定好，无人机依靠这些信息自己完成飞行任务。这种模式虽然看起来简单，但一旦目标位置出现变化，提前设定的飞行路线就得不到所需要的信息了。而指令控制模式将飞行员的位置由飞机搬到了地面站的控制室中。得益于视频图像技术的发展，无人机可以通过无线电信号实时将侦察图像信息传回控制室，控制员根据瞬息万变的战场形势画面实时操控无人机飞行。如今，指令控制技术逐渐成为军用无人机飞行控制系统的主流。

此外，卫星通信技术和GPS导航技术也给指令控制技术的应用带来了帮助。在应用卫星通信前，无人机的飞行距离受到控制信号传输和山川阻挡等因素的限制。应用卫星通信技术后，地面控制站可以将控制信号上传至太空中的通信卫星，由卫星中继放大后发送到无人机接收天线上，从而突破了地面障碍物和地平线的限制。GPS导航技术可以让控制人员准确获取无人机位置，同时，在控制信号因为干扰中断时，无人机也可以使用GPS导航自主返航回收。

### 7.1.4 现代战争中代替侦察兵

在20世纪90年代初的海湾战争和21世纪初的伊拉克战争中，无人机得到全方位的应用。两种美军现役的明星无人机——“捕食者”和“全球鹰”（见图7-10）也在此期间开始应用。

“捕食者”无人机是一种长航时无人机，采用涡轮增压螺旋桨发动机作为动力，最大续航时间60小时，可在目标上空飞行24小时。侦察型的“捕食者”配有光电/红外侦察设备，昼夜都能执行侦察任务。在“捕食者”上还装备有一种被称作“合成孔径雷达”的装备，可以通过发射无线电信号并接收大地或目标反射信号的方式，绘制出目标的高分辨率图像。即便在有云层或雾气遮挡的情况下，这种雷达依旧可以返回与相机照片类似的图像。美军还对“捕食者”进行改进，使它具备使用武器对敌人进行攻击的能力。通过在无人机头部安装用于指引导弹打击目标的激光指示器，“捕食者”可以发射用来打击坦克、装甲车等目标的“地狱火”导弹。攻击型“捕食者”的升级版“死神”无人攻击机体积更大、性能更强，能发射激光制导炸弹等武器。

图7-10 “捕食者”（左）和“全球鹰”（右）无人机

“全球鹰”是一种无人侦察机。和“捕食者”一样，“全球鹰”也具备使用合成孔径雷达等多个频段的侦察设备获取战场信息的能力，可以执行对陆地目标和海上目标的侦察任务。由于使用喷气式发动机作为动力，“全球鹰”比“捕食者”飞行速度更快。但由于“全球鹰”的飞行高度较高，用来执行对地攻击任务并不十分合适。

此外，美军还研发了小型化的无人机，如“大乌鸦”和“龙眼”无人机。由于这些无人机体积轻巧、便于携带，基层部队可以在日常巡逻中随身携带，一旦遇到战斗情况，可以就地将无人机放飞，提供侦察支援，灵活性大大提高。

### 7.1.5 民用无人机迅猛发展

虽然无人机技术的发展源于军事需求，但人们最熟悉的无人机还是那种有着多个旋翼，可以灵活地在空中运动或悬停，进行航拍活动的多旋翼无人机（见图7-11）。这种无人机是自21世纪以来迅猛发展的民用无人机的典型代表。

图 7-11 民用多旋翼无人机

最常见的四旋翼无人机和直升飞机一样，是通过与机身平行的螺旋桨桨叶产生的升力垂直起飞，既无须机翼，又不用设置跑道来起飞降落，因而体积小巧、使用方便。和单旋翼飞行器相比，多旋翼飞行器的螺旋桨无须设置复杂的机械传动装置，也不需要尾桨来抵消主螺旋桨带来的旋转，因此具备理想的可靠性，还可以将制造成本控制得比较低，让一般消费者能承受。更重要的是，在内部控制程序的配合下，多旋翼无人机的操控相当简单，非专业飞行人员短时间内就能掌握基本的操作方法，像玩电子游戏一样操控无人机的飞行。

图 7-12 GoPro 运动相机

多旋翼民用无人机能够迅速兴起的另外一个关键设备，是以 GoPro 为代表的运动相机（见图 7-12）。运动相机可以获得比一般相机更加宽广的视野，拍摄高清晰度的照片或视频，十分小巧，特别适合安装在无人机上，获得从天空或高处向下的视角。无人机操控手们不但可以在飞行过程中实时享受无人机带来的视觉体验，拍摄的高清照片、视频等还可以进行丰富的后期处理，得到更炫酷的视觉效果。在无人机出现之前，进行航拍需要租用有飞行员驾驶的飞机。在无人机出现后，个人也可以进行日常的业余航拍活动。

进入 21 世纪后，由于基础技术的发展，民用无人机的各个组成部分性能越来越强，质量越来越小，成本也越来越低，给无人机的普及创造了条件。无人机搭载高性能 FPGA 芯片，可以实现双 CPU 的功能，处理各种传感器传来的无人机状态信息，控制无人机的高效飞行。Wi-fi 技术的发展让手机上网更方便，也给民用无人机的信号传输提供了一种简单有效的实现方式，可以在一定距离内传输控制和影像信号。在续航方面，由于锂电池技术的发展，用一块质量不大的电池就可以让无人机在天空中飞行一段时间。

除了四旋翼无人机外，固定翼无人机在民用领域也得到广泛应用（见图 7-13）。与多旋翼无人机相比，固定翼无人机的续航时间更长，飞行高度更高、活动范围更大，采用更加可靠的控制系统和信号传输系统，因此比四旋翼无人机更适合专业生产领域的应用。

这些年，我们经常能够看到无人机编队表演的新闻报道。成百上千架无人机，在夜色中通过自身携带的彩色灯光设备，组成各种各样的美丽图案，甚至还能随着音乐节奏的变化翩翩起舞。这种奇观的出现，得益于无人机集群技术的发展（见图 7-14）。实际上，无人机集群技术在军事领域早就得到了发展与应用。2000 年，美国国防部的高级计划局就启动了有关研究项目，研究多架无人机在空中协同发现目标的技术。经过 20 多年的发展，无人机集群技术已经日臻成熟。在执行任务的过程中，集群中的无人机要组织好队形，避免发生碰撞。同时，无人机之间还要分享所处位置态势的感知，一架无人机所观察到的情况可以被所有无人机掌握。这样，大量无人机可以在单一操作员的指挥下，完成一架无人机所不可能完成的各种任务。

图 7-13 固定翼无人机

图 7-14 无人机集群技术

## 7.2 无人机的种类

无人机体积小，隐蔽性好，生存能力强。无人机的长度基本在 10 m 以内，质量大多在 1 ~ 2 t 之间。因此，无人机在空中活动十分轻捷自如，各种探测器材很难发现它的行踪。此外，无人机使用简便，适应性好，既可以近距离滑跑升空，也可以直接发射升空；既可以在公路上起飞，也可以在海滩、沙漠上起飞。无人机回收也很方便，可以用降落伞和拦阻网回收，也可以利用起落架、滑橇、机腹着陆，或者像直升机一样进行垂直起降。此外，无人机能适应各种环境，可以毫无顾忌地进出核生化武器的沾染区，并可以在各种复杂气象条件下连续飞行。

### 7.2.1 测绘与航拍无人机

测绘无人机作为一种新型遥感监测平台，飞行操作智能化程度高，可按预定航线自主飞行、摄像，实时提供遥感监测数据和低空视频监控，具有机动性强、便捷、成本低等特点，其所获取的高分辨率遥感数据在海域动态监管、海洋环境监测、资源保护等工作中用途广泛（见图 7-15）。

图 7-15 测绘无人机

航拍无人机是集成了高清摄影摄像装置的遥控飞行器，系统主要包括载机、飞控、陀螺云台、视频传输、地面站以及通话系统等，航拍无人机飞行高度一般在 500 m 以上，适合影视宣传片以及鸟瞰图的拍摄等。这种飞行器灵活方便，能快速地完成镜头的拍摄。

### 7.2.2 通信中继无人机

C 波段是频率从 4.0 ~ 8.0 GHz 的一段分配给通信卫星的频带，用于通信卫星下行传输信号。该频段在卫星电视广播和各类小型卫星地面站应用中一直被广泛使用（见图 7-16）。

图 7-16 无人机作为移动节点

美国的“先锋”式无人机装有抗干扰扩频通信设备、大功率固态放大器、全向甚高频和超高频无线电台中继设备等，可在 C 波段进行数据、信号、话音和图像通信，通信距离为185 km。

### 7.2.3 长时留空与预警无人机

微波动力飞机（见图7-17）不带燃料，只有一台直流电动机和微波接收整流装置。起飞时由蓄电池为电动机供电，待升高到100 m后，电池关闭，地面上的微波发生器通过锅形天线发射微波，飞机上的特殊薄膜天线把接收到的微波变成直流电，驱动由电动机带动的飞机螺旋桨，这样飞机就靠微波作动力飞行了。

图7-17 微波动力飞机

这种飞机的飞行高度与地面微波的功率有关，例如使用波长为10 cm和3.8 cm微波，功率为几百千瓦，足够飞机在9 000多米高度使用；如果将两个或多个这样的发生器合并起来，便可供飞机在1.5万米以上的高空飞行使用。但发射微波的天线很大，直径达60多米。

微波动力飞机在空中飞行时可不受燃料的限制，可用来进行农业监测、天气预报等，还可以装上雷达和通信设备，作为广播、电视、通信的空中中转站。加拿大、美国都已试制出较大型的微波动力飞机，但地面发射天线太大，不容易转动，一般只能作为垂直飞行及悬停的直升机。

为对目标进行长时间监视，弥补无人侦察机留空时间短、对同一目标反复侦察时所需航次多等不足，长时间留空无人机应运而生。如美国洛克希德公司的微波动力无人机，可在高空飞行60天以上，甚至有长时间留空无人机最大续航时间可达1年，可对目标进行连续不断的监视。

与载人预警机相比，预警无人机的经济性好、费效比低且生存能力强。预警无人机与载人预警机一样，集预警、指挥、控制和通信功能于一身，可起到活动雷达站和空中指挥中心的作用。平时可用来进行空中值勤，监视敌方行动，战时可加大预警距离，扩大己方的拦截线，并且可以通过它统一控制战区内的所有防空武器，有效指挥作战。预警无人机既可单独作用，又可与载人预警机配合使用。单独使用时，预警无人机利用下行数据传输线，将所获得的情报信息传到地面指挥控制中心。配合使用时，预警无人机率先部署在200～300 km，将所获得的情报发送给载人预警机，以此扩大预警范围，避免载人预警机穿行于危险区域。美国格鲁门公司研制的D754就是一种典型的预警无人机。该机装有新型机载共形相控阵雷达，能够在复杂电子环境中探测和识别像巡航导弹这样的低空飞行目标。此外，机上还装有红外等多种传感器。

### 7.2.4 智能军用无人机

为使无人机真正成为“空中士兵”，国外正在积极发展智能无人机。如英国塞肯公司的“塞肯”观察与攻击自动飞行器，可在空中监视目标的同时自动判断目标的军事价值。当它认为目标值得攻击时，就自动调整飞行状态，精确地向目标发起俯冲攻击。

（1）反导弹无人机。为对付日益增多的地对地战术导弹的攻击，国外正积极研制用于拦截导弹的无人机。这种无人机可在距所防卫目标较远处击毁来袭导弹，从而克服“爱国者”、C-300等反导弹拦截距离近、反应时间长、拦截成功后的残体仍对目标有一定损害等不足。

（2）隐身无人机。美国洛克希德公司、马丁公司和波音公司联合研制了世界上第一种隐身无人机——蒂尔-3（绰号“暗星”，见图7-18）。该机外形奇特，机翼硕大，机身扁平，有头无尾。

之所以采用这种奇特的外形，主要是为了减小雷达反射截面积，以增强隐身性能。机身的底部涂成黑色，也是基于此种考虑。该机在 1.37 万高度可巡航 8 小时，活动半径 1 800 km，巡航速度 240 km/h。据介绍，该机将装备合成孔径雷达或电光探测设备，在续航 8 小时时，总监视覆盖面积为 4.8 万平方千米；在 1 m 分辨率时，搜索速度为 5 480 km/h；能显示 0.3 m 的目标象点；单机可截获目标 600 个。该机还具有自主起飞、自动巡航、脱离和着陆的能力，而且可在飞行中改变自己的飞行程序，以执行新的任务。

(3) 世界最小无人机。2013 年初，驻阿富汗英军部队成为目前世界上最为先进的微型遥控无人侦察机的第一批使用者。这款名为“黑色大黄蜂”的微型无人侦察机（见图 7-19）的尺寸大约为 10 cm × 2.5 cm，携带方便，并可以在恶劣的战场环境下发挥优良的工作性能。该款无人机装备了一部微型摄像头，可以为地面作战部队提供动态图像或是静态照片等重要的战场情报。士兵可以使用其对街角、围墙或是其他障碍物进行侦察，以预知这些视觉死角后方潜在的危险。这些图像资料将会在一部手持终端机上呈现。

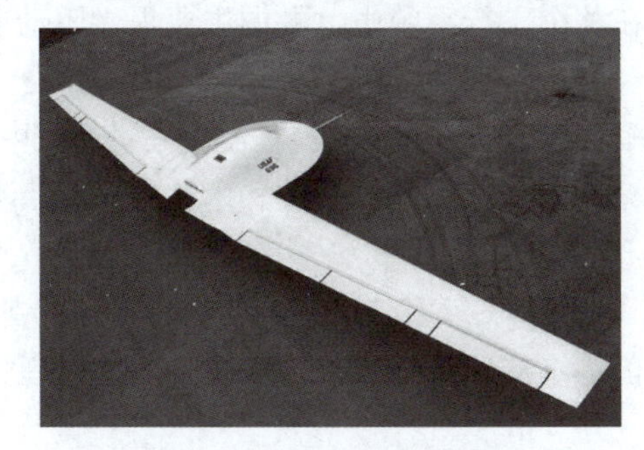

图 7-18　隐身无人机“暗星”

图 7-19　黑色大黄蜂无人机

(4) 空战无人机。为减少有人驾驶飞机在空战中的损失，用于空对空交战的无人机也正在研究。由于无人机机动时不受飞行员抗过载能力的限制，空战时可进行超常规机动，对导弹等高速攻击武器可进行有效的规避。同时，由于无人机被敌方机载雷达截获的概率小，故在空战中的损失要大大低于有人驾驶飞机。例如，美国研制的高机动空中格斗无人机，在与 F-4“鬼怪”式战斗机进行空战格斗试验中，曾成功地躲避开 F-4 发射的“麻雀”导弹的攻击，并占领了 F-4 后侧有利的攻击位置。另外，美国还在进行“天眼”无人机携载轻标枪和“针刺”空对空导弹的试验，用于与直升机、攻击机空战。

## 7.3 无人机的构造

一般而言，各种无人机的结构大同小异，构成基本相同（见图 7-20），所具有的不同主要还是体现在品牌特色方面。

一般四旋翼无人机的旋翼对称分布在机体的前后、左右四个方向，四个旋翼处于同一高度平面，且四个旋翼的结构和半径都相同，四个电机对称的安装在飞行器的支架端，支架中间空间安放飞行控制计算机和外部设备，结构形式如图 7-21 所示。

例如，多旋翼无人机结构组成包括：

(1) 机架：指多旋翼飞行器的机身架，是整个飞行系统的飞行载体。一般使用高强度质量小的材料，例如碳纤维、PA66+30GF 等。

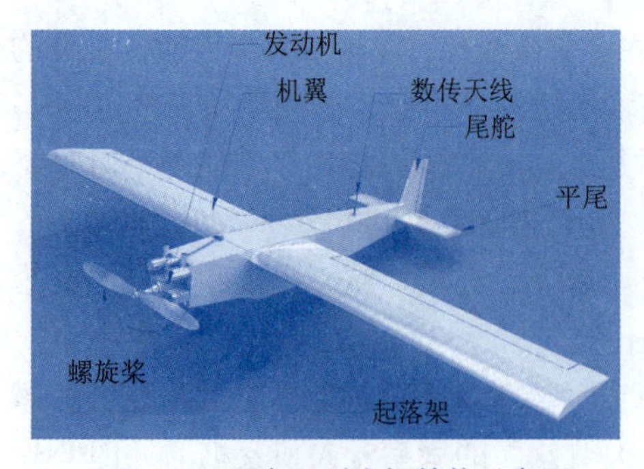


图 7-20　固定翼无人机结构示意图

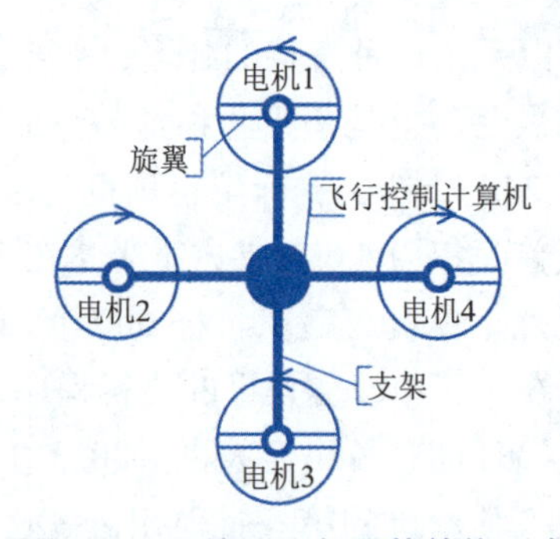


图 7-21　四旋翼飞行器的结构形式

（2）电机：由电动机主体和驱动器组成，是一种典型的机电一体化产品。在整个飞行系统中，起到提供动力的作用。相当于无人机的发动机。多旋翼无人机的各个“翅膀”处于同一高度，由支架端的电机提供动力。

（3）电调：电调全称电子调速器，简称 ESC。在整个飞行系统中，电调主要提供驱动电机的指令，来控制电机，完成规定的速度和动作等。相当于无人机的变速箱。

（4）桨叶：桨叶是通过自身旋转，将电机转动功率转化为动力的装置。在整个飞行系统中，桨叶主要起到提供飞行所需的动能。按材质一般可分为尼龙桨、碳纤维桨和木桨等。相当于汽车的轮胎。

（5）电池：电池是将化学能转化成电能的装置。在整个飞行系统中，电池作为能源储备，为整个动力系统和其他电子设备提供电力来源。目前在多旋翼飞行器上，一般采用普通锂聚合物电池或者智能锂聚合物电池等。

（6）遥控系统：遥控系统由遥控器和接收机组成，是整个飞行系统的无线控制终端。接收机和遥控器是一一配对的，接收机负责传送遥控器所发出的指令给飞行控制系统。

此外，无人机还有一些组成构件是十分重要的，包括：

（1）导航（如北斗或 GPS）。我们每当到一个地方，首先要确定自己的位置，无人机也不例外。它配备有一项我们经常使用的导航设备。导航由三部分构成：一是地面控制部分，由主控站、地面天线、监测站及通信辅助系统组成；二是空间部分，由 24 颗卫星组成，分布在六个轨道平面；三是用户装置部分，由导航接收机和卫星天线组成。因此，无人机身上需要安装的就是用户装置部分（见图 7-22）。

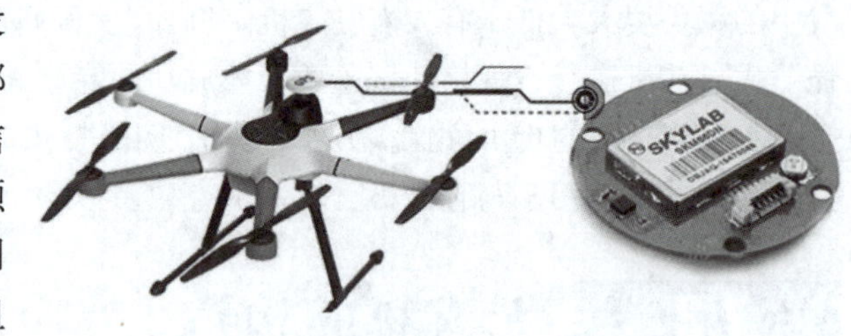


图 7-22　无人机导航

（2）陀螺仪。是用高速回转体的动量矩敏感壳体相对惯性空间绕正交于自转轴的一个或二个轴的角运动检测装置。

陀螺仪的原理就是，一个旋转物体的旋转轴所指的方向在不受外力影响时，是不会改变的。人们根据这个道理，用它来保持方向，制造出来的东西称为陀螺仪。陀螺仪在工作时要给它一个力，使它快速旋转起来，一般能达到每分钟几十万转，可以工作很长时间。然后用多种方法读取轴所指示的方向，并自动将数据信号传给控制系统。

陀螺仪被广泛用于航空、航天和航海领域。这是由于它的两个基本特性：一为定轴性，二为进动性，这两种特性都是建立在角动量守恒的原则下。根据需要，陀螺仪器能提供准确的方位、水平、位置、速度和加速度等信号，以便驾驶员或用自动导航仪来控制飞机、舰船或航天飞机等航行体按一定的航线飞行，而在导弹、卫星运载器或空间探测火箭等航行体的制导中，则直接利用这些信号完成航行体的姿态控制和轨道控制。

(3) 加速度传感器。一般而言，为了让无人机飞得更稳，只有陀螺仪是不够的，还需要加速度传感器的配合。究其原因，这是由每种传感器自身的局限性所决定的。

陀螺仪输出的是角速度，要通过积分才能获得角度，但是即使在零输入状态时，陀螺仪仍是有输出的，它的输出是白噪声和慢变随机函数的叠加，受此影响，在积分的过程中，必然会引进累计误差，积分时间越长，误差就越大。这时候，便需要加速度传感器的加入，利用加速度传感器来对陀螺仪进行校正。

由于加速度传感器可以利用力的分解原理，因此可以通过重力加速度在不同轴向上的分量来判断倾角。同时，它没有积分误差，加速度传感器在相对静止的条件下，可以有效校正陀螺仪的误差。但在运动状态下，加速度传感器输出的可信度就要下降，因为它测量的是重力和外力的合力。

无人机在应用中比较常见的算法就是利用互补滤波，即结合加速度传感器和陀螺仪的输出，来算出角度变化。

(4) 红外线测距装置。GPS、陀螺仪、加速度计、感应器、视觉感应系统和红外线测距装置等被放在支架中间。

(5) 相机。如果想要最佳质量的镜头，则相机的规格需要认真考虑。大多数型号的无人机（不包括玩具无人机）现在都配有内置摄像头，但有些则会允许用户选择安装自己的摄像头。

## 7.4 无人机的工作原理

四旋翼飞行器是一种六自由度的垂直升降机，通过调节四个电机转速来改变旋翼转速，实现升力的变化，从而控制飞行器的姿态和位置。四旋翼飞行器只有四个输入力，却有六个状态输出，所以它又是一种欠驱动系统。

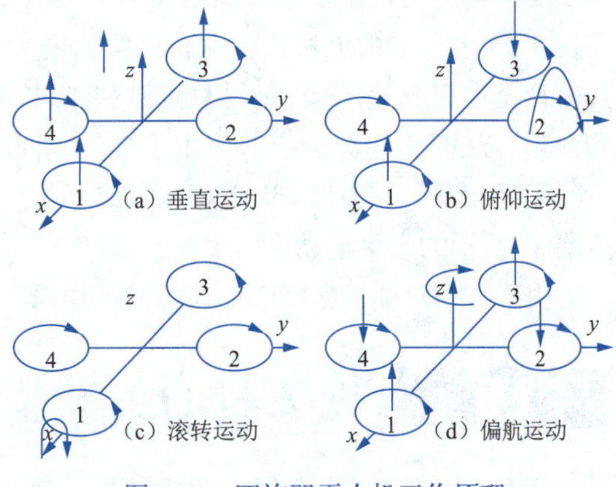

图 7-23 四旋翼无人机工作原理

参见图 7-20，四旋翼飞行器的电机 1 和电机 3 逆时针旋转的同时，电机 2 和电机 4 顺时针旋转，因此当飞行器平衡飞行时，陀螺效应和空气动力扭矩效应均被抵消。在图 7-23 中，电机 1 和电机 3 作逆时针旋转，电机 2 和电机 4 作顺时针旋转，规定沿 $x$ 轴正方向运动称为向前运动，箭头在旋翼的运动平面上方表示此电机转速提高，在下方表示此电机转速下降。

### 7.4.1 垂直运动

同时增加四个电机的输出功率，旋翼转速增加使得总的拉力增大，当总拉力足以克服整机的重量时，四旋翼飞行器便离地垂直上升；反之，同时减小四个电机的输出功率，四旋翼飞行器则垂直下降，直至平衡落地，实现了沿轴的垂直运动。当外界扰动量为零时，在旋翼产生的升力等于飞行器的自重时，飞行器便保持悬停状态（见图 7-24）。

图 7-24 无人机垂直运动

### 7.4.2 俯仰与滚转运动

在图 7-23（b）中，电机 1 的转速上升，电机 3 的转速下降（改变量大小应相等），电机 2、电机 4 的转速保持不变。由于旋翼 1 的升力上升，旋翼 3 的升力下降，产生的不平衡力矩使机身绕 $y$ 轴旋转；同理，当电机 1 的转速下降，电机 3 的转速上升，机身便绕 $y$ 轴向另一个方向旋转，实现飞行器的俯仰运动。

与图 7-23（b）的原理相同，在图 7-22（c）中，改变电机 2 和电机 4 的转速，保持电机 1 和电机 3 的转速不变，则可使机身绕 $x$ 轴旋转（正向和反向），实现飞行器的滚转运动。

### 7.4.3 偏航运动

旋翼转动过程中由于空气阻力作用会形成与转动方向相反的反扭矩，为了克服反扭矩影响，可使四个旋翼中的两个正转，两个反转，且对角线上的各个旋翼转动方向相同。反扭矩的大小与旋翼转速有关，当四个电机转速相同时，四个旋翼产生的反扭矩相互平衡，四旋翼飞行器不发生转动；当四个电机转速不完全相同时，不平衡的反扭矩会引起四旋翼飞行器转动。在图 7-23（d）中，当电机 1 和电机 3 的转速上升，电机 2 和电机 4 的转速下降时，旋翼 1 和旋翼 3 对机身的反扭矩大于旋翼 2 和旋翼 4 对机身的反扭矩，机身便在富余反扭矩的作用下绕 z 轴转动，实现飞行器的偏航运动，转向与电机 1、电机 3 的转向相反。

### 7.4.4 前后运动

要想实现飞行器在水平面内前后、左右的运动，必须在水平面内对飞行器施加一定的力。在图 7-23 中，增加电机 3 转速，使拉力增大，相应减小电机 1 转速，使拉力减小，同时保持其他两个电机转速不变，反扭矩仍然要保持平衡。按图 7-23（b），飞行器首先发生一定程度的倾斜，从而使旋翼拉力产生水平分量，因此可以实现飞行器的前飞运动。向后飞行与向前飞行正好相反。在图 7-23（b）、图 7-23（c）中，飞行器在产生俯仰、翻滚运动的同时也会产生沿 $x$、$y$ 轴的水平运动。

由于结构对称，所以倾向飞行的工作原理与前后运动完全一样。

## 7.5 无人机的关键技术

无人机机身上无驾驶舱，但安装有自动驾驶仪、程序控制装置等设备。地面、舰艇上或母机遥控站人员通过雷达等设备，对其进行跟踪、定位、遥控、遥测和数字传输。无人机的造价通常在几万至几十万美元之间，相当于有人驾驶飞机的 1/100 ～ 1/1 000。无人机操纵人员只需半年的常规培训，而培养一名有人驾驶飞机的飞行员必须经过四年以上的专门培训，且耗资巨大。在执行与有人机相同的任务时，无人机所耗燃料也相当少，通常只为有人机的 1%。

无人机主要有五项关键技术，支撑着现代化智能型无人机的发展与改进。

（1）机体结构设计技术。飞机结构强度研究与全尺寸飞机结构强度地面验证试验。在飞机结构强度技术研究方面，包括飞机结构抗疲劳断裂及可靠性设计技术，飞机结构动强度、复合材料结构强度、航空噪声、飞机结构综合环境强度、飞机结构试验技术以及计算结构技术等。

（2）机体材料技术。机体材料（包括结构材料和非结构材料）、发动机材料和涂料，其中最主要的是机体结构材料和发动机材料，结构材料应具有高的比强度和比刚度，以减小飞机的结构质量，改善飞行性能或增加经济效益，还应具有良好的可加工性，便于制成所需要的零件。非结构材料量少而品种多，有玻璃、塑料、纺织品、橡胶、铝合金、镁合金、铜合金和不锈钢等。

（3）飞行控制技术。提供无人机三维位置及时间数据的 GPS 差分定位系统、实时提供无人机状态数据的状态传感器、从无人机地面监控系统接收遥控指令并发送遥测数据的机载微波通信数据链、控制无人机完成自动导航和任务计划的飞行控制计算机，飞行控制计算机分别与航姿传感器、GPS 差分系统、状态传感器和机载微波通信数据链连接。采用一体化全数字总线控制技术、微波数据链和 GPS 导航定位技术，可使无人机平台满足多种陆地及海上低空快速监测要求。

（4）无线通信遥控技术。无人机通信一般采用微波通信，微波是一种无线电波，它传送的距离一般可达几十千米。一般都选用可靠的跳频数字电台来实现无线遥控。

（5）无线图像回传技术。采用 COFDM 调制方式，频段一般为 300 MHz，实现视频高清图像实时回传到地面。

1. 无人驾驶飞行器，简称“无人机”，是利用（　　）操纵的不载人飞机。

A. 无线电遥控设备　　B. 自备程序控制装置

C. 无线电遥控设备和自备的程序控制装置　　D. 智能有线程序控制装置

2. 微型飞行器是指尺寸只有手掌大小（约 15 cm）的飞行器，它的研制在一定程度上可以反映一个国家在（　　）技术领域内的实力。

A. 微电机系统　　B. 精密制造　　C. 典型控制　　D. 虚拟现实

3. 19 世纪，（　　）的发现和运用给人们远距离控制机器的运行创造了可能。

A. 微电机　　B. 陀螺仪　　C. 计算机　　D. 无线电

4. 1909 年，美国工程师发明了一种名叫“（　　）”的装置，可以测定飞机的飞行方向及机身正以什么样的姿势在空中飞行。这种装置是现代飞机自动控制和惯性导航系统的核心组成部分。

A. 微电机　　B. 陀螺仪　　C. 靶机　　D. 无线电

5.（　　）年 3 月，在第一次世界大战临近结束之际，世界上第一架无人驾驶飞机在英国皇家飞行训练学校进行了第一次飞行试验。

A. 2012　　B. 1946　　C. 1917　　D. 1956

6. 在飞行员的实弹训练中，需要像士兵打靶一样，实际演练攻击天空中的（　　），这个角色后来就一直由无人机来承担。

A. 微电机　　B. 陀螺仪　　C. 靶机　　D. 无线电

7. (　　)需要在无人机起飞前将本次飞行的路径、高度和侦察目标等信息设定好，无人机依靠这些信息自己完成飞行任务。

A. 自动飞行控制系统　　B. 指令控制模式
C. 直接联系指挥方式　　D. 自动反馈智能控制方式

8. (　　)将飞行员的位置由飞机搬到了地面站的控制室中，如今它逐渐成为军用无人机飞行控制系统的主流。

A. 自动飞行控制系统　　B. 指令控制模式
C. 直接联系指挥方式　　D. 自动反馈智能控制方式

9. “捕食者”无人机是一种长航时无人机，最大续航时间60小时。在“捕食者”上装备有一种“(　　)”设备，可以通过发送和接收无线电信号的方式，绘制出目标的高分辨率图像。

A. 虚拟透视能力　　B. 虚拟现实部件
C. 增强现实望远镜　　D. 合成孔径雷达

10. 无人机技术源于军事需求，但人们最熟悉的还是那种可以灵活地在空中运动或悬停，进行航拍活动的(　　)无人机，它是民用无人机的典型代表。

A. 反射翼　　B. 折叠翼　　C. 多旋翼　　D. 固定翼

11. 民用无人机能够迅速兴起的另外一个关键设备，是以(　　)为代表的运动相机，它可以获得比一般相机更加宽广的视野，拍摄高清晰度的照片或视频，

A. GoPro　　B. Netflix　　C. Kodak　　D. Kuka

12. 人们经常能够看到成百上千架无人机编队的表演，在夜色中通过自身携带的彩色灯光设备组成各种各样的美丽图案。这种奇观的出现，得益于无人机(　　)的发展。

A. 通信方式　　B. 程序算法　　C. 自动控制　　D. 集群技术

13. (　　)是频率从4.0～8.0 GHz的一段分配给通信卫星的频带，该频段在卫星电视广播和各类小型卫星地面站应用中一直被广泛使用。

A. X频段　　B. C波段　　C. A频道　　D. 万能频道

14. (　　)飞机不带燃料，起飞时由蓄电池供电，升空后把接收到的能量变成直流电，驱动由电动机带动的飞机螺旋桨。

A. 直流驱动　　B. 太阳能　　C. 微波动力　　D. 无线能量

15. 一般四旋翼无人机的旋翼(　　)在机体的前后、左右四个方向，四个旋翼的结构和半径都相同，四个电机对称的安装在飞行器的支架端。

A. 对称分布　　B. 高低错落　　C. 不对称分布　　D. 随机分布

16. 在无人机结构组成中，除了机架、电机、电调、电池、遥控系统等重要部件外，还有(　　)、陀螺仪等重要构件。

A. 前大灯　　B. GPS　　C. 转向灯　　D. 尾部雷达

17. 四旋翼飞行器是一种(　　)的垂直升降机，通过调节四个电机转速来改变旋翼转速，实现升力的变化，从而控制飞行器的姿态和位置。

A. 五自由度　　B. 三自由度　　C. 四自由度　　D. 六自由度

18. 在无人机的(　　)中，同时增加四个电机的输出功率，旋翼转速增加使得总拉力增大，

当拉力足以克服整机重量时，四旋翼飞行器便离地垂直上升；反之，则垂直下降，直至平衡落地。

A. 偏航运动　　B. 前后运动　　C. 垂直运动　　D. 滚转运动

19. 无人机机身上没有驾驶舱，但安装有（　　）、程序控制装置等设备。地面人员通过雷达等设备，对其进行跟踪、定位、遥控、遥测和数字传输。

A. 方向舵　　B. 陀螺仪

C. 垂直控制器　　D. 自动驾驶仪

20. 无人机主要有机体结构设计技术、无线图像回传技术和（　　）等五项关键技术，支撑着现代化智能型无人机的发展与改进。

① 机体材料技术；② 虚拟现实与增强现实技术；

③ 飞行控制技术；④ 无线通信遥控技术；

A. ②③④　　B. ①③④　　C. ①②③　　D. ①②④

## 研究性学习 了解智能飞行器的种类、构造与应用场景

小组活动：请阅读本课的【导读案例】，讨论以下问题。

(1) 智能无人机的智慧表现在哪些方面？

(2) 除了娱乐应用，无人机还有哪些主要应用场景？

(3) 除了无人飞行器，还有哪些无人运动设备机器应用场景？

记录：请记录小组讨论的主要观点，推选代表在课堂上简单阐述你们的观点。

评分规则：若小组汇报得 5 分，则小组汇报代表得 5 分，其余同学得 4 分，余类推。

活动记录：____________________

____________________

____________________

____________________

____________________

实训评价（教师）：____________________

____________________

# 第8课 运动学构形与参数

## 学习目标

**知识目标**

（1）熟悉机器人与机械臂的概念与区别。

（2）熟悉机器人坐标系，了解机器人运动学基础。

（3）了解常用运动学构形，了解机器人主要技术参数。

**能力目标**

（1）掌握专业知识的学习方法，培养阅读、思考与研究的能力。

（2）积极参与“研究性学习小组”活动，提高组织活动的能力，具备团队精神。

**素质目标**

（1）热爱学习，掌握学习方法，提高学习能力。

（2）热爱读书，善于分析，勤于思考，培养关心人工智能技术进步的优良品质。

（3）体验、积累和提高“大国工匠”的专业素质。

**重点难点**

（1）掌握机器人常用坐标系知识。

（2）掌握运动学基础知识和常用运动学构形。

## 导读案例 世界十大工业机器人公司

### 1. FANUC公司（日本）

FANUC公司创建于1956年的日本，上海发那科机器人有限公司是FANUC公司与上海电气实业公司组建的高科技合资企业。

自1974年FANUC首台机器人问世以来，FANUC致力于机器人技术上的领先与创新，由机器人来做机器人，提供集成视觉系统的机器人，并且既提供智能机器人又提供智能机器。FANUC机器人产品系列多达240种，负重从0.5 kg到1.35 t，广泛应用在装配、搬运、焊接、铸造、喷涂、码垛等不同生产环节，满足客户的不同需求（见图8-1）。

2008年6月，FANUC装机量突破20万台机器人，到2011年，FANUC全球机器人装机量已超25万台，市场份额稳居世界第一。

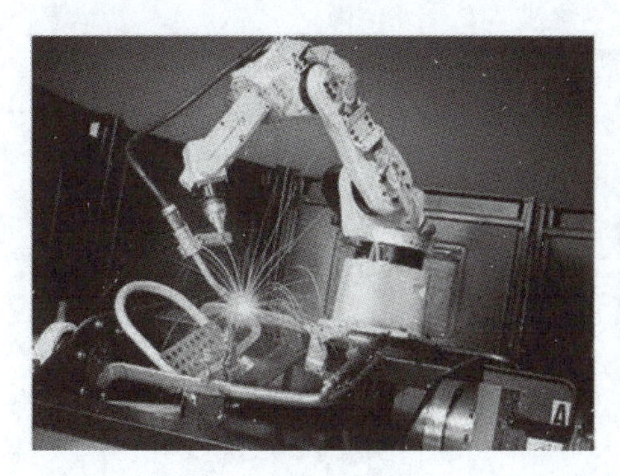

图 8-1 FANUC 机器人

### 2. 安川电机株式会社（日本）

位于日本福冈县北九州的安川电机株式会社成立于1915年，是日本一家制造伺服（跟踪）系统、运动控制器、交流电机驱动器、开关和工业机器人的厂商（见图 8-2）。公司的产品莫托曼机器人属于重型工业机器人，主要用于焊接、包装、装配、喷涂、切割、材料处理和一般自动化。安川在1969年申请“机电一体化”一词作为商标，并于1972年被批准。

### 3. 史陶比尔集团（瑞士）

瑞士史陶比尔集团创立于1892年，是一家在纺织机械、工业快速接头和工业机器人三大领域保持领先地位的世界知名企业。1997年，史陶比尔在欧洲以外设立了第一家工业制造基地——史陶比尔（杭州）精密机械电子有限公司，以精密机械电子设备的生产、销售以及设计和研发，为中国市场提供优质的产品和先进的解决方案。主要业务包括：织造工业用机械、快速连接系统、工业机器人（见图 8-3）。

图 8-2 安川工业机器人产品

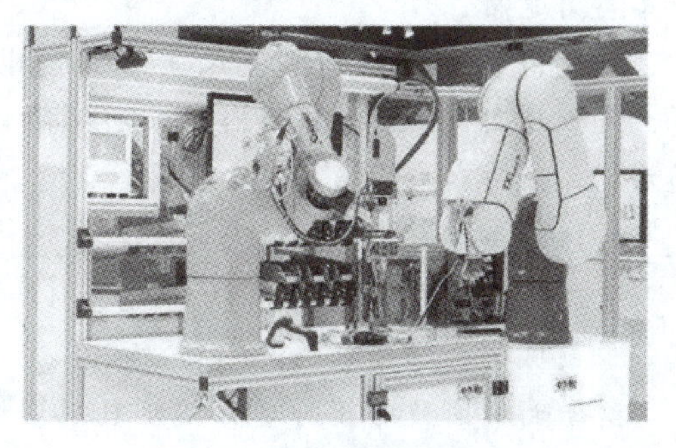

图 8-3 史陶比尔机器人

### 4. ABB 集团（瑞士）

位于瑞士苏黎世的ABB集团是由两个历史100多年的国际性企业，瑞典阿西亚公司（1883年）和瑞士布朗勃法瑞公司（1891年），在1988年合并而成。ABB是电力和自动化技术领域的领导厂商，其技术可以帮助电力、公共事业和工业客户提高业绩，同时降低对环境的不良影响（见图 8-4）。ABB集团业务遍布全球100多个国家，拥有13万名员工，2010年销售额高达320亿美元。在2018年12月发布的世界品牌500强中，ABB公司排名第279位。

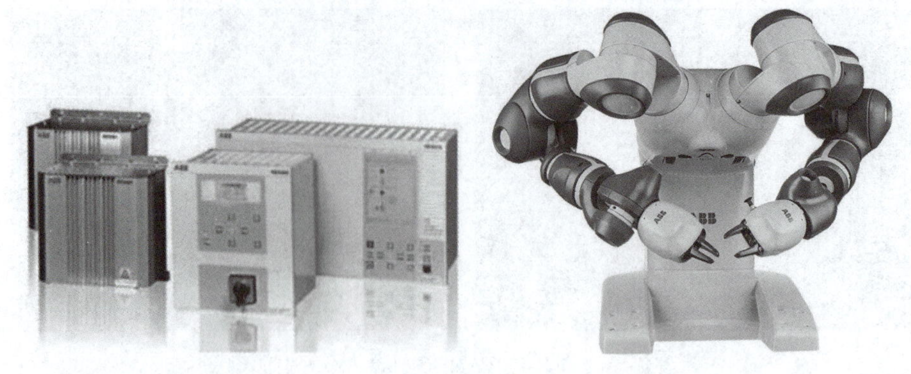

图 8-4 ABB 产品

### 5. 川崎机器人（天津）有限公司（日本）

川崎重工是日本著名的三大重工企业之一，成立于1896年，已有百余年历史。从20世纪60年代末起，川崎重工作为日本国内第一家制造工业机器人的企业，至今已经为全球各地的各类客户提供了40年优质、稳定的机器人自动化解决方案（见图8-5）。

川崎与日本第一大汽车制造商——丰田汽车为战略伙伴，保持着30多年的良好合作，在丰田全球各地的工厂里都能见到川崎机器人的英姿。20世纪80年代起，川崎重工开始为中国客户提供服务，至今已涉及汽车制造、汽车零部件、机械制造、家电、电子、注塑等诸多行业，应用于喷涂、焊装、搬送、涂胶、码垛等各类用途。

图 8-5 川崎机器人

2006年，川崎重工机器人事业在中国设立了全资子公司——川崎机器人（天津）有限公司。随后又在上海和广州设立了分公司。

### 6. 精工爱普生公司（日本）

精工爱普生公司成立于1942年5月，总部位于日本长野县诹访市，是日本的一家数码影像领域的全球领先企业。

爱普生集团致力于为客户提供数码影像创新技术和解决方案（见图8-6）。目前在全球32个国家和地区设有生产和研发机构，在57个国家和地区设有营业和服务网点。爱普生集团在全球设有94家公司，员工总数逾72 000人。2018年12月，在2018世界品牌500强榜单中，爱普生名列第318位。

爱普生（中国）有限公司成立于1998年4月，是精工爱普生株式会社在中国的全资子公司，负责统括精工爱普生集团在中国的投资和业务拓展。2004年5月，爱普生（中国）有限公司经中国商务部批准，成为中国首家获得“地区总部”资格认定的外商独资企业。

图 8-6　精工爱普生机器人

## 7．新松公司（中国）

新松公司隶属中国科学院，是一家以机器人独有技术为核心，致力于数字化智能高端装备制造的高科技上市企业。中科新松有限公司是新松机器人集团在上海设立的国际总部，是新松集团“2+N+M”战略布局中两大总部机构之一，致力于打造一个国际化的、平台化的、创新的机器人行业标杆。

公司业务涵盖智能机器人、智能制造和创新发展三大板块（见图 8-7），分别设立新松机器人与人工智能研究院、新松工业 4.0 综合研究院、星智汇创业孵化平台。

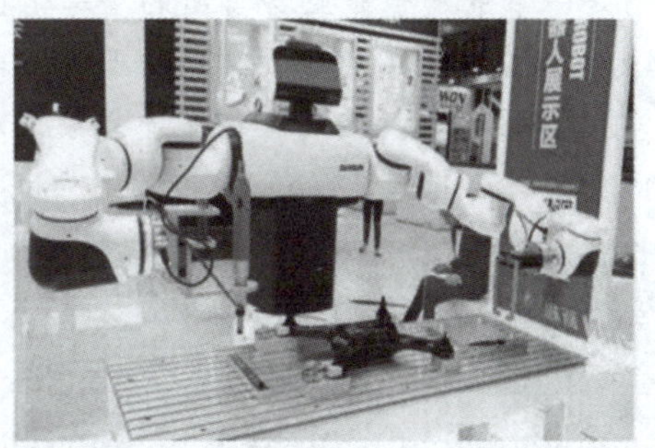

图 8-7　新松机器人

新松的智能机器人板块包含了协作机器人、特种机器人等系列产品的研发与制造。在新松智能机器人研发路线图的规划下，中科新松成功研发了协作机器人全系列产品（见图 8-8），包括单臂协作机器人、双臂协作机器人、复合机器人，拥有自主知识产权与多项专利。

图 8-8　新松机器人

## 8．库卡（KUKA）机器人（德国）

独立建立于 1995 年的德国库卡（KUKA）机器人有限公司，是世界领先的工业机器人制造商之一（见图 8-9）。库卡机器人公司在全球拥有 20 多个子公司，大部分是销售服务中心，包括美国、墨西哥、巴西、日本、韩国、印度和绝大多数欧洲国家。

图 8-9 KUKA 机器人

中国家电企业美的集团在 2017 年 1 月顺利收购德国机器人公司库卡 94.55% 的股权。库卡机器人公司目前全球拥有 3 150 名员工。公司主要客户来自汽车制造领域，但在其他工业领域的运用也越来越广泛。

### 9. 柯马（意大利）

柯马是一家隶属于菲亚特集团的全球化企业，成立于 1976 年，总部位于意大利都灵。柯马为众多行业提供工业自动化系统和全面维护服务，从产品的研发到工业工艺自动化系统的实现，其业务范围主要包括车身焊装、动力总成、工程设计、机器人和维修服务（见图 8-10）。柯马在全球 17 个国家拥有分公司 29 个，员工总数达 11 000 多人。

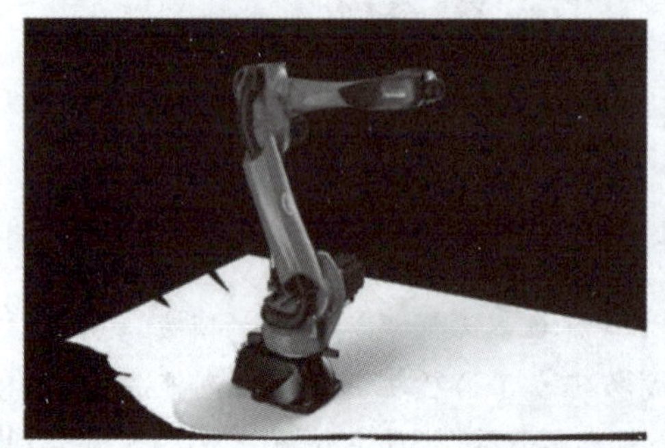

图 8-10 柯马机器人

1997 年柯马进军中国市场，并于 2000 年成立了独资企业柯马（上海）汽车设备有限公司，坐落于上海松江泗泾工业园区，拥有员工 1 000 多人。

### 10. NACHI 不二越（日本）

NACHI 不二越公司创立于 1928 年，一直致力于发展机械技术以及机械制造事业。总工厂位于日本富山，在北美、南美、欧洲及亚洲也设有生产基地，并在世界范围内设立了常驻代表机构和销售网点，可以迅速而准确地把握市场动向，切实满足客户的愿望。

其产品主要包括特种钢、切削工具、轴承、液压装置、机器人系统、切削刀具，机床、轴承、液压设备，自动化生产用机器人（见图 8-11）、特种钢、面向 IT 产业的超精密机械及其环境系统等，其中 NACHI 轴承是日本著名的四大轴承品牌之一。

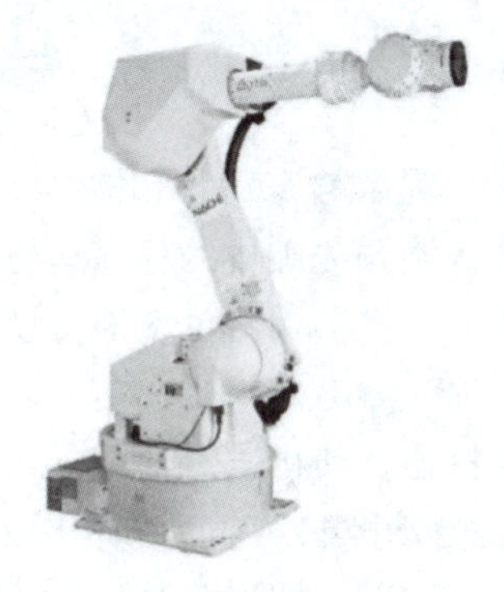
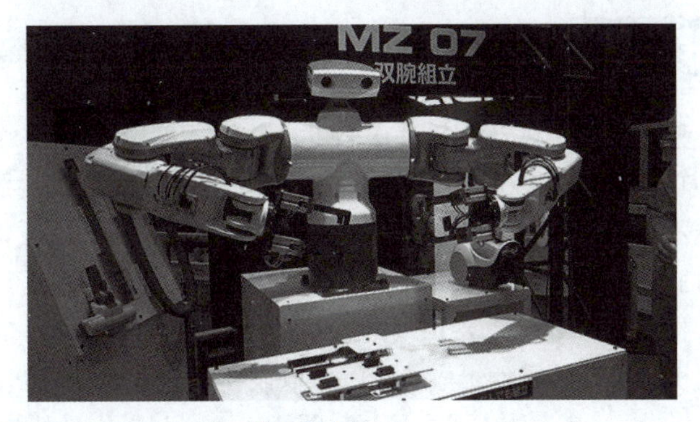


图 8-11 NACHI 不二越机器人

**阅读上文，请思考、分析并简单记录：**

（1）请阅读本文，将其中介绍的世界十大工业机器人公司按国别排列一下并思考。本书前文中曾经介绍过，在世界范围内，工业机器人日本领先，服务机器人美国领先。请简述你的看法。

答：________________________________________

________________________________________

________________________________________

________________________________________

（2）请在本文介绍的十大企业中选择其中之一，网络搜索并登录其官网，进一步了解相关企业和产品信息，并简单记录如下。

答：________________________________________

________________________________________

________________________________________

________________________________________

（3）在工业机器人世界十大企业中，有几家还位列“世界品牌 500 强”。请关注“500 强”的其他企业，了解这个世界排行榜的“含金量”。并请简单记录如下。

答：________________________________________

________________________________________

________________________________________

________________________________________

（4）请简单记述你所知道的上一周内发生的国际、国内或者身边的大事。

答：________________________________________

________________________________________

________________________________________

________________________________________

运动学是力学的一门分支，专门描述物体的运动，即物体在空间中的位置随时间的演进而作的改变，其中不考虑作用力或质量等影响运动的因素。运动学与力动学、动力学不同。力动学专门研究造成运动或影响运动的各种因素，动力学综合运动学与力动学，研究力学系统由于力的作用随着时间演进而造成的运动。

# 8.1 机器人和机械臂的区别

工业机器人是自动执行工作的机器装置［见图 8-12（a）］，是靠自身动力和控制能力来实现各种功能的一种机器。它可以接受人类指挥，也可以按照人类预先编排的程序运行。现代工业机器人可以根据人工智能技术制定的原则纲领行动。未来，机器人将更多地协助或取代人类的工作，特别是一些重复性的工作或危险的工作等。

工业机械臂［见图 8-12（b）］是“一种固定或移动式的机器，其构造通常由一系列相互链接或相对滑动的零件组成，用以抓取或移动物体，能够实现自动控制、可重复程序设计、多自由度（轴）。其工作方式主要通过沿着 $x$、$y$、$z$ 轴上做线性运动以到达目标位置。”

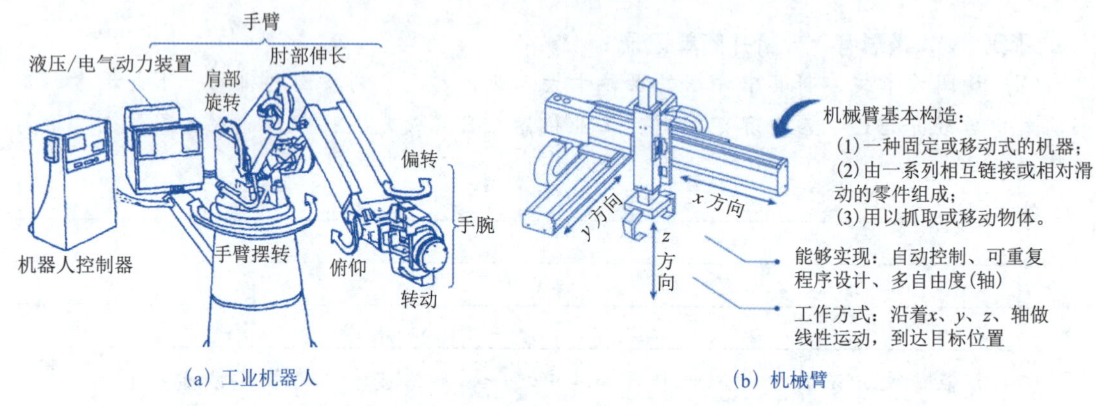


图 8-12　工业机器人（左）与机械臂

机械臂是机器人领域中使用最为广泛的一种机械装置，应用于工业、医疗甚至军事、太空等领域。机械臂分四轴、五轴、六轴、多轴、3D/2D 机器人、独立机械臂、油压机械臂等，虽然种类繁多，但它们有一个共同点，就是能接收指令并精确定位到三维（或者二维）空间上的某个点进行作业。

欧美国家一般认为机器人应该是由计算机控制的，通过编程使机器人成为多功能的自动机械；日本则认为机器人本身就是高级的自动机械，所以机械臂就被包含在日本的机器人定义中。欧美国家认为六轴及以上的机械臂可以称为机器人，五轴及以下的只能叫机械臂；日本则把三轴及以上的机械臂定义为机器人。

现在国际上对机器人的概念已基本趋于一致，即机器人是靠自身动力和控制能力实现各种功能的一种自动化机械。机械臂（见图 8-13）在工业界应用广泛，其包含的主要技术是驱动和控制，机械臂一般都是串联结构。

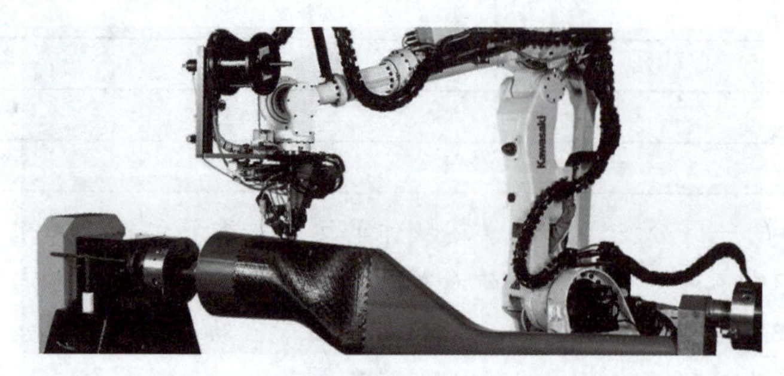


图 8-13　机械臂

## 8.2 机器人常用坐标系

坐标系是为确定机器人的位置和姿态，而在机器人或空间上进行定义的指标系统。在机器人领域，坐标系分为关节坐标系和直角坐标系。

### 8.2.1 关节坐标系

关节坐标系是设定在机器人关节中的坐标系，其中机器人的位置和姿态以各关节底座侧的关节坐标系为基准来确定（见图 8-14）。

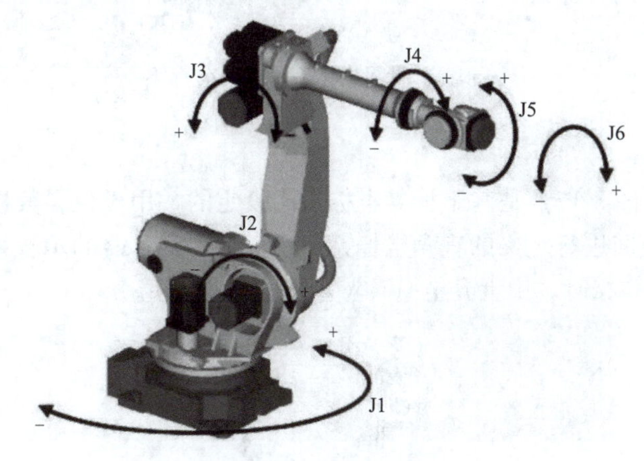


图 8-14 关节坐标系

### 8.2.2 直角坐标系

直角坐标系中机器人的位置和姿态，通过从空间上直角坐标系原点到工具侧的直角坐标系原点（工具中心点）的坐标值 $x$、$y$、$z$ 和空间上直角坐标系的相对 $x$ 轴、$y$ 轴、$z$ 轴周围工具侧的直角坐标系回转角 $w$、$p$、$r$ 来定义（见图 8-15）。

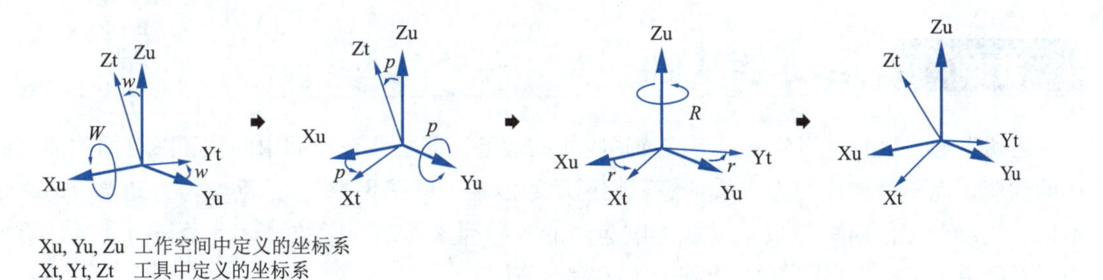


图 8-15 关节坐标系

### 8.2.3 世界坐标系和工具坐标系

世界坐标系是在空间上的标准直角坐标系（见图 8-16），它被固定在由机器人事先确定的位置。工具坐标系是用来定义工具中心点的位置和工具姿态的坐标系。工具坐标系必须事先进行设定。在没有定义的时候，将由默认工具坐标系来替代该坐标系。

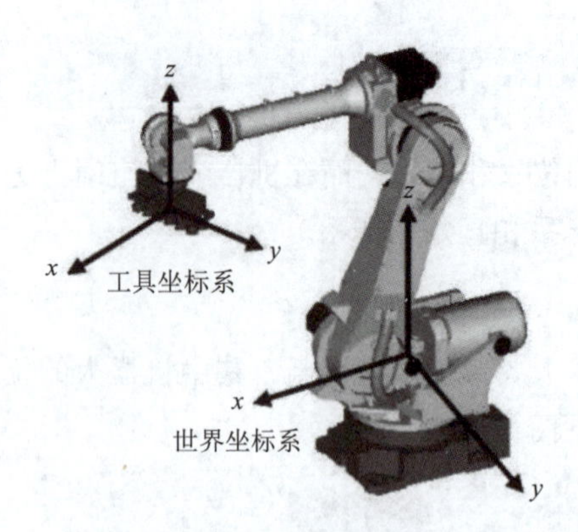


图 8-16 世界坐标系和工具坐标系

### 8.2.4 用户坐标系

用户坐标系（见图 8-17）是基于世界坐标系而设定的，用于位置数据的示教和执行，它是用户对每个作业空间进行定义的直角坐标系，用于位置寄存器的示教和执行、位置补偿指令的执行等。当没有定义时，由世界坐标系来替代用户坐标系。

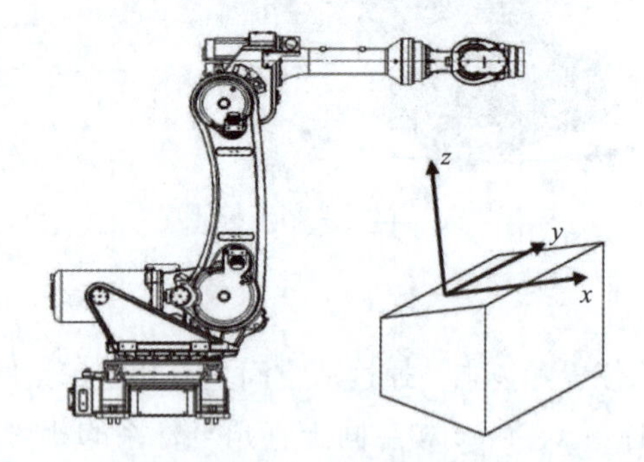


图 8-17 用户坐标系

## 8.3 运动学基础

运动学是力学的一门分支，专门描述物体的运动，即物体在空间中的位置随时间的演进而作的改变，而不考虑作用力或质量等影响运动的因素（见图 8-18）。运动学与力动学、动力学不同。力动学专门研究造成运动或影响运动的各种因素，动力学综合运动学与力动学，研究力学系统由于力的作用随着时间演进而造成的运动。

图 8-18 机器人的运动

在机器人领域，主要关注涉及机械臂的运动学、逆运动学、动力学、轨迹规划、线性控制（或非线性控制）等。

### 8.3.1 逆运动学

逆运动学是决定要达成所需要姿势而设置的关节可活动对象的参数的过程（见图 8-19）。例如，给定一个人体的三维模型，如何设置手腕和手肘的角度以便把手从放松位置变成挥手的姿势？这个问题在机器人学中很关键，因为操纵机械手臂是通过关节角度来控制的。逆运动学在游戏编程和三维建模中也很重要。

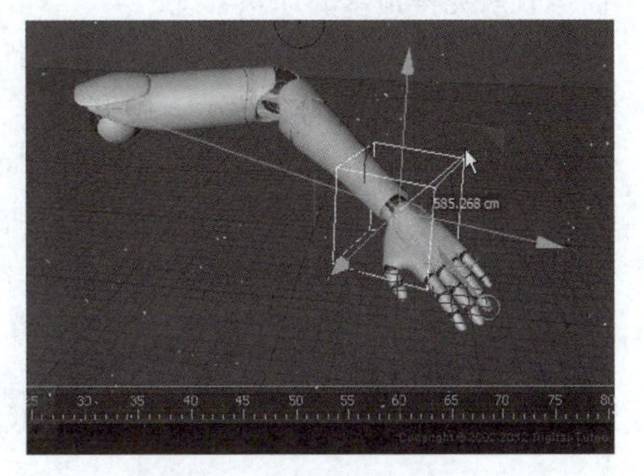


图 8-19 逆运动学示意

以关节连接的物体由一组通过关节连接的刚性片段组成，变换关节的角度可以产生无穷的形状。正向运动学问题的解，是给定物体的姿势时（例如，给定终端效果器的位置）找到关节的角度。一般情况下，逆运动学问题没有解析解。但是，逆运动学可以通过非线性编程技术来解决。特定的特殊运动链——那些带有球形腕的——允许运动去耦合。这使得我们可以把终端效果器的朝向和位置独立处理，并导致一个高效的闭形式解。

在动画涉及中逆运动学问题很重要。艺术家发现表达空间的形象比控制关节角度来要容易得多。逆运动学算法的应用包括交互操纵、动画控制和碰撞避免等。

### 8.3.2 动力学

动力学是经典力学的一门分支，主要研究运动的变化与造成该变化的各种因素。换句话说，动力学主要研究的是力对于物体运动的影响。运动学则是纯粹描述物体的运动，完全不考虑导致运动的因素。更仔细地说，动力学研究由于力的作用，物理系统怎样随着时间的演进而改变。动力学的基础定律是艾萨克·牛顿提出的牛顿运动定律。对于任意物理系统，只要知道其作用力的性质，引用牛顿运动定律，就可以研究这作用力对于这物理系统的影响。在经典电磁学里，物理系统的动力状况涉及经典力学与电磁学，需要使用牛顿运动定律、麦克斯韦方程、洛伦兹力方程来描述。自 20 世纪以来，动力学又常被人们理解为侧重于工程技术应用方面的一个力学分支。动力学是机械工程的基础课程。

### 8.3.3 线性控制

线性控制理论是系统与控制理论中最为成熟和最为基础的一个组成分支，是现代控制理论的基石。

系统是由相互关联和相互作用的若干组成部分，按一定规律组合而成的具有特定功能的整体。系统可具有完全不同的属性，如工程系统、生物系统、经济系统、社会系统等。但是，在系统理论中，常常抽去具体系统的物理或社会含义而把它抽象化为一个一般意义下的系统而加以研究，这种处理方法有助于揭示系统的一般特性。系统最基本的特征是它的整体性，系统的行为和性能是由其整体所决定的，系统可以具有其组成部分所没有的功能，有着相同组成部分但它们的关联和作用关系不同的两个系统可呈现出很不相同的行为和功能。

线性系统是实际系统的一类理想化了的模型，通常可以用线性的微分方程和差分方程来描述。在系统与控制理论中，主要研究动态系统，通常也称其为动力学系统。动态系统常可用一组微分方程或差分方程来表征，并且可对系统的运动和各种性质给出严格和定量的数学描述。当描述动态系统的数学方程具有线性属性时，称相应的系统为线性系统。线性系统是一类最简单且研究得最多的动态系统。

严格地说，一切实际系统都是非线性的，真正的线性系统在现实世界并不存在。但是，很大一部分实际系统的某些主要关系特性，在一定的范围内可以充分精确地用线性系统来加以近似地代表，并且实际系统与理想化了的线性系统间的差别，对于所研究的问题而言已经小到无关紧要的程度而可予以忽略不计。因此，从这个意义上说，线性系统或者可线性化的系统又是大量存在的，而这正是研究线性系统的实际背景。

## 8.4 常用运动学构形

随着机器人的应用范围越来越广，机器人的不同任务和环境由于事先无法确定，于是可重构模块化机器人应运而生，它由一系列不同尺寸的关节模块和连杆模块根据特定任务的要求装配而成。构形设计是可重构模块化机器人设计的重要内容之一。

根据可重构机器人构形设计的特点，将其分为概念构形设计和具体构形设计两个阶段。概念构形设计的结果是确定能完成给定任务的机器人的体系结构，它反映了机器人的基本结构构形；具体构形设计的结果是确定完成任务的机器人的特定模块以及它们之间的链接关系；最后，选用遗传算法作为构形设计的寻优方法。

机器人的几种常用结构形式如图 8-20 所示。

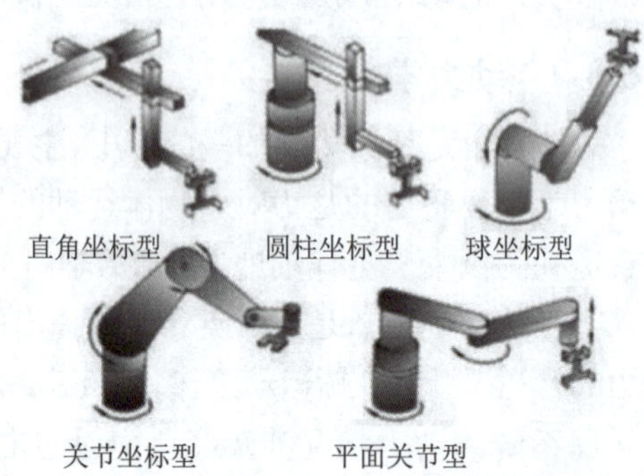

图 8-20　机器人的几种常用结构形式

一旦机械臂的自由度数确定之后，必须合理布置各个关节来实现这些自由度。对于串联的运动连杆，关节数目等于要求的自由度数目。大多数机械臂的设计是由最后 $n$-3 个关节确定末端执行器的姿态，且它们的轴相较于腕关节原点，而前面三个关节确定腕关节原点的位置。采用这种方法设计的机械臂，可以认为是由定位结构及其后部串联的定向结构或手腕组成的。

### 8.4.1 笛卡儿机械臂

笛卡儿坐标系又叫直角坐标系，它通过一对数字坐标在平面中唯一地指定每个点。该坐标系以相同的长度单位测量两个固定的垂直有向线的点的有符号距离。每个参考线称为坐标轴或系统的轴，它们相遇的点通常是有序对（0，0）。坐标也可以定义为点到两个轴的垂直投影的位置，表示为距离原点的有符号距离。

笛卡儿机械臂（见图 8-21）的关节 1 到关节 3 相互垂直，分别对应于笛卡儿坐标系的 $x$、$y$、$z$ 三轴。利用笛卡儿坐标原理设计的机械臂很容易通过计算机控制实现，容易达到高精度。而缺点是占地面积大，运动速度低，密封性不好。

笛卡儿机械臂通常用在焊接、搬运、上下料、包装、码垛、拆垛、检测、探伤、分类、装配、贴标、喷码、打码、喷涂、目标跟随、排爆等一系列工作，特别适用于多品种、少批量的柔性化作业，对于提高产品质量、提高劳动生产率、改善劳动条件和产品的快速更新换代有着十分重要的作用。

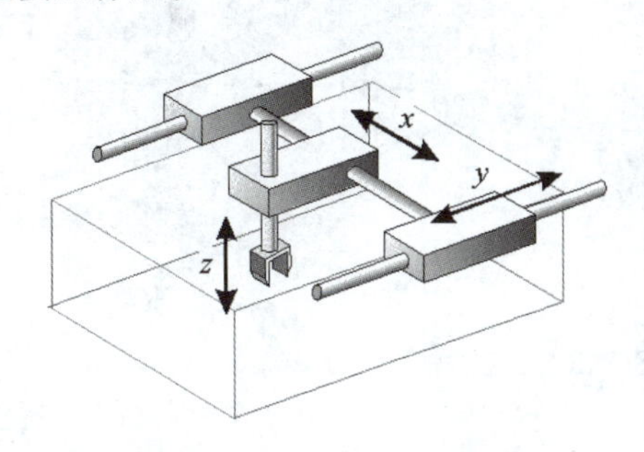


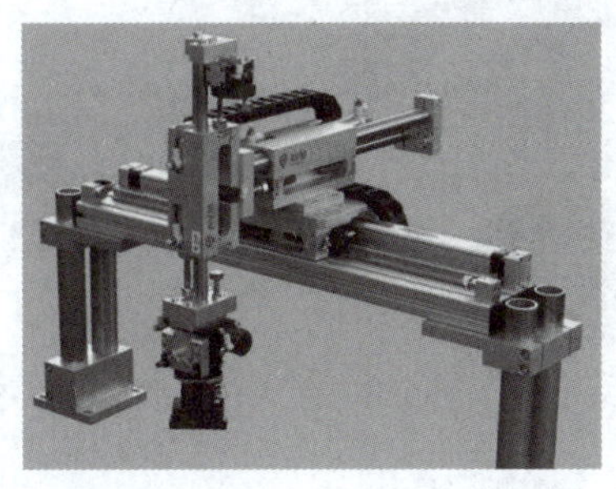

图 8-21 笛卡儿机械臂

### 8.4.2 关节型机械臂

关节型机械臂又称铰接型机械臂或拟人机械臂，关节全都是旋转的，这种类型的机械臂通常由两个“肩”关节、一个肘关节以及两个或者三个位于机械臂末端的腕关节组成（见图 8-22）。

关节型机器人减少了机械臂在工作空间中的干涉，使机械臂能够到达指定的空间位置。它们的整体结构比笛卡儿机械臂小，可应用于工作空间较小的场合，成本较低。

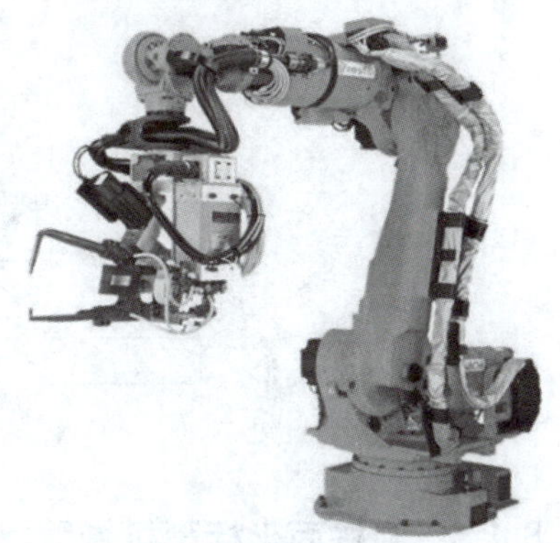

图 8-22 关节型机械臂

关节型机械臂是工业机器人中最常见的结构，它的工作范围较为丰富。

（1）汽车零配件、模具、钣金件、塑料制品、运动器材、玻璃制品、陶瓷、航空等的快速检测及产品开发。

（2）车身装配、通用机械装配等制造质量控制等的三坐标测量及误差检测。

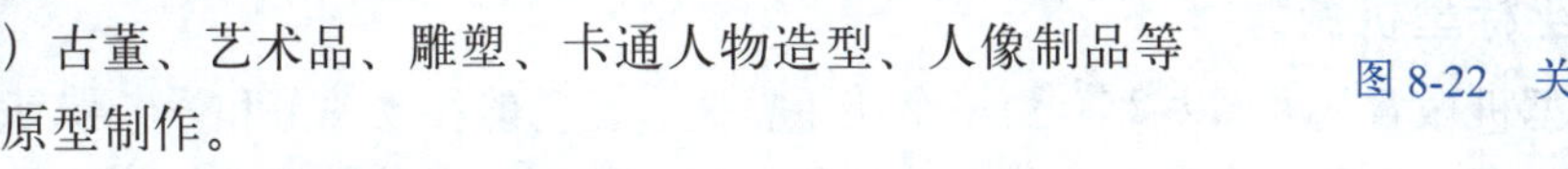

（3）古董、艺术品、雕塑、卡通人物造型、人像制品等的快速原型制作。

（4）汽车整车现场测量和检测。

（5）人体形状测量、骨骼等医疗器材制作、人体外形制作、医学整容等。

### 8.4.3 SCARA 机械臂

SCARA 构型有三个平行的旋转关节（见图 8-23），使机器人能在一个平面内移动和定向，第四个移动关节可以使末端执行器垂直于该平面。这种结构的主要优点是前三个关节不必支撑机械臂或负载的任何重量，便于在连杆 0 中固定前两个关节的驱动器。因此，驱动器可以做得很大，从而可使机器人快速运动。

SCARA 机器人常用于装配作业，最显著的特点是它们在 $x$—$y$ 平面上的运动具有较大的柔性，而沿 $z$ 轴具有很强的刚性，所以，它具有选择性的柔性。

（1）大量用于装配印制电路板和电子零部件；

（2）搬动和取放物件，如集成电路板等；

（3）广泛应用于塑料工业、汽车工业、电子产品工业、药品工业和食品工业等领域；

（4）搬取零件和装配工作。

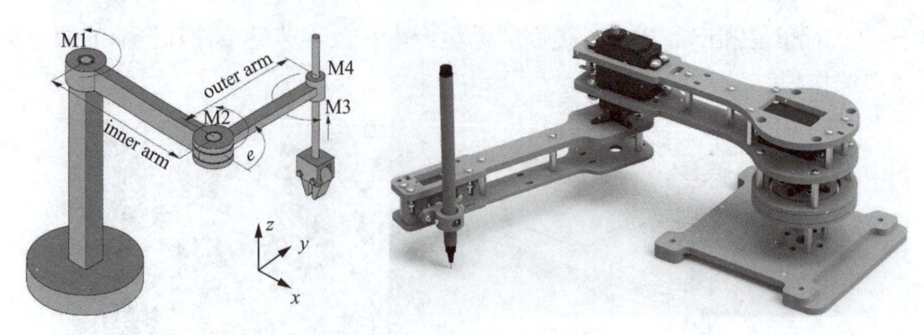


图 8-23　SCARA 机械臂

## 8.4.4　球面坐标型机械臂

球面坐标构型如图 8-24 所示，它与关节型机械臂有很多相似之处，但是用移动关节代替了肘关节。这种设计在某些场合比关节型机械臂更加适用，其移动连杆可以伸缩，缩回时，甚至可以从后面伸出。它的中心支架附近的工作范围大，两个转动驱动装置容易密封，覆盖工作空间较大。但该坐标复杂，难于控制，且直线驱动装置存在密封的问题。

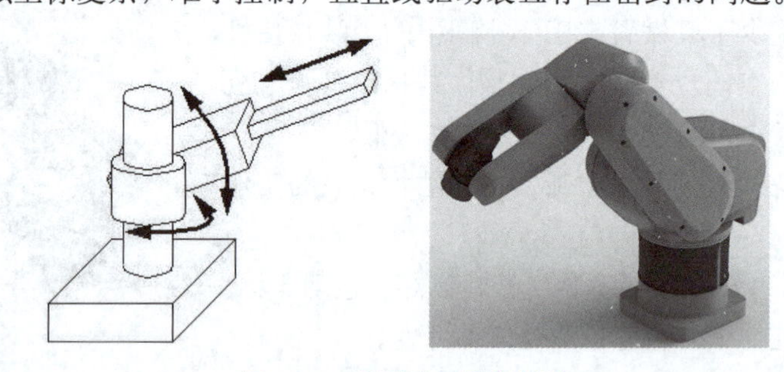

图 8-24　球面坐标型机械臂

## 8.4.5　圆柱面坐标型机械臂

圆柱面坐标型机械臂（见图 8-25）由一个使手臂竖直运动的移动关节和一个带有竖直轴的旋转关节组成，另一个移动关节与旋转关节的轴正交，还有一个某种形式的腕关节。圆柱面坐标型机械臂计算简单；直线部分可采用液压驱动，可输出较大的动力；能够伸入型腔式机器内部。缺点是它的手臂可以到达的空间受到限制，不能到达近立柱或近地面的空间；直线驱动部分难以密封、防尘；后臂工作时，手臂后端会碰到工作范围内的其他物体。

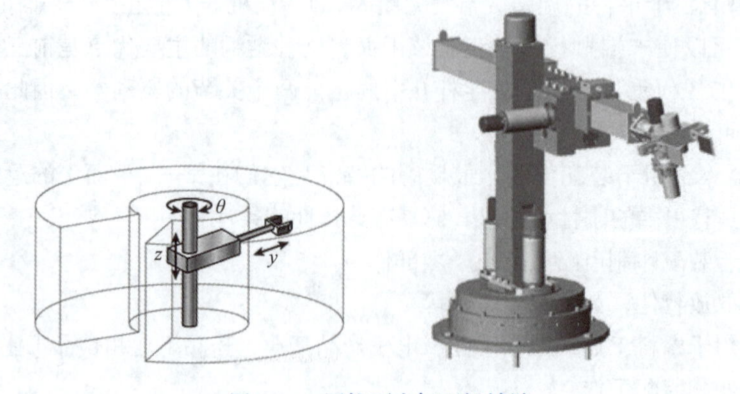


图 8-25　圆柱面坐标型机械臂

## 8.5 机器人的主要技术参数

机器人的技术参数反映了机器人可胜任的工作、最高操作性能等情况，是设计、应用机器人必须考虑的问题。机器人的主要技术参数包括轴的数量、自由度、工作空间、运动学、工作载荷等。

（1）轴的数量。两个轴需要到达平面上的任何一点；到达空间中的任何一点都需要三个轴。为了完全控制臂末端的方向（即手腕）还需要三个轴（偏航、俯仰和滚转）。一些设计（例如 SCARA 机器人）在成本、速度和精度方面权衡了运动可能性的限制。

（2）自由度。通常与轴的数量相同，指机器人具有的独立坐标轴运动的数目。机器人的自由度是指确定机器人手部在空间的位置和姿态时所需要的独立运动参数的数目。手指的开、合，以及手指关节的自由度一般不包括在内。机器人的自由度数一般等于关节数目，常用的为 5 ~ 6 个。

（3）工作空间。机器人手臂或手部安装点所能达到的空间区域。其形状取决于机器人的自由度数和各运动关节的类型与配置。机器人工作空间通常用图解法和解析法两种方法进行表示。

（4）运动学。允许机器人手臂各零件之间发生相对运动的机构，也就是机器人中刚性构件和关节的实际布置，决定了机器人可能的运动。机器人运动学的类别包括关节式、笛卡儿式、平行式和 SCARA 式。

（5）工作载荷。指机器人在工作范围内任何位置上所能承受的最大负载，一般用质量、力矩、惯性矩表示。还和运行速度和加速度大小方向有关，一般规定高速运行时所能抓取的工件质量作为承载能力指标。

（6）速度。指机器人在工作载荷条件下、匀速运动过程中，机械接口中心或工具中心点在单位时间内所移动的距离或转动的角度。即机器人能以多快的速度定位手臂末端，这可以根据每个轴的角速度或线速度来定义，或者定义为复合速度，即当所有轴都移动时臂末端的速度。

（7）加速。轴加速的速度。由于这是一个限制因素，机器人可能无法在短距离或需要频繁改变方向的复杂路径上达到其指定的最大速度。

（8）准确性。机器人能多接近指令位置。当测量机器人的绝对位置并与命令位置进行比较时，误差是精度的量度。精度可以通过外部感测来提高，例如视觉系统或红外线。精度可以随工作包线内的速度和位置以及有效载荷而变化。

（9）可重复性。机器人返回编程位置的能力。当机器人被告知去某个 *x-y-z* 位置时，它可能只能到达距离那个坐标的 1 mm 以内。这是它的精度，可以通过校准来提高。但是如果该位置被示教到控制器存储器中，并且每次发送到那里时，它都返回到示教位置的 0.1 mm 以内，那么重复性将在 0.1 mm 以内。重复性通常是机器人最重要的标准，与测量中的“精度”概念相似。

（10）精度。重复性或重复定位精度指机器人重复到达某一目标位置的差异程度。或在相同的位置指令下，机器人连续重复若干次其位置的分散情况。它是衡量一列误差值的密集程度，即重复度。

（11）分辨率。能够实现的最小移动距离或最小转动角度。

(12) 运动控制。对于一些应用，例如简单的抓放装配，机器人只需要重复返回到有限数量的示教位置。对于更复杂的应用，如焊接和精加工（喷漆），必须连续控制运动以遵循空间路径，并控制方向和速度。

(13) 动力源。一些机器人使用电动马达，少部分机器人使用液压致动器。前者更快，后者更强。后者在喷漆等应用中更有优势，在喷漆中电火花可能引发爆炸；然而，臂的内部低压力可以防止易燃气体以及其他污染物进入。如今，市场上很难看到液压驱动的机器人。主要原因是额外的密封、无刷电机和防火花保护简化了能够在爆炸性环境中工作的设备的构造。

(14)驱动。一些机器人通过齿轮将电动机连接到关节上；另一些将马达直接连接到关节（直接驱动）中。使用齿轮会导致可测量的"齿隙"，即在轴上的自由运动。较小的机械臂经常使用高速、低扭矩的直流电机，这通常需要高传动比；存在惯性冲击的缺点。

(15) 顺从性。这是当力施加到机器人轴上时，机器人轴将移动的角度或距离的度量。由于顺从性，当机器人到达承载其最大有效载荷的位置时，它将处于比没有承载有效载荷时略低的位置。当携带高有效载荷时，顺从性也可能是超调的原因，在这种情况下，加速度需要降低。

## 8.6 机器人常用材料

制造机器人的常用材料一般包括：

(1) 碳素结构钢和合金结构钢。这类材料强度好，特别是合金结构钢，其强度增大了 4 ~ 5 倍，弹性模量（描述物质弹性的一个物理量）大，抗变形能力强，是应用最广泛的材料。

(2) 铝、铝合金及其他轻合金材料。这类材料的共同特点是质量小，弹性模量并不大，但是材料密度小，故仍可与钢材相比。有些稀贵铝合金的品质得到了更明显的改善，例如添加3.2%（质量分数）锂的铝合金，弹性模量增加了 14%。

(3) 纤维增强合金。如硼纤维增强铝合金、石墨纤维增强镁合金等，性能高但价格昂贵。

(4) 陶瓷材料。具有良好的品质，但是脆性大，不易加工，日本已经试制了在小型高精度机器人上使用的陶瓷机器人臂样品。

(5) 纤维增强复合材料。 这类材料具有十分突出的大阻尼的优点。传统金属材料不可能具有这么大的阻尼，所以在高速机器人上应用复合材料的实例越来越多。

(6) 黏弹性大阻尼材料。增大机器人连杆件的阻尼是改善机器人动态特性的有效方法。目前有许多方法用来增加结构件材料的阻尼，其中最适合机器人采用的一种方法是用黏弹性大阻尼材料对原构件进行约束层阻尼处理。

1. (　　) 是靠自身动力和控制能力来实现各种功能的一种机器装置，它可以接受人类指挥，也可以按照人类预先编排的程序运行。

A. 工业机器人　　B. 制动装置　　C. 工业机械臂　　D. 服务装置

2. (　　) 是一种固定或移动式的机器，其构造通常由一系列相互链接或相对滑动的零件组成，用以抓取或移动物体，能够实现自动控制、可重复程序设计、多自由度（轴）。

A. 工业机器人　　B. 制动装置　　C. 工业机械臂　　D. 服务装置

3. 机械臂是机器人领域中使用最为广泛的一种（　　），虽然种类繁多，但它们有一个共同点，就是能接收指令并精确定位到三维（或者二维）空间上的某个点进行作业。

A. 工业机器人　　B. 机械装置　　C. 工业机械臂　　D. 服务装置

4. 欧美国家认为（　　）及以上的机械臂可以称为机器人，以下的只能叫机械臂。

A. 三轴　　B. 四轴　　C. 五轴　　D. 六轴

5. 机械臂一般都是（　　）结构，在工业界应用广泛，其包含的主要技术是驱动和控制。

A. 混合　　B. 线性　　C. 串联　　D. 并联

6.（　　）是为确定机器人的位置和姿态，而在机器人或空间上进行定义的指标系统。

A. 坐标系　　B. 度量衡　　C. 串联槽　　D. 并联盒

7.（　　）坐标系是设定在机器人关节中的坐标系，其中机器人的位置和姿态以各关节底座侧的关节坐标系为基准来确定。

A. 神经　　B. 直角　　C. 关节　　D. 工具

8.（　　）坐标系中机器人的位置和姿态，通过从空间上直角坐标系原点到工具侧直角坐标系原点（工具中心点）的坐标值 $x$、$x$、$z$ 和空间上直角坐标系的相对 $x$、$x$、$z$ 轴周围的工具侧直角坐标系的回转角 $w$、$p$、$r$ 来定义。

A. 世界　　B. 直角　　C. 关节　　D. 工具

9.（　　）坐标系是在空间上的标准直角坐标系，它被固定在由机器人事先确定的位置。

A. 世界　　B. 直角　　C. 关节　　D. 工具

10.（　　）坐标系是用来定义工具中心点的位置和工具姿态的坐标系，它必须事先进行设定。

A. 世界　　B. 直角　　C. 关节　　D. 工具

11.（　　）坐标系是基于世界坐标系而设定的，用于位置数据的示教和执行，它是用户对每个作业空间进行定义的直角坐标系。

A. 移动　　B. 固定　　C. 用户　　D. 工具

12.（　　）专门描述物体的运动，即物体在空间中的位置随时间的演进而作的改变，而不考虑作用力或质量等影响运动的因素。

A. 运动学　　B. 逆运动学　　C. 动力学　　D. 线性控制

13.（　　）是决定要达成所需要姿势而设置的关节可活动对象的参数的过程。

A. 运动学　　B. 逆运动学　　C. 动力学　　D. 线性控制

14. 以关节连接的物体由一组通过关节连接的（　　）片段组成，变换关节的角度可以产生无穷的形状。

A. 随机　　B. 线性　　C. 刚性　　D. 柔性

15.（　　）主要研究运动的变化与造成该变化的各种因素，即研究力对于物体运动的影响。

A. 运动学　　B. 逆运动学　　C. 动力学　　D. 线性控制

16. 严格地说，一切实际的系统都是（　　）。很大一部分实际系统的某些主要关系特性，在一定的范围内可以充分精确地用线性系统来加以近似地代表。

A. 非线性的　　B. 线性的　　C. 对称的　　D. 非对称的

17.（　　）机械臂通常用在焊接、搬运、上下料、包装、码垛、拆垛、检测、探伤、分类、装配、贴标、喷码、打码、喷涂、目标跟随、排爆等一系列工作。

A. 关节型　　B. SCARA　　C. 球面坐标型　　D. 笛卡儿

18.（　　）机械臂通常由两个“肩”关节、一个肘关节以及两个或者三个位于机械臂末端的腕关节组成。

A. 关节型　　B. SCARA　　C. 球面坐标型　　D. 笛卡儿

19.（　　）构型有三个平行的旋转关节，使机器人能在一个平面内移动和定向，第四个移动关节可以使末端执行器垂直于该平面。

A. 关节型　　B. SCARA　　C. 球面坐标型　　D. 笛卡儿

20. 机器人的主要技术参数有（　　）、分辨率、工作空间、工作速度、工作载荷等。

A. 多维度　　B. 分散性　　C. 自由度　　D. 聚合性

## 研究性学习 熟悉机械臂与常用运动学构形

小组活动：请阅读本课的【导读案例】，讨论以下问题。

(1) 在世界范围内，工业机器人日本领先，服务机器人美国领先。请简述你认为这是为什么？

(2) 请列举机械臂的常用运动学构形，它们一般分别应用在什么场景下？

(3) 请熟悉机械臂常用的坐标系，了解它们之间的关系。

记录：请记录小组讨论的主要观点，推选代表在课堂上简单阐述你们的观点。

评分规则：若小组汇报得 5 分，则小组汇报代表得 5 分，其余同学得 4 分，余类推。

活动记录：________________________________________

________________________________________

________________________________________

________________________________________

________________________________________

实训评价（教师）：________________________________________

________________________________________

# 第9课 机器人体系结构

## 学习目标

**知识目标**

(1) 熟悉机器人的主要结构。

(2) 熟悉机器人交互系统。

(3) 掌握串联机器人、并联机器人的定义、结构和主要形式。

**能力目标**

(1) 掌握专业知识的学习方法，培养阅读、思考与研究的能力。

(2) 积极参与“研究性学习小组”活动，提高组织和活动能力，具备团队精神。

**素质目标**

(1) 热爱学习，掌握学习方法，提高学习能力。

(2) 热爱读书，善于分析，勤于思考，关心智能技术的不断进步。

(3) 体验、积累和提高“大国工匠”的专业素质。

**重点难点**

(1) 熟悉机器人主要结构。

(2) 熟悉串联机器人和并联机器人。

## 导读案例 波士顿动力机器宠物狗

近日，在美国佛罗里达州的海滩上，一个美女牵着一只波士顿动力公司制造的Spot机器狗漫步，引来不少路人围观（见图9-1），其间还被警察拦了下来，这时它像真狗一样蹲坐下来。有意思的是，它还被拴上了绳子“遛弯”（见图9-2）。

它叫“Scrappy”，而Scrappy似乎也在享受着快乐的海滩遛弯，看见老人撒个娇，看见同类扭一扭（见图9-3）。

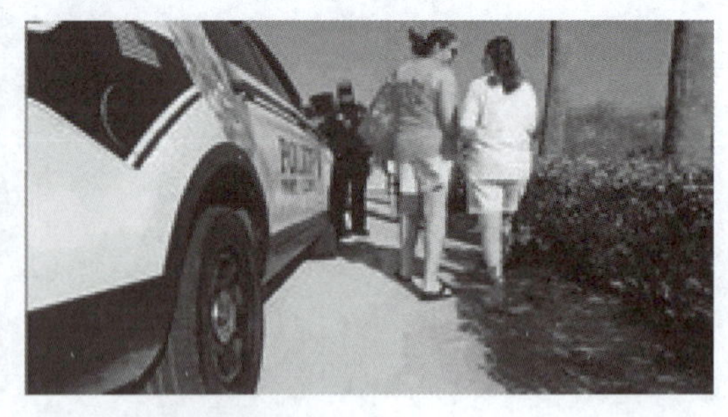

图 9-1 遛“狗”(右图为狗之视角)

图 9-2 遛波士顿机器狗

图 9-3 波士顿机器狗的反应

2020 年 6 月,当波士顿动力机器狗以每只 7.5 万美元(约合人民币 48.8 万元)出售后,一直被应用于医院、犯罪现场或太空导弹发射场、测试设施等场所。它能以每小时 3 英里的速度行走,攀爬地形,避开障碍物,能看到 360° 的画面,并能执行一些程序化的任务。此外,它还可以绘制环境地图,感知和避开障碍物,爬楼梯和开门。它可以在各种不适合居住的环境中执行危险任务,如核电站、海上油田和建筑工地。例如,最近 SpaceX 星际飞船原型机 SN10 降落发生爆炸后,SpaceX 工作人员带着“大黄狗”去检查爆炸现场,评估发动机的损害程度。再如,警局也用它“办事儿”(见图 9-4)。

但这些场合似乎都太严肃了,最近的这个目击场面还挺温馨的(见图 9-5)。有网友表示,Spot 似乎会是一只合格的导盲犬。

不过,它一般都是被公司购买,用于一些任务之中。在疫情流行期间,百翰公司和妇女医院对装有麦克风和 iPad 的 Spot 机器人进行了测试,以远程采访可能感染了 COVID-19 的患者(见图 9-6)。波士顿动力指出 Spot 是“旨在用于商业和工业用途”。

图 9-4　执行任务

图 9-5　海滩“遛狗”

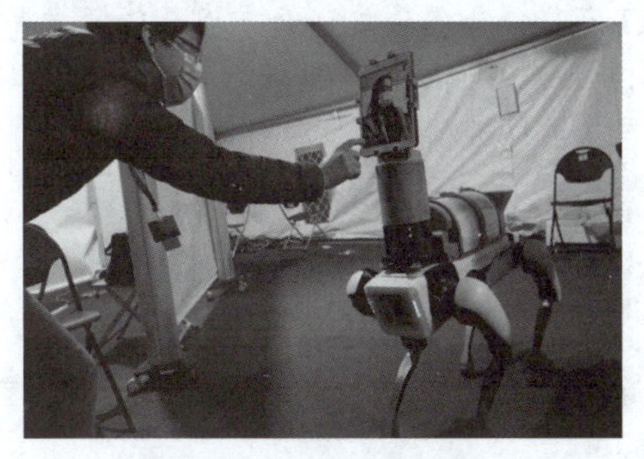

图 9-6　参与抗击疫情

可以使用一系列附件来定制机器：360° 摄像头系统，基于激光的导航系统以及先进的车载计算机。当然，这些配件价格不菲。波士顿动力为了配合销售这款机器狗产品，还开源了 Spot 的 Python 脚本语言的 SDK。用户可以用 Python 直接控制 Spot。用户购买 Spot 之后，可以 DIY 它的功能，拥有自己的专用机器狗。该开源项目还给出了 SDK 详细的使用指南（见图 9-7），照着官方步骤就能实现 Spot 的简易开发了。

- Boston Dynamics API - Python Quickstart 波士顿动态 API-Python 快速启动
    - Getting the code 获取代码
    - Getting an Application Token 获取应用程序令牌
    - Exploring Spot's services. 探索 Spot 的服务
        - Connecting to Spot 连接到 Spot
        - Getting Spot's ID 获取 Spot 的 ID
        - Listing services 列表服务
    - Using the SDK 使用 SDK
        - Creating the SDK object 创建 SDK 对象
        - Getting the Robot ID 获取机器人 ID
        - Inspecting robot state 检测机器人状态
        - Capturing an image 捕捉图像
        - Configuring the E-Stop 配置电子停车证
        - Taking ownership of the robot. 获得机器人的所有权
        - Powering on the robot 给机器人供电
        - Establishing timesync 建立时间同步
        - Commanding the robot 指挥机器人
        - Powering off the robot 关闭机器人的电源
    - Next Steps 下一步

图 9-7　DIY 代码

波士顿动力公司最近被韩国现代以 11 亿美元的价格从软银手中收购，这是它七年内第三次易主。波士顿动力最初是麻省理工学院的一个实验室，1992 年公司独立出来，之后迅速成为了知名的机器人制造公司。

图 9-8　创始人马克·雷波特

2013 年被谷歌母公司 Alphabet 的 X 部门收购，2017 年又被软银收购，之后波士顿动力一直在积极推动其产品的“商业化”，此前该公司已经专注于军事和研究机器人技术 25 年。有时候，波士顿动力更像是一个“研究机构”而不是一个企业，这和它的创始人马克·雷波特（见图 9-8）有很大关系。

马克·雷波特是典型的“学院派创业者”，从 MIT 获得博士学位后，在卡内基梅隆大学创立了 CMU leg 实验室，并担任副教授一职。1986 年，马克·雷波特重新回到麻省理工学院，继续从事机器人的开发和研究工作。

**阅读上文，请思考、分析并简单记录：**

（1）请在网上寻找波士顿动力机器狗的视频，了解它灵活矫健的运动方式和姿态。你觉得波士顿机器狗还可以用在哪些领域？

答：______________________________

______________________________

______________________________

______________________________

（2）在目前国内的人工智能或者机器人展示现场，我们会在会场内外看到很多“准波士顿机器人”，少数是销售波士顿机器狗的店家在表演，多数甚至都是“自有品牌”，你觉得这是什么情况？

答：______________________________

______________________________

______________________________

______________________________

（3）除了机器狗，你还看到什么其他“机器产品”吗？请简单列举之。

答：______________________________

______________________________

______________________________

______________________________

（4）请简单记述你所知道的上一周内发生的国际、国内或者身边的大事。

答：______________________________

______________________________

______________________________

______________________________

机器人的外貌组成与人很相似，其系统结构由机器人的机构部分、传感器组、控制部分及信息处理部分组成：

（1）机构部分包括机械手和移动机构。机械手相当于完成各种工作的人手，移动机构则相当于用来行走的人脚。

（2）感知机器人自身或外部环境变化信息的传感器是它的感觉器官，包括内传感器和外传感器，相当于人的眼、耳、皮肤等。

（3）计算机是机器人的指挥中心，相当于人脑或中枢神经，它能控制机器人各部位协调动作。

（4）信息处理装置是人与机器人沟通的工具，可根据外界变化、灵活变更机器人的动作。

## 9.1 机器人主要结构

机器人系统是由机器人和作业对象及环境共同构成的，其结构一般包括机械系统、驱动系统、控制系统和感知系统四大部分。或者也可以分为硬件和软件两部分。硬件部分主要包括本体（见图 9-9）和控制器，而软件部分则指的是它的控制技术（装置）。

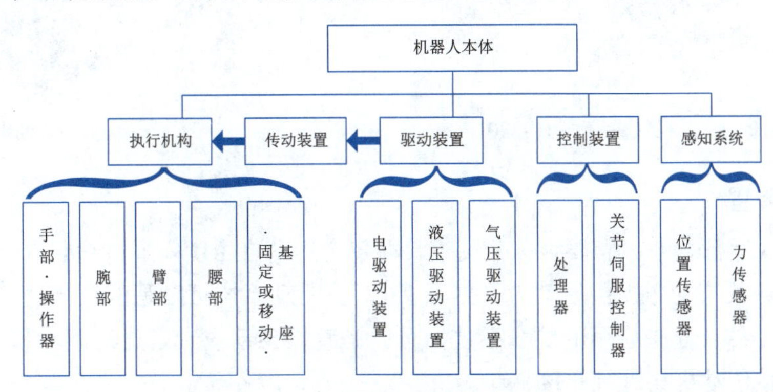


图 9-9　机器人本体结构形式

从机械系统角度看，工业机器人包括机身、臂部、手腕、末端操作器和行走机构等部分，每一部分都有若干自由度，从而构成了一个多自由度系统。有的机器人还具备行走机构，构成行走机器人；若机器人不具备行走及腰转机构，则构成单机器人臂。末端操作器是直接装在手腕上的一个重要部件，它可以是两手指或多手指的手爪，也可以是喷漆枪、焊枪等作业工具。工业机器人机械系统的作用相当于人的身体（如骨髓、手、臂和腿等）。

### 9.1.1　本体部分

我们以现代机器人 HS220 型号为例（见图 9-10）来分析机器人的本体部分。工业机器人是仿照人的手臂来进行设计的，从外观来看，主要有底座、下框架、上框架、手臂、腕体、腕托等六个部分。

机器人的各个关节就和人类的肌肉一样，靠伺服电机和减速器来控制移动。伺服电机是动力的来源，机器人的运行速度以及负载质量如何，都和伺服电机有关。而减速器则是动力传输的中介，它拥有许多不同尺寸。对于微型机器人来说，要求的重复精度都很高，一般在 0.025 4 mm 以下。伺服电机与减速器相连，可以帮助提高精度，提高减速器的传动比。

机械臂的六个轴（见图 9-11）拥有六个伺服电机和减速器，安装在每一个连接的接头上，使机器人可以向六个方向进行移动，分别是 $x$ 轴—前后，$y$ 轴—左右，$z$ 轴—上下，RX—绕 $x$ 轴旋转，RY—绕 $y$ 轴旋转，RZ—绕 $z$ 轴旋转。也就是通常所说的六轴机器人。正是这种拥有多个维度移动的能力，机器人才可以摆出不同的姿势，完成各项任务。

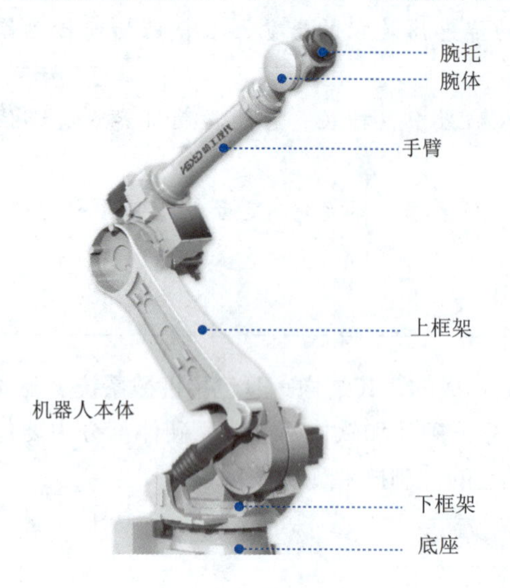


图 9-10　哈工现代机器人 HS220

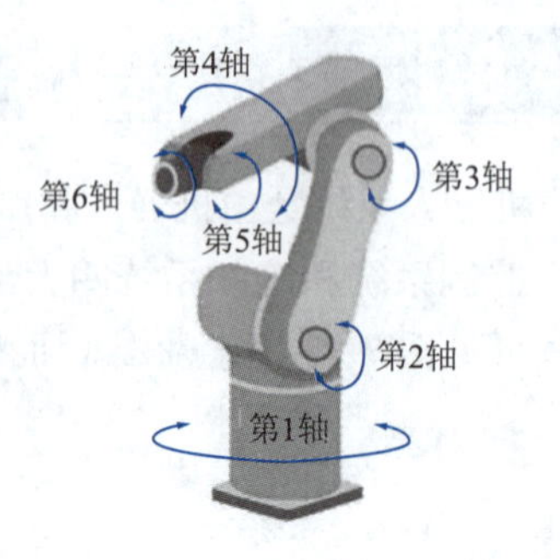


图 9-11　六轴机械臂

## 9.1.2　驱动装置

要使机器人运行起来，需要给各个关节，即每个运动自由度安置传动装置，其作用是为机器人各部位、各关节动作提供原动力（见图 9-12）。驱动系统可以是液压传动、气动传动、电动传动，或者是结合起来应用的综合系统。可以是直接驱动或者是通过同步带、链条、轮系、谐波齿轮等机械传动机构进行间接驱动。

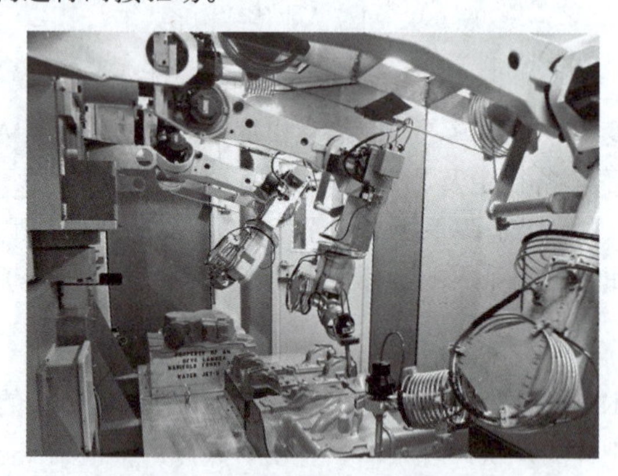

图 9-12　机器人的关节驱动

### 1. 电动驱动装置

电动驱动装置的能源简单，速度变化范围大，效率高，速度和位置精度都很高。但它们多与减速装置相联，直接驱动比较困难。电动驱动装置又可分为直流（DC）、交流（AC）伺服电机驱动和步进电机驱动。直流伺服电机电刷易磨损，且易形成火花；无刷直流电机也得到了广泛应用；步进电机驱动多为开环控制，控制简单但功率不大，多用于低精度小功率机器人系统。

电动装置上电运行前要检查电源电压是否合适，直流输入的 +/− 极性与连接，驱动控制器电机型号或电流设定值是否合适，控制信号线连接的牢靠，安全接地，以及需要密切观察电机状态，如运动、声音和温升情况，发现问题及时停机调整。

### 2. 液压驱动

液压驱动通过高精度的缸体和活塞杆相对运动来完成，实现直线运动。其优点是功率大，可省去减速装置而直接与被驱动杆件相连，结构紧凑，刚度好，响应快，伺服驱动具有较高的精度。

液压驱动的缺点是：需要增设液压源，易产生液体泄漏，故不适合高、低温场合。液压驱动多用于特大功率的机器人系统。

液压驱动方式要选择适合的液压油。防止固体杂质混入液压系统，防止空气和水入侵液压系统。机械作业要柔和平顺，否则产生的冲击负荷会使机械故障频发，缩短使用寿命。作业中要时刻注意液压泵和溢流阀的气蚀和溢流噪声。如果液压泵出现“气蚀”噪声，经排气后不能消除，应查明原因排除故障后才能使用。液压系统的工作温度一般控制在 30 ～ 80℃之间为宜。

### 3. 气压驱动

气压驱动的结构简单，清洁，动作灵敏，具有缓冲作用。但气压驱动的功率比液压驱动装置小，刚度差，噪声大，速度不易控制，所以多用于中、小负荷，精度不高的点位控制机器人，如上、下料和冲压等。

气压驱动的控制装置多选用可编程控制器（PLC 控制器）。在易燃、易爆场合下可采用气动逻辑元件组成控制装置。

## 9.1.3 直线传动机构

传动装置是连接动力源和运动连杆的关键部分，根据关节形式，常用的传动机构形式有直线传动和旋转传动机构。

直线传动方式可用于直角坐标机器人的 $x$、$y$、$z$ 向驱动，圆柱坐标结构的径向驱动和垂直升降驱动，以及球坐标结构的径向伸缩驱动。直线运动可以通过齿轮齿条、丝杠螺母等传动元件将旋转运动转换来实现，也可以由直线驱动电机驱动，或者直接由气缸或液压缸的活塞产生。

在齿轮齿条装置中，齿条通常是固定的，由齿轮的旋转运动转换成托板的直线运动（见图 9-13）。其结构简单，但回差较大。

图 9-13 齿轮齿条传动

在滚珠丝杠装置中，丝杠和螺母的螺旋槽内嵌入滚珠，并通过螺母中的导向槽使滚珠能连续循环。其优点是摩擦力小，传动效率高，无爬行，精度高，但制造成本高，结构复杂。

## 9.1.4 旋转传动机构

采用旋转传动机构的目的是将电机的驱动源输出的较高转速转换成较低转速，并获得较大的力矩。机器人中应用较多的旋转传动机构有齿轮链、同步皮带和谐波齿轮。

同步带是具有许多型齿的皮带，它与同样具有型齿的同步皮带轮相啮合。工作时相当于柔软的齿轮。其优点是无滑动，柔性好，价格便宜，重复定位精度高，但具有一定的弹性变形。

谐波齿轮由刚性齿轮、谐波发生器和柔性齿轮三个主要零件组成（见图 9-14），一般刚性齿轮固定，谐波发生器驱动柔性齿轮旋转。谐波传动装置在机器人技术比较先进的国家得到广泛应用，例如日本的机器人驱动装置有 60%都采用了谐波传动。美国登月机器人的各个关节部位也都采用谐波传动装置，其中一只上臂就用了 30 个谐波传动机构。苏联送入月球的移动式机器人“登月者”，其成对安装的八个轮子均是用密闭谐波传动机构单独驱动的。德国、法国企业研制的一些机器人也都采用了谐波传动机构。

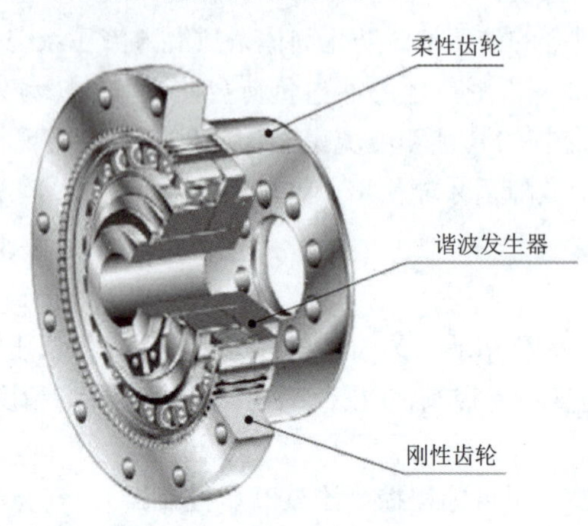


图 9-14　谐波齿轮

### 9.1.5　传感系统

机器人传感系统由内部传感器模块和外部传感器模块组成，用以获取内部和外部环境状态中有意义的信息。对于一些特殊的信息，传感器比人类的感受系统更有效。智能传感器的使用提高了机器人的机动性、适应性和智能化的水准。

### 9.1.6　位置检测

旋转光学编码器是最常用的位置反馈装置。光电探测器把光脉冲转化成二进制波形。轴的转角通过计算脉冲数得到，转动方向由两个方波信号的相对相位决定。

感应同步器输出两个模拟信号——轴转角的正弦信号和余弦信号。轴的转角由这两个信号的相对幅值计算得到。感应同步器一般比编码器可靠，但它的分辨率较低。

电位计是最直接的位置检测形式。它连接在电桥中，能够产生与轴转角成正比的电压信号。但是，它分辨率低、线性不好且对噪声敏感。

转速计能够输出与轴的转速成正比的模拟信号。如果没有这样的速度传感器，可以通过对检测到的位置相对于时间的差分得到速度反馈信号。

### 9.1.7　力检测

力传感器通常安装在操作臂下述三个位置：

（1）关节驱动器。可测量驱动器 / 减速器自身的力矩或者力的输出。但不能很好地检测末端执行器与环境之间的接触力。

（2）末端执行器与操作臂的终端关节之间，也称腕力传感器。通常，可以测量施加于末端执行器上的三个到六个力 / 力矩分量。

（3）末端执行器的“指尖”上。通常，这些带有力觉得手指内置了应变计，可以测量作用在指尖上的一个到四个分力。

## 9.2 机器人交互系统

工业机器人与外部设备集成为一个功能单元，如加工制造单元、焊接单元、装配单元等。也可以是多台机器人、多台机床或设备、多个零件存储装置等集成为一个执行复杂任务的功能单元。

机器人 - 环境交互系统是实现工业机器人与外部环境中的设备相互联系和协调的系统。人机交互系统使操作人员参与机器人控制并与机器人进行联系，该系统可以归纳分为两类：指令给定装置和信息显示装置（见图 9-15）。

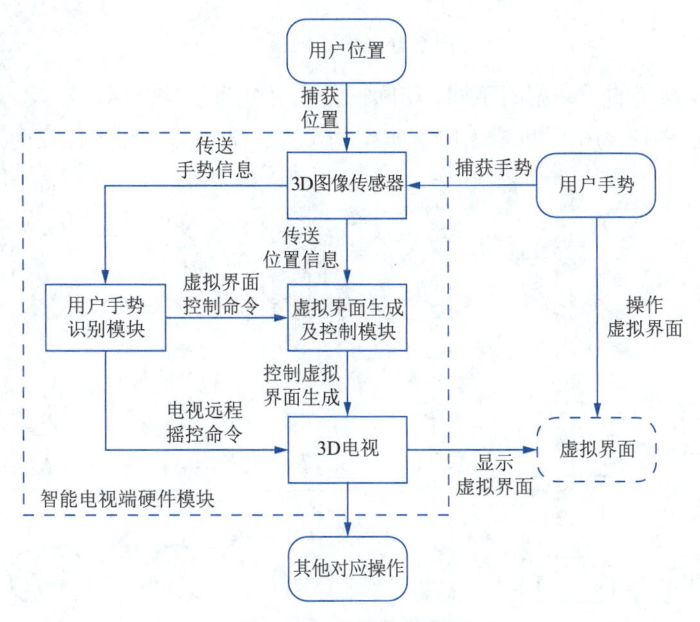


图 9-15　人机信息交互

## 9.3 串联机器人

从机构学的角度看，机器人可以分为串联机器人和并联机器人两大类。

串联结构操作手较早应用于工业领域，刚开始出现时，是由刚度很大的杆通过关节连接起来的，关节有转动和移动两种，前者称为旋转副，后者称为棱柱关节，结构是杆之间串联，形成一个开运动链。除了两端的杆只能和前或后连接外，每一个杆和前面和后面的杆通过关节连接在一起。由于操作手的这种连接的连续性，即使它们有很强的连接，它们的负载能力和刚性与多轴机械比较起来还是很低。很明显，刚性差就意味着位置精度低。

### 9.3.1 串联机器人的开环机构

串联机器人以开环机构为机器人机构原型（见图 9-16），其串联式结构是一个开放的运动链，所有运动杆并没有形成一个封闭的结构链。它是由一系列连杆通过转动关节或移动关节串联形成的。采用驱动器驱动各个关节的运动从而带动连杆的相对运动，使末端焊枪达到合适的位姿。串联机器人的工作空间大，运动分析比较容易，可以避免驱动轴之间的耦合效应。但其机构各轴必须独立控制，并且需要搭配编码器和传感器来提高机构运动时的精准度。

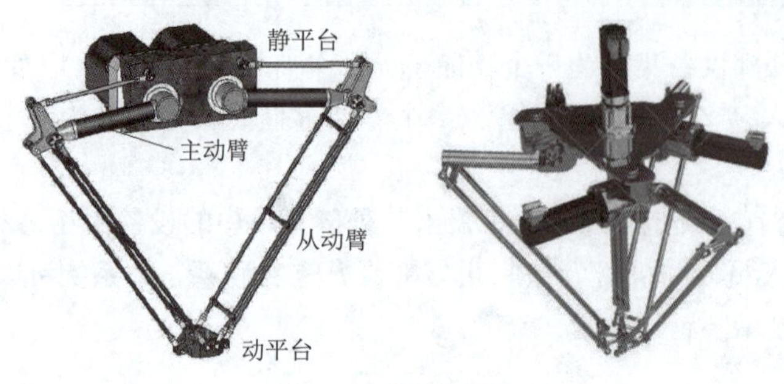


图 9-16 串联机器人

由于杆件之间连接的运动副的不同，串联机器人可分为直角坐标机器人、圆柱坐标机器人、关节型机器人。图 9-17 为串联机器人的基本结构形式、结构简图和工作空间。

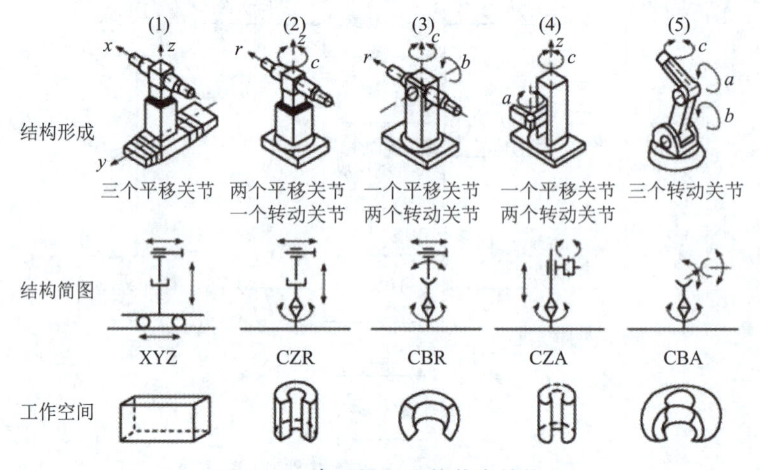


图 9-17 串联机器人的基本结构

实用的串联机器人中比较著名的结构形式有 PUMA 型机器人、SCARA 机器人、Stanford 型机器人、平行连杆结构型机器人。

### 9.3.2 PUMA 机器人

PUMA（彪马）机器人是一款经典的关节式臂式六轴工业机器人（见图 9-18）。

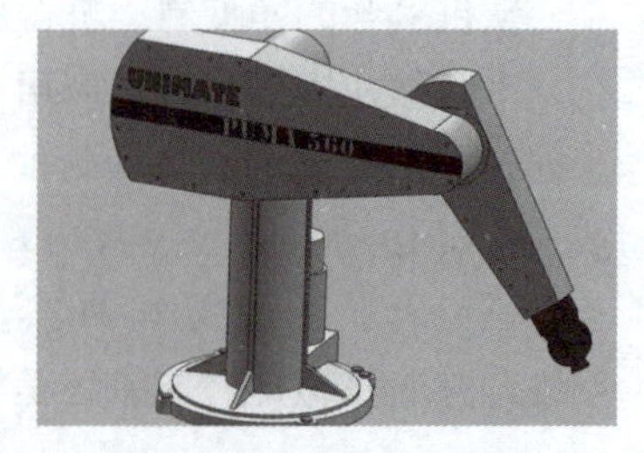


图 9-18 PUMA 机器人

德国运动品牌彪马公司和广告公司纽约智威汤逊合作推出机器人 BeatBot，这个看起来像“长着轮子的鞋盒”的机器人旨在帮助田径运动员进行跑步训练。运动员只要在 App 中输入跑步的距离以及目标时间，BeatBot 就能够相应地计算出自己的“跑步”速度。此外，它还能充当“发令枪”。

### 9.3.3 SCARA 机器人

SCARA 机器人是一种圆柱坐标型的特殊类型的工业机器人（见图 9-19），有三个旋转关节，其轴线相互平行，在平面内进行定位和定向。另一个关节是移动关节，用于完成末端件在垂直于平面的运动。手腕参考点的位置是由两旋转关节的角位移 $\phi_1$ 和 $\phi_2$ 及移动关节的位移 $z$ 决定的。这类机器人的结构轻便、响应快，例如 Adept1 型 SCARA 机器人运动速度可达 10 m/s，比一般关节式机器人快数倍。它适用于平面定位、垂直方向进行装配的作业。

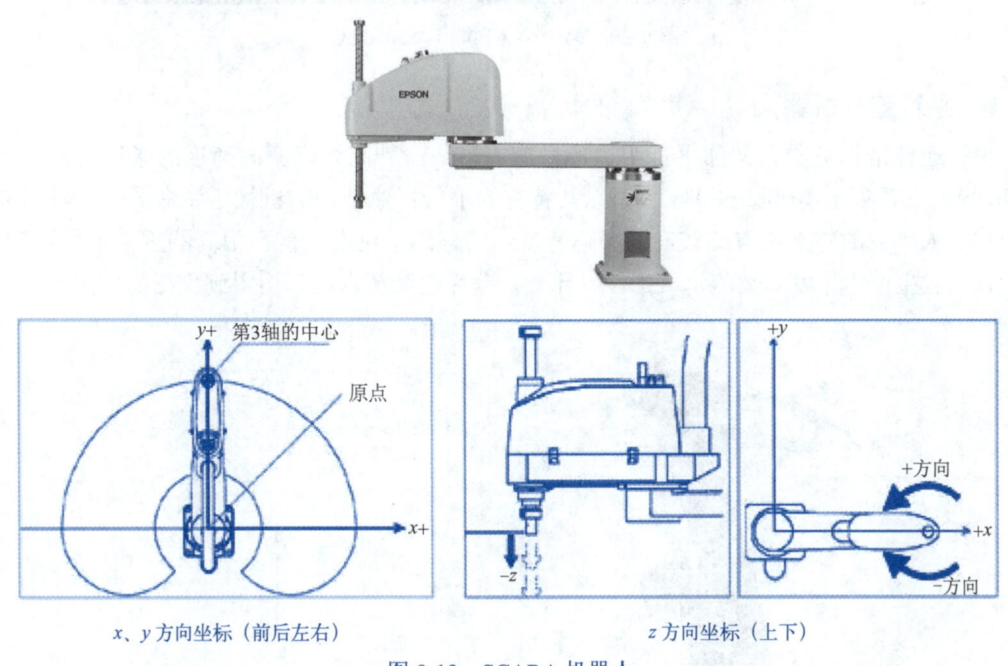


图 9-19　SCARA 机器人

### 9.3.4 斯坦福机器人

由于计算能力的进步，机器人的研究也在蓬勃发展。例如，斯坦福大学的机器人已经能攀爬墙壁，像鸟儿一样振翅高飞，在地球和海洋深处乘风而行，与宇航员在太空中闲逛。

几十年来，斯坦福大学一直在面向未来发明机器人。这一未来最早始于 20 世纪 60 年代的一艘登陆月球的探测器，以及最早的人工智能机器人之一——“Shakey”（见图 9-20），那个时候，很多人把机器人想象成下一代的家庭帮佣。然而，绝大多数机器人已经从这些早期雄心壮志的家用场景转移到了工厂，因为机器人能力受到现有技术的限制，没办法和人类共处一室。但是，对更柔软、更温和、更智能的机器人的研究仍在继续。

受 Shakey 的启发，斯坦福通用机器人项目 STAIR 的最重要成果之一是 ROS（机器人操作系统），ROS 甚至已经运行在国际空间站的机器人上。在 STAIR 项目中，斯坦福的研究团队意识到，感知是一个更紧迫的问题。感知问题是机器人如何与它周围的环境互动。研究小组开始将大部分时间花在深度学习上，因为这是解决许多开放感知问题的最佳方法，深度学习让机器人可以看得更加清楚。

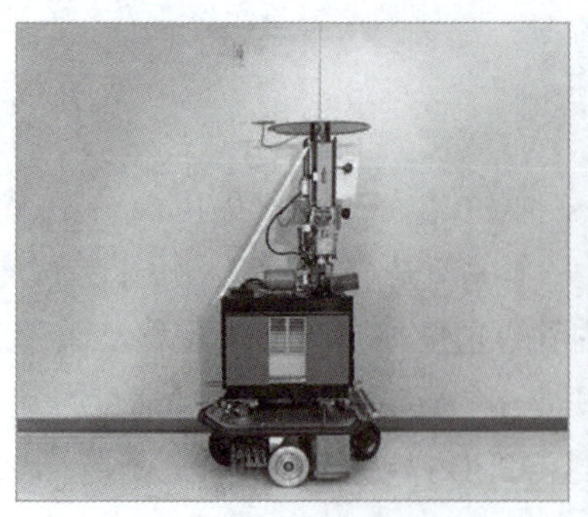

图 9-20　第一个 AI 机器人 Shakey

### 9.3.5　平行连杆机器人

平行连杆结构机器人又称平行四边形机器人，是一种高效率、高速度的搬运机器人（见图 9-21）。它首创于 20 世纪 80 年代，以其特有的平行杆件结构的机械手臂命名。相对于其他工业机器人，它的特点是有比较高的搬运速度、较好的定位准确度、很高的重复定位精准度，因此在工业生产中，尤其是流水线工作（比如，食品包装流水线）中得到广泛的应用。

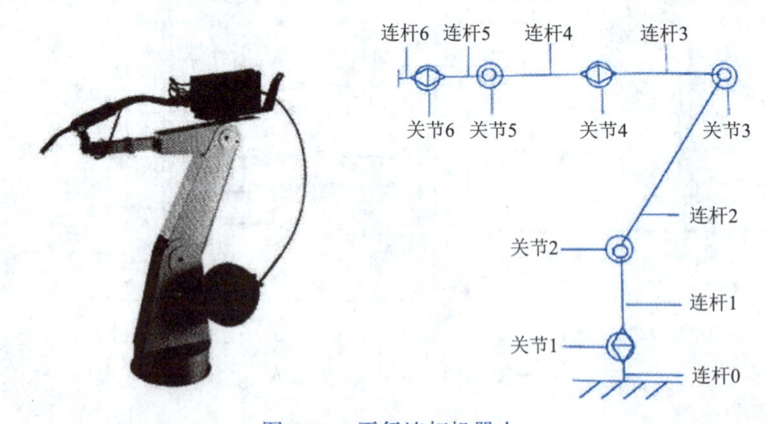


图 9-21　平行连杆机器人

此外，机器人需要在三维空间中运动，在直角参考坐标系中机器人操作手末端需要满足三个方向的位置要求和相对于三个坐标轴的角度要求，因而在运动或姿态控制时需要控制六个参数。所以，一般情况下，一个通用机器人操作手需要六个自由度。应在满足要求的前提下尽量减少机器人的自由度数，以便减少机器人的复杂程度，降低机器人制造成本。例如，SCARA 机器人仅有四个自由度。有些机器人的工作环境复杂，在工作时需回避障碍，甚至可能需要有七个或七个以上的自由度。这种机器人称为具有“冗余自由度”机器人。

## 9.4　并联机器人

并联机器人是以并联方式驱动的一种闭环运动链的机器人（见图 9-22），一般由动平台和定平台的上下运动平台和两条或者两条以上独立的运动支链相连接构成。运动平台和运动支链之间构成一个或多个闭环机构组成的关节点坐标相互关联的机器人，通过改变各个支链的运动状态，使整个机构具有两个或者两个以上可以操作的自由度。

并联机器人的特点是：

（1）无累积误差，精度较高。

（2）驱动装置可置于定平台上或接近定平台的位置，这样运动部分质量小，速度快，动态响应好。

（3）结构紧凑，刚度高，承载能力大。

（4）完全对称的并联机构具有较好的各向同性。

（5）工作空间较小。

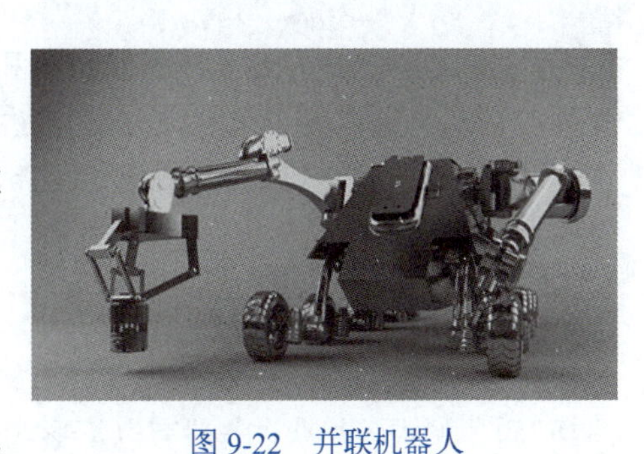

图 9-22　并联机器人

根据这些特点，并联机器人在需要高刚度、高精度或者大载荷而无须很大工作空间的领域内得到了广泛应用，例如：

（1）食品、电子、化工、包装等行业的分拣、搬运、装箱等。

（2）模拟运动、并联机床、金属切削加工、机器人关节，航天器接口等。

（3）类铣床、磨床钻床或点焊机、切割机。

（4）测量机，用来作为其他机构的误差补偿器。

（5）生物医学工程中的细胞操作机器人，可实现细胞的注射和分割；微外科手术机器人等。

（6）并联机器人还广泛应用于军事领域中的潜艇、坦克驾驶运动模拟器，下一代战斗机的矢量喷管、潜艇及空间飞行器的对接装置、姿态控制器等。

### 9.4.1　多轴机器人

多轴机器人（见图 9-23）又称单轴机械手、工业机械臂、电缸等，是以直角坐标系统为基本数学模型，以伺服电机、步进电机为驱动、单轴机械臂为基本工作单元，以滚珠丝杆、同步皮带、齿轮齿条为常用的传动方式所架构起来的机器人系统，可以完成在三维坐标系中任意一点的到达和遵循可控的运动轨迹。多轴机器人采用运动控制系统实现对其的驱动及编程控制，直线、曲线等运动轨迹的生成为多点插补方式，操作及编程方式为引导示教编程方式或坐标定位方式。

### 9.4.2　坐标机器人

坐标机器人是能够实现自动控制的、可重复编程的、多自由度的、运动自由度建成空间直角关系的、多用途的操作机（见图 9-24）。其工作的行为方式主要是通过完成沿着 $x$、$y$、$z$ 轴上的线性运动。坐标机器人采用运动控制系统实现对其的驱动及编程控制，直线、曲线等运动轨迹的生成为多点插补方式，操作及编程方式为引导示教编程方式或坐标定位方式。

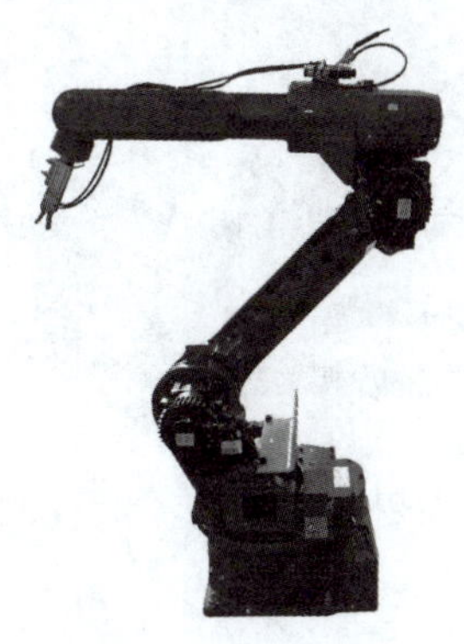

图 9-23　多轴机器人

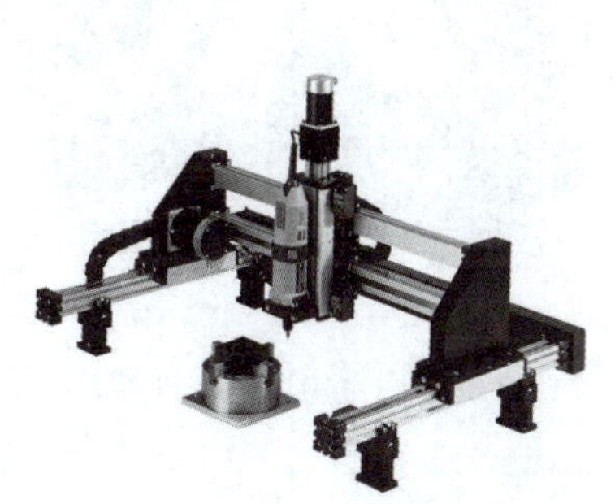

图 9-24　坐标机器人

坐标机器人有龙门结构、壁挂结构和悬挂结构等多种形式。作为一种成本低廉、系统结构简单的自动化机器人系统解决方案，坐标机器人可以被应用于点胶、滴塑、喷涂、码垛、分拣、包装、焊接、金属加工、搬运、上下料、装配、印刷等常见的工业生产领域，在替代人工、提高生产效率、稳定产品质量等方面都具备显著的应用价值。

### 9.4.3 多自由度并联机器人

以三自由度为例。三自由度并联机构种类较多（见图 9-25），形式较复杂，一般有以下形式：

（1）平面三自由度并联机构，如 3-RRR 机构，它们具有两个移动和一个转动。

（2）球面三自由度并联机构，如 3-UPS-1-S 球面机构，该类机构的运动学正反解都很简单，是一种应用很广泛的三维移动空间机构。

图 9-25　三自由度并联机器人

（3）空间三自由度并联机构，如 Delta 并联机器人，这类机构属于欠秩机构，在工作空间内不同的点其运动形式不同是其最显著的特点。还有一类是增加辅助杆件和运动副的空间机构。

四自由度并联机器人如图 9-26 所示。

国际上一直认为不存在全对称五自由度并联机器人机构。不过，非对称五自由度并联机器人机构比较容易综合。Lee 和 Park 在 1999 年提出一种结构复杂的双层五自由度并联机构；Jin 等在 2001 年综合出具有三个移动自由度和两个转动自由度的非对称五自由度并联机构；高峰等在 2002 年通过给六自由度并联机构添加一个五自由度约束分支的方法，综合出两种五自由度并联机构。

六自由度并联机构（见图 9-27）是联机器人机构中的一大类，是被研究得最多的并联机构，广泛应用在飞行模拟器、六维力与力矩传感器和并联机床等领域。但这类机构有很多关键性技术没有或没有完全得到解决，比如其运动学正解、动力学模型的建立以及并联机床的精度标定等。

图 9-26　四自由度并联机器人

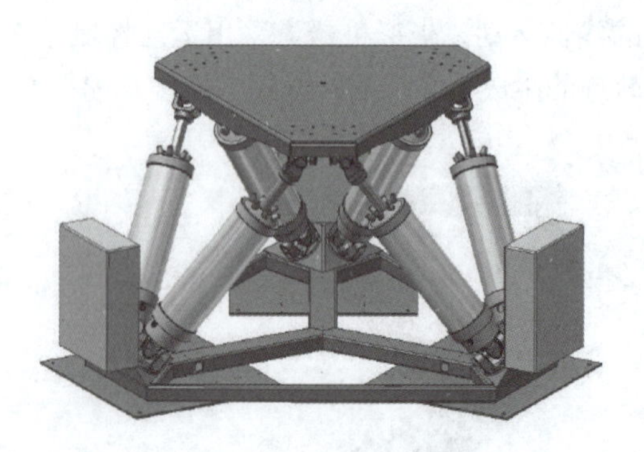

图 9-27　六自由度并联机器人

## 9.5 串联和并联机器人的区别

在应用上，串联机器人与并联机器人构成互补关系。串联机器人的工作空间大，可以避免驱动轴之间的耦合效应。但其机构各轴要独立控制，而且需要编码器和传感器来提高运动精准度。

(1) 结构不同。串联机器人由刚度很大的杆通过关节连接起来的，其中两端的杆只能和前或后连接，其他每一个杆和前面、后面的杆通过关节连接在一起。并联机器人的动平台和定平台通过至少两个独立的运动链相连接，机构具有两个或两个以上自由度，且以并联方式驱动的一种闭环机构。

(2)特点不同。串联机器人：需要减速器；驱动功率不同，电机型号不一；电机位于运动构建，惯量大；正解简单，逆解复杂。并联机器人：无须减速器，成本比较低；所有的驱动功率相同、易于产品化；电机位于机架，惯量小；逆解简单，易于实时控制。

(3) 应用场合不同。串联机器人应用于例如各种机床装配车间等；并联机器人主要用于精密紧凑的应用场合。竞争点集中在速度、重复定位精度和动态性能等方面。

1. 机器人系统是由（　　）共同构成的。

① 云平台；② 机器人；③ 作业对象；④ 环境

A. ①③④　　B. ①②④　　C. ②③④　　D. ①②③

2. 机器人的结构一般包括机械系统、（　　）等四大部分。

① 感知系统；② 驱动系统；③ 控制系统；④ 环境系统

A. ①②③　　B. ①②④　　C. ②③④　　D. ①③④

3. 从机械系统角度看，工业机器人包括机身、臂部、手腕、（　　）和行走机构等部分，每一部分都有若干自由度，从而构成了一个多自由度系统。

A. 基础转向器　　B. 末端操作器　　C. 前端跟踪器　　D. 驱动螺旋

4. 工业机器人是仿照（　　）进行设计的，从外观来看，主要有底座、下框架、上框架、手臂、腕体、腕托等六个部分。

A. 自动关节　　B. 植物茎叶　　C. 动物肢体　　D. 人的手臂

5. 机器人的各个关节就和人类的肌肉一样，靠(　　)和减速器来控制移动，它是动力来源，机器人的运行速度以及负载重量如何，都和它有关。

A. 力传感器　　B. 步进电机　　C. 伺服电机　　D. 动力神经

6. 要使机器人运行起来，需要给每个运动自由度安置传动装置。驱动系统可以是（　　），或者是结合起来应用的综合系统。

① 液压传动；② 超声传动；③ 气动传动；④ 电动传动

A. ①③④　　B. ①②④　　C. ②③④　　D. ①②③

7. (　　)装置的能源简单，速度变化范围大，效率高，速度和位置精度都很高。但它们多与减速装置相联，直接驱动比较困难。

A. 热力驱动　　B. 液压驱动　　C. 伺服电机　　D. 电动驱动

8. (　　)通过高精度的缸体和活塞杆相对运动来完成，实现直线运动。

A. 热力驱动　　B. 液压驱动　　C. 伺服电机　　D. 电动驱动

9.（　　）的结构简单，清洁，动作灵敏，具有缓冲作用。但其驱动装置小，刚度差，噪声大，速度不易控制，所以多用于中、小负荷，精度不高的点位控制机器人。

A. 热力驱动　　B. 液压驱动　　C. 气压驱动　　D. 电动驱动

10.（　　）是连接动力源和运动连杆的关键部分，根据关节形式，常用的机构形式有直线和旋转机构。

A. 传动装置　　B. 动力连杆　　C. 运动关节　　D. 旋转传动

11. 采用（　　）机构的目的是将电机的驱动源输出的较高转速转换成较低转速，并获得较大的力矩。

A. 传动装置　　B. 动力连杆　　C. 运动关节　　D. 旋转传动

12.（　　）由刚性齿轮、谐波发生器和柔性齿轮三个主要零件组成，一般刚性齿轮固定，谐波发生器驱动柔性齿轮旋转。

A. 组合齿轮　　B. 谐波齿轮　　C. 传感系统　　D. 组合齿轮

13. 机器人（　　）由内部模块和外部模块组成，用以获取内部和外部环境状态中有意义的信息。

A. 组合齿轮　　B. 谐波齿轮　　C. 传感系统　　D. 组合齿轮

14. 旋转光学编码器是最常用的位置反馈装置。（　　）把光脉冲转化成二进制波形，轴的转角通过计算脉冲数得到，转动方向由两个方波信号的相对相位决定。

A. 光电探测器　　B. 广播发生器　　C. 光缆端子　　D. 光学组件

15. 力传感器通常安装在操作臂的（　　）这三个位置上。

① 末端执行器的“指尖”上；　　② 末端执行器与操作臂的终端关节之间；

③ 前端执行器的“跟部”；　　④ 关节驱动器

A. ①②③　　B. ②③④　　C. ①③④　　D. ①②④

16.（　　）机器人的结构是一个开放的运动链，它由一系列连杆通过转动关节或移动关节形成的，采用驱动器驱动各个关节的运动从而带动连杆的相对运动。

A. 整合　　B. 串联　　C. 并联　　D. 级联

17.（　　）机器人是一种圆柱坐标型的特殊类型的工业机器人，有三个旋转关节，其轴线相互平行，在平面内进行定位和定向。

A. Shakey　　B. 平行连杆　　C. SCARA　　D. PUMA

18. 斯坦福大学一直在面向未来发明机器人。例如20世纪60年代的登月探测器，以及最早的人工智能机器人之一“(　　)”。

A. Shakey　　B. 平行连杆　　C. SCARA　　D. PUMA

19. 受Shakey的启发，斯坦福通用机器人项目STAIR的最重要成果之一是（　　），它甚至已经运行在国际空间站的机器人上。

A. DOS　　B. Linux　　C. iOS　　D. ROS

20.（　　）机器人是一种闭环运动链的机器人，一般由动平台和定平台的上下运动平台和两条或者两条以上独立的运动支链相连接构成。

A. 整合　　B. 串联　　C. 并联　　D. 级联

## 研究性学习 图示拆分熟悉机器人机械系统

在本次课程实践活动中，我们通过详细图解解剖分析一款库卡(KUKA)机器人(见图9-28)，来熟悉机器人的机械部分。对于有条件的实验室，希望在本次实践活动中，能有库卡机器人实物作为视觉对照，从而加深印象，加强学习效果。

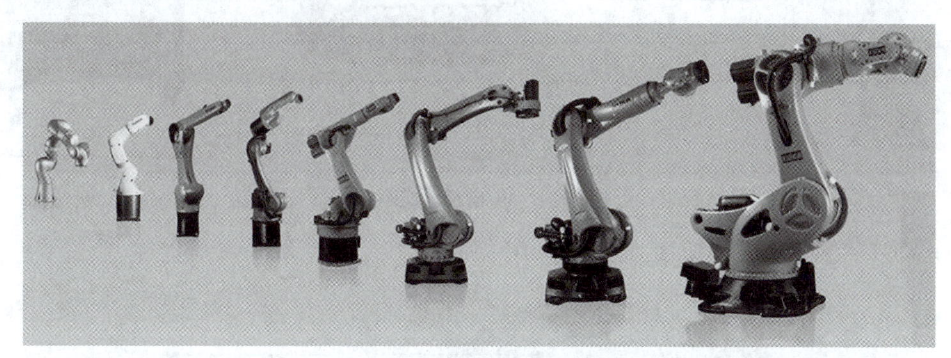

图 9-28 库卡机器人 KR180

### 1. 了解库卡机器人企业

库卡机器人有限公司 1898 年成立于德国巴伐利亚州的奥格斯堡，1995 年成为独立企业，是世界领先的工业机器人制造商之一。如今，库卡机器人公司在全球拥有 20 多个子公司，大部分是销售和服务中心，其中包括美国、墨西哥、巴西、日本、韩国、印度和绝大多数欧洲国家。公司的名字 KUKA，是 Keller und Knappich Augsburg（凯勒和克纳皮奇·奥格斯堡）这四个字的首字母组合，它同时是库卡公司所有产品的注册商标。

中国家电企业美的集团在 2017 年 1 月顺利收购德国机器人公司库卡 94.55% 的股权。

请通过网络搜索，登录库卡机器人（上海）有限公司的官方网站，浏览网页，获取信息，思考分析，并简单记录你的观想（200 字以上）。

请记录：________________________________________

________________________________________

________________________________________

________________________________________

________________________________________

________________________________________

________________________________________

________________________________________

### 2. 机器人系统组成看图填空

请在图中横线上，写上物件的正确名称（型号）。

（1）KUKA 机器人组成（见图 9-29）。

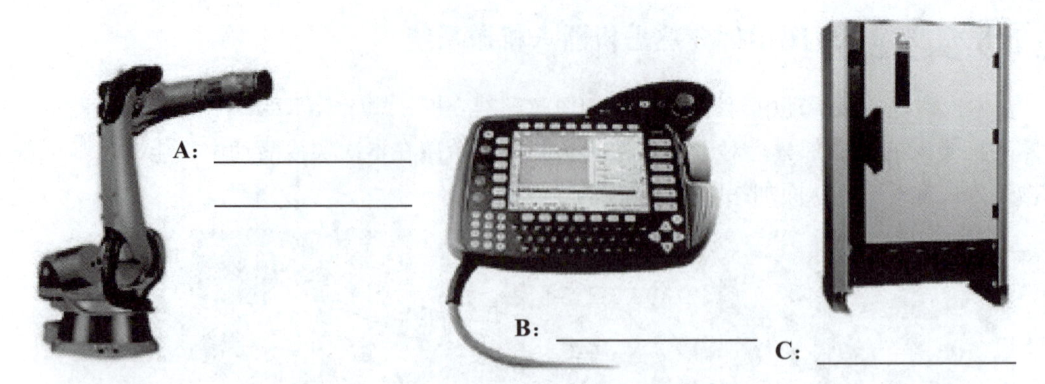


图 9-29　机器人系统组成

（2）KUKA 机器人工作范围（见图 9-30）。

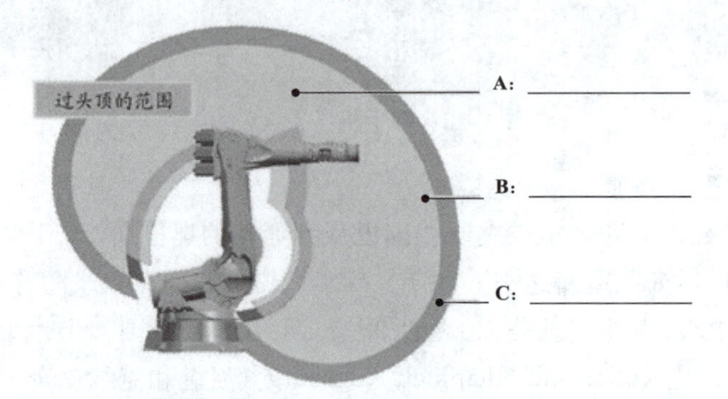


图 9-30　机器人工作范围

（3）KUKA 机器人组成（见图 9-31）。

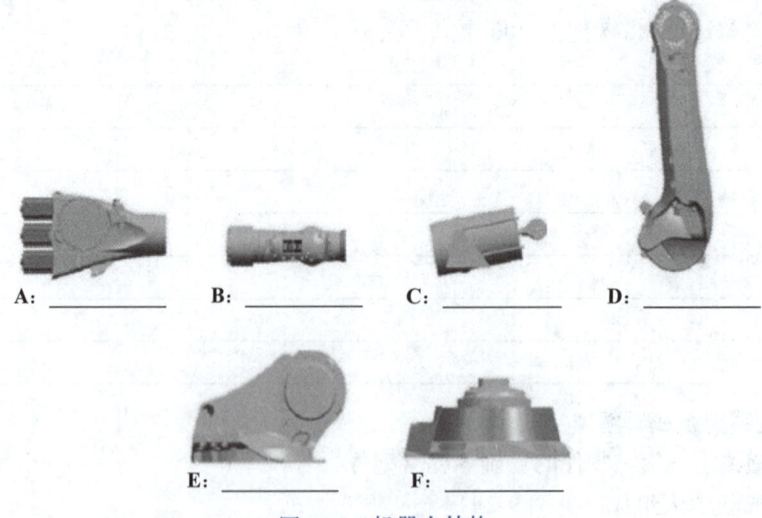


图 9-31　机器人结构

（4）KUKA 机器人俯视图工作范围（见图 9-32）。

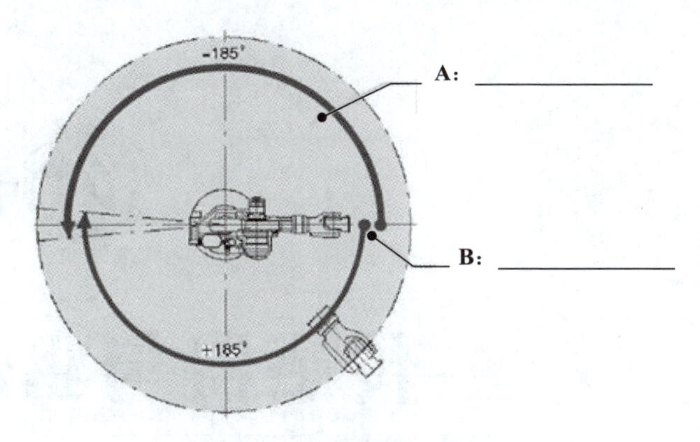


图 9-32 俯视图：工作范围

（5）KUKA 机器人主轴与腕部轴的命名（见图 9-33）。

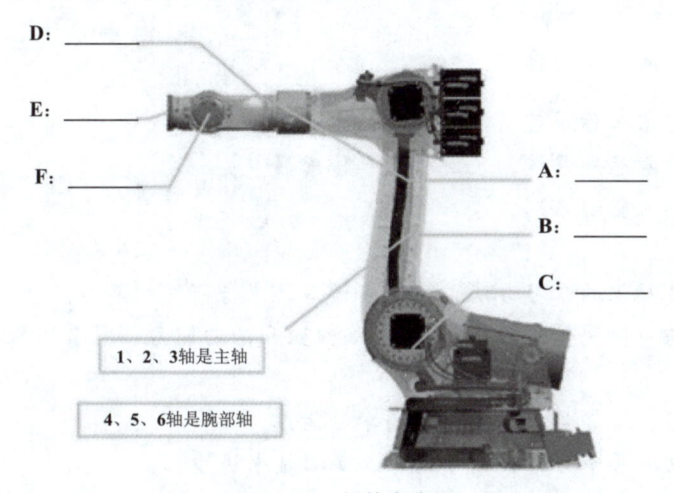


图 9-33 轴的命名

实验总结：________________________________________

实训评价（教师）：____________________________________

# 第10课 传感器与驱动系统

## 学习目标

**知识目标**

（1）熟悉机器人工作原理。

（2）熟悉机器人感知系统，了解机器人传感器。

（3）了解机器人驱动系统。

**能力目标**

（1）掌握专业知识的学习方法，培养阅读、思考与研究的能力。

（2）积极参与“研究性学习小组”，提高组织和活动能力，具备团队精神。

**素质目标**

（1）热爱学习，掌握学习方法，提高学习能力。

（2）热爱读书，善于分析，勤于思考，关心技术进步。

（3）体验、积累和提高“大国工匠”的专业素质。

**重点难点**

（1）掌握机器人感知系统。

（2）掌握机器人驱动系统。

## 导读案例　假如激光雷达欺骗了你

未来的某一天，自动驾驶（见图10-1）已经普及，大街上跑着各种各样的自动驾驶汽车，人们在车里睡觉。

突然，一辆车上搭载的激光雷达错误接收了本不属于它的“信号”，进而产生了一系列误判，一瞬间道路上飞速行驶的机器们陷入混乱……这个场景今天似乎还很难让人感同身受，但事实上，在一些自动驾驶车辆集中的测试区域，这样的状况已经出现。

据一家研究自动驾驶的高管介绍，他们在北京亦庄产业园区布置了不少自动驾驶测试车队，测试中装载了激光雷达，也装载了毫米波雷达，做到了想象中的单车智能上足够的设备和安全冗余。但是，在一次实际测试过程中，一个激光雷达出现了失灵。后来查明原因是测试环境中设备太多，相互间产生干扰，导致一些传感器直接失效了。

图 10-1　激光雷达自动驾驶

这种机器彼此影响而带来隐患的情景，看起来十分科幻，但它背后的问题十分现实：如果搭载激光雷达的自动驾驶车辆大规模上路，那么它们彼此之间是否会互相干扰？这种干扰会成为影响自动驾驶安全的隐患吗？

2021 年是激光雷达上车元年，许多品牌的车型等都宣布搭载激光雷达的车将量产上市。例如，蔚来 ET7 将搭载创新超远距高精度激光雷达，小鹏汽车将搭载利沃克斯激光雷达，长城汽车将搭载 ibeoNEXT 激光雷达。大家都在抢着率先将量产激光雷达车型落地，这似乎也让我们感觉距离 L3（有条件自动化）、L4（高度自动化）辅助驾驶时代已经越来越近了。

与此同时，我们也不得不承认，汽车驾驶时代已经不是手握方向盘、脚踩刹车，由驾驶员掌握安全的传统时代了，人机共驾，或者说，人类驾驶的除了汽车本身，还是由一行行代码，承载着中央处理器，搭载着大量传感器和芯片，并进行着大量复杂运算，机器正在悄然掌控着人机共驾的新驾驶时代。

如果说，科技正在创造新的驾乘体验，那么，科技是否也会产生新的问题？在询问准备搭载激光雷达的主机厂、OEM 和一级供应商时，几乎无一例外，回答是干扰客观存在。

我们试图从几个角度来回答：

首先，从技术角度来看，激光雷达之间的干扰是如何产生的？

其次，激光雷达干扰的问题会在什么样的环境下形成，目前如何解决？

最后，自动驾驶时代，究竟应该如何定义安全？

关于激光雷达的干扰，一位行家举了个例子：毫米波雷达发射电磁波，然后接收电磁波，来探测前面物体的距离和速度，这个过程中就会有干扰。“如果前面有一辆车也发射了毫米波雷达，跟你的波段是一样的，就串扰了。”而激光雷达和毫米波雷达的工作原理类似。

我们来科普一下激光雷达的工作原理。

车载激光雷达主要有两种技术路线：FMCW（调频连续波）激光雷达和 TOF（飞行时间）激光雷达，其中 TOF 激光雷达是主流。比如，为宝马提供 L3 级自动驾驶量产激光雷达采用的就是基于 TOF 的 MEMS（微机电系统）方案。能够产生干扰的也是 TOF 激光雷达，它在接收来自其他激光雷达的脉冲时可能会产生干扰。

还有一种虽然发生概率小，但仍然有可能发生的情况：A 的激光照射到物体上，再放射到 B 的接收器，激光照到物体上的反射是漫反射，这种漫反射有可能造成 B 无法识别是否是自己的激光雷达发出的激光束。

目前的解决方式是引入编码技术，将传输信号分割成多个脉冲，或者按照时间序列号去做识别，与手机接收验证码的原理相似，这是普遍的做法。

FMCW激光雷达用调制波的方法各自调制，最后可以抗干扰，但是，FMCW激光雷达技术虽然在消除干扰、提高远程性能方面具有优势，但是成本较高，所以一直没有被普遍应用。

尽管解决方案一致，但是在搭载激光雷达的车辆没有大规模上路时，发生干扰的情境及概率还在预测中，工程师们尚无法预见，待数以百计搭载激光雷达的车辆上路，马路上有密密麻麻的激光雷达时，究竟会怎样？

技术的发展终究是随着场景的复杂化而逐渐发展的。激光雷达互相干扰，其发生的具体情况分为两种：安装同品牌激光雷达存在干扰，以及不同品牌车型间的干扰。其中不同品牌车型的干扰也分为两种：有意干扰和无意干扰。

上述问题在理论上存在，但是在现实中还没有成为问题，因为并没有搭载激光雷达的量产车大规模上路。这也是为什么很多车企在谈起干扰问题时，承认其普遍存在并认为能够容易解决的原因。

但是，自动驾驶会在不同场景中逐步落地的。很多车企都先从自主泊车功能入手，因为场景单一，行驶速度低，相对来说更好实现。在自主泊车功能下，车辆可以在封闭的停车场环境中自己找到停车的位置，而无须驾驶人员在车内控制（见图10-2）。那么，封闭的停车场可能就是最早出现干扰的环境之一。因为它具备了大量配装激光雷达的自动驾驶车辆聚集的条件，当自动泊车被广泛使用，车辆之间的激光束形成干扰。

图10-2 自动泊车

当然，这种低速场景下的封闭环境所产生的干扰问题，对安全方面的影响还比较小，同时，也倒逼车企从技术层面解决这个问题，比如，在低速场景下采用纯视觉方案等。

研发了4D雷达雷达激光模拟器的德国技术公司罗德与施瓦茨，在其测试系统中也考虑到激光雷达的干扰因素。据其产品研发人员介绍，雷达在设计阶段以及各个测试阶段，再到最后装车阶段，对频率、带宽、信号工作的模式等都是有相应指标严格要求的，在之后的整车验证阶段也有相应标准，其测试系统也会对电磁兼容的测试进行验证。

那么，另一种情况——有意干扰，虽然发生的概率小，但是一旦出现，杀伤力极强。

2021年欧洲杯，英格兰队坐镇伦敦温布利球场对阵丹麦队的那场比赛，在加时赛英格兰罚进关键点球时，有现场球迷用激光笔照射丹麦门将，并一度照射到其眼睛上。最终英格兰球队点球成功，这场决定成败的点球到底有没有激光笔干扰的原因，最终组委会并没有给予解释，但是英格兰球队却因此留下了"胜之不武"的名声。

如果有神秘黑客组织，使用大型激光笔干扰正在行驶的自动驾驶车辆，那后果会怎样？一定不堪设想。

也正因为它带来的安全隐患巨大，零跑负责自动驾驶测试的人员说，解决传感器干扰问题会是一个十分复杂的问题。这其中不可预测的场景太多，涉及的除了技术层面的"功能安全"问题，也面对着很多难以预知的风险。再完美的解决方案，对还没发生的意外情况的预知也终究是有限的。近几年来，辅助驾驶致死事故增加，也是在提醒我们，技术还没有做到百分百安全。

如何让车主感受到自己在安全的环境中，是自动驾驶时代一个很重要的课题。根据《北京市自动驾驶车辆道路测试报告》统计，国内自动驾驶汽车所采用的激光雷达品牌，71%是国产的，线数多为 40 线以下。

目前，在北京测试的测试主体采用的都是激光雷达 + 毫米波雷达 + 超声波雷达 + 摄像头的感知方案，这种方案能够感知各种环境和照明条件，形成相互补充。

为了达到成本与安全的最佳平衡，不同品牌都在慎重选择自己的感知方案。但是，在实际的应用场景中，对于驾乘者来说，除了颠覆性的驾乘体验，那些隐藏在硬件、感知、算法背后的安全感，究竟该如何得到？

当各种感知方案出现，驾乘人员如何知道自己正在使用哪种方案，以及它的安全性？激光雷达被认为是精度最高的传感器方案，最高精度的硬件，最终是否能带来绝对的安全？或者说，如果真的事故来临，车内的驾乘人员会知道究竟发生了什么吗？

激光雷达干扰问题只是一个缩影，它是在对我们在未来自动驾驶时代真正来临时的一个预警，也是为科技公司、主机厂，以及整个法律法规环境提一个醒：当科技进步推动着汽车进入一个新的时代进程的时候，安全究竟该如何定义？

资料来源：腾讯新闻，2021-08-30。

**阅读上文，请思考、分析并简单记录：**

（1）自动驾驶车队装载了激光雷达，也装载了毫米波雷达，做到了想象中的单车智能上足够的设备和安全冗余。请问，机器之间的干扰主要发生在什么场景？

答：________________________________________

________________________________________

________________________________________

________________________________________

（2）据统计，目前国内的自动驾驶汽车所采用的激光雷达品牌，71% 是国产的，线数多为 40 线以下。请搜索并简述国产激光雷达的相关信息。

答：________________________________________

________________________________________

________________________________________

________________________________________

（3）激光雷达干扰问题只是一个缩影。未来，当科技进步推动汽车进入一个新的时代时，你觉得还会存在哪些问题？请简述之。

答：________________________________________

________________________________________

________________________________________

________________________________________

(4) 请简单记述你所知道的上一周内发生的国际、国内或者身边的大事。

答：______________________________________________

______________________________________________

______________________________________________

______________________________________________

机器人系统是由机器人和作业对象及环境共同构成的具有高度灵活性的自动化机器的整体，其中包括机械系统、驱动系统、控制系统和感知系统四大部分。机器人具备一些与人或生物相似的智能能力，如感知能力、规划能力、动作能力和协同能力。

## 10.1 机器人工作原理

机器人系统实际上是一个典型的机电一体化系统，其工作原理为:控制系统发出动作指令，控制驱动器动作，驱动器带动机械系统运动，使末端操作器到达空间某一位置和实现某一姿态，实施一定的作业任务。末端操作器在空间的实际位姿由感知系统反馈给控制系统，控制系统把实际位姿与目标位姿相比较，发出下一个动作指令，如此循环，直到完成作业任务为止（见图 10-3）。

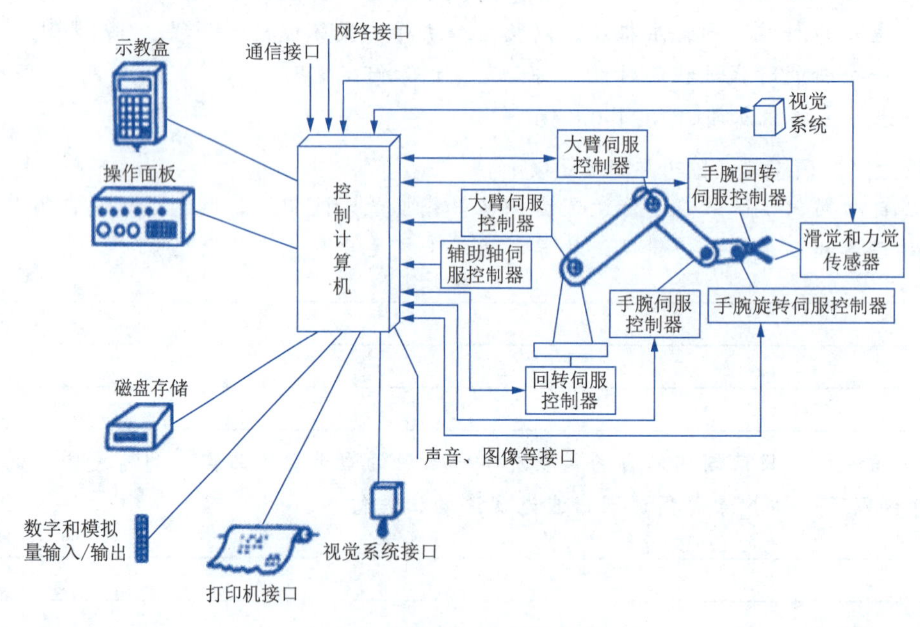


图 10-3　机器人工作原理示意图

## 10.2 机器人感知系统

在工业自动化领域，机器人需要传感器提供必要的信息，以正确执行相关的操作。根据检测对象的不同，机器人感知系统的作用是通过内部和外部传感器获取机器人内部和外部环境信息，并把这些信息反馈给控制系统。内部状态传感器用于检测各关节的位置、速度等变量，为闭环伺服控制系统提供反馈信息。外部状态传感器用于检测机器人与周围环境之间的一些状态变量，如距离、接近程度和接触情况等，用于引导机器人，便于其识别物体并做出相应处理（见图 10-4）。外部传感器可使机器人以灵活的方式对它所处的环境做出反应，赋予机器人一定的智能，这部分的作用相当于人的五官。

图 10-4　焊接机器人

### 10.2.1　机器人感觉分类

机器人的内部传感器用来检测机器人本身状态（如手臂间角度），通常为检测位置和角度的传感器。其外部传感器用来检测机器人所处环境（如是什么物体，离物体的距离有多远等）及状况（如抓取的物体是否滑落）。

机器人的感觉内容分别介绍如下。

#### 1．明暗觉

检测内容：是否有光，亮度多少。

应用目的：判断有无对象并得到定量结果。

传感器件：光敏管、光电断续器。

#### 2．色觉

检测内容：对象的色彩及浓度。

应用目的：利用颜色识别对象的场合。

传感器件：彩色摄像机、滤波器、彩色 CCD（把光学影像转化为电信号的半导体器件）。

#### 3．位置觉

检测内容：物体的位置、角度、距离。

应用目的：物体空间位置、判断物体移动。

传感器件：光敏阵列、CCD 等。

#### 4．形状觉

检测内容：物体的外形。

应用目的：提取物体轮廓及固有特征，识别物体。

传感器件：光敏阵列、CCD 等。

#### 5．接触觉

检测内容：与对象是否接触以及接触的位置。

应用目的：确定对象位置，识别对象形态，控制速度，安全保障，异常停止，寻找路径。

传感器件：光电传感器、微动开关、薄膜特点、压敏高分子材料。

#### 6. 压觉

检测内容：对物体的压力、握力以及压力分布。

应用目的：控制握力，识别握持物，测量物体弹性。

传感器件：压电元件、导电橡胶、压敏高分子材料。

#### 7. 力觉

检测内容：机器人有关部件（如手指）所受外力及转矩。

应用目的：控制手腕移动，伺服控制，正解完成作业。

传感器件：应变片、导电橡胶。

#### 8. 接近觉

检测内容：对象物是否接近，接近距离，对象面的倾斜。

应用目的：控制位置，寻径，安全保障，异常停止。

传感器件：光传感器、气压传感器、超声波传感器、电涡流传感器、霍尔传感器。

#### 9. 滑觉

检测内容：垂直握持面方向物体的位移，重力引起的变形。

应用目的：修正握力，防止打滑，判断物体重量及表面状态。

传感器件：球形接点式、光电旋转传感器、角编码器、振动检测器。

### 10.2.2 传感器综述

机器人是由计算机控制的复杂机器，它具有类似人的肢体及感官功能；动作程序灵活，有一定程度的智能，在工作时可以不依赖人的操纵。随着智能化的程度提高，机器人传感器（见图 10-5）的应用越来越多。从拟人功能出发，其中的视觉、力觉、触觉最为重要，早已进入实用阶段，听觉也有较大进展，其他对应嗅觉、味觉、滑觉等也有多种传感器。

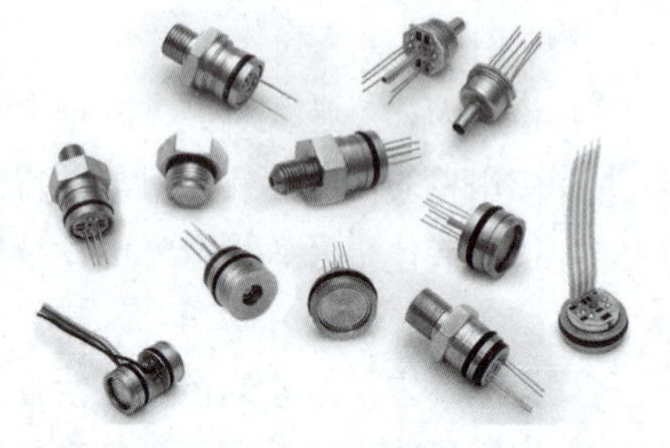

图 10-5 传感器

机器人传感器在控制中起着非常重要的作用，是实现软件智能的关键组件，它们不仅实现复杂操作，同时也保证这些操作在进行过程中得到良好的控制，使机器人具备类似人类的知觉功能和反应能力。例如，使用智能传感器提高了机器人的机动性、适应性和智能化的水准。对于一些特殊的信息，传感器甚至比人类的感受系统更有效。

为了检测作业对象及环境或机器人及它们之间的关系，机器人身上安装了触觉传感器、视觉传感器、物体识别传感器、力觉传感器、接近觉传感器、距离传感器、物体探伤传感器、超声波传感器和听觉传感器，大大改善了机器人工作状况，使其能够更充分地完成复杂的工作。

内传感器和电机、轴等机械部件或机械结构如手臂、手腕等安装在一起，完成位置、速度、力度的测量，实现伺服控制。

以往一般的工业机器人是没有外部感觉能力的，而新一代机器人（如多关节机器人，特别是移动机器人、智能机器人）要求具有校正能力和反应环境变化的能力，外传感器被用来实现这些能力。外部传感器是集多种学科于一身的产品，随着外部传感器的进一步完善，机器人的功能越来越强大，在许多领域为人类做出更大贡献。

### 10.2.3 位置（位移）传感器

用于机器人的距离传感器主要有激光测距仪（兼可测角）、声呐传感器等。

直线移动传感器有电位计式传感器和可调变压器两种。角位移传感器有电位计式、可调变压器（旋转变压器）及光电编码器等三种，其中光电编码器有增量式编码器和绝对式编码器。增量式编码器一般用于零位不确定的位置伺服控制，绝对式编码器能够得到对应于编码器初始锁定位置的驱动轴瞬时角度值，当设备受到压力时，只要读出每个关节编码器的读数，就能够对伺服控制的给定值进行调整，以防止机器人启动时产生过度运动。

### 10.2.4 速度和加速度传感器

速度传感器有测量平移和旋转运动速度两种，但大多数情况下，只限于测量旋转速度。利用位移，特别是光电方法，让光照射旋转圆盘，检测出旋转频率和脉冲数目，以求出旋转角度及利用圆盘缝隙，通过两个光电二极管辨别出角速度，即转速，这就是光电脉冲式转速传感器。此外还有测速发电机用于测速等。

应变仪，即伸缩测量仪，也是一种应力传感器，用于测量加速度。加速度传感器用于测量机器人的动态控制信号。

此外，与被测加速度有关的力可由一个已知质量产生。这种力可以为电磁力或电动力，最终简化为对电流的测量，这就是伺服返回传感器，实际中有多种振动式加速度传感器。

### 10.2.5 视觉与接近觉传感器

机器视觉在 20 世纪 50 年代后期出现，60 年代开始首先用于处理积木世界，后来发展到处理室外的现实世界。70 年代以后出现了实用性的视觉系统。视觉传感器是机器人中最重要的传感器之一，是应用广泛、内容丰富的外传感器，而且机器视觉经常独立形成产品，与软件技术关系很密切。

视觉一般包括三个过程：图像获取、图像处理和图像理解。二维视觉是一个可以执行从检测运动物体到传输带上的零件定位等多种任务的摄像头（见图 10-6）。许多智能相机都可以检测零件并协助机器人确定零件的位置，机器人可以根据接收到的信息适当调整其动作。

图 10-6 视觉传感器工作示意

三维视觉系统必须拥有两个不同角度的摄像机或激光扫描器，用来检测对象的第三维度。例如，零件取放便是利用三维视觉技术检测物体并创建三维图像，分析、选择最好的拾取方式。

视觉和接近传感器类似于自动驾驶车辆所需的传感器，包括摄像头、红外线、声呐、超声波、雷达和激光雷达。某些情况下可以使用多个摄像头，尤其是立体视觉。将这些传感器组合起来使用，机器人便可以确定尺寸，识别物体并确定其距离。

研究接近觉的目的是使机器人在移动或操作过程中获知目标（障碍）物的接近程度，移动机器人可以据此实现避障，操作机器人可避免手爪对目标物由于接近速度过快而造成的冲击（见图 10-7）。

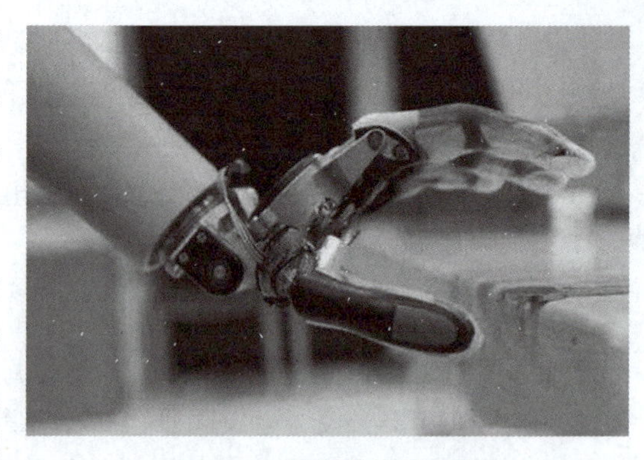

图 10-7　接近觉传感示意

由于机器人的运动速度提高及对物体装卸可能引起损坏等原因，需要知道物体在机器人工作场地内存在位置的先验信息以及适当的轨迹规划，所以有必要应用测量接近度的遥感方法。接近传感器分为无源传感器和有源传感器，所以除自然信号源外，还可能需要人工信号的发送器和接收器。

超声波接近度传感器用于检测物体的存在和测量距离。它不能用于测量小于 30 cm 的距离，而测距范围较大。它可用在移动机器人上，也可用于大型机器人的夹手上，还可做成超声导航系统。

红外线接近度传感器，其体积很小，只有几立方厘米大，因此可以安装在机器人夹手上。

### 10.2.6　力 / 力矩传感器

如果说视觉传感器给了机器人眼睛，那么力 / 力矩传感器则给机器人带去了触觉。机器人利用力 / 力矩传感器感知末端执行器的力度。多数情况下，力 / 力矩传感器（见图 10-8）位于机器人和夹具之间，这样，所有反馈到夹具上的力都在机器人的监控之中。有了力 / 力矩传感器，装配、人工引导、示教、力度限制等应用才得以实现。

图 10-8　ME 多分量传感器 F6D80 可用于在三个相互垂直的轴上测量力和扭矩力传感器

力觉传感器用于测量两物体之间一点的负载，包含作用力的三个分量（$x$、$y$、$z$）和力矩的三个分量。机器人中理想的传感器是粘接在依从部件的半导体应力计。具体有金属电阻型力觉传感器、半导体型力觉传感器、其他磁性压力式和利用弦振动原理制作的力觉传感器。此外还有转矩传感器（如用光电传感器测量转矩）、腕力传感器（如斯坦福研究所的由六个小型差动变压器组成，能测量作用于腕部 $x$、$y$ 和 $z$ 三个方向的动力及各轴动转矩）等。

力传感器可用于测量多种操作的力值，例如，机器的卸载和装载，物料搬运以及其他由机器人操作的操作。该传感器还广泛用于组装方法中以分析问题。在此传感器中存在多种方法，例如联合传感、触觉阵列传感。

从安装部位讲，机器人力传感器可以分为关节力传感器、腕力传感器和指力传感器。

应力传感器，如多关节机器人进行动作时需要知道实际存在的接触、接触点的位置（定位）、接触的特性即估计受到的力（表征）这三个条件，所以用应变仪，结合具体应力检测的基本假设，如求出工作台面与物体间的作用力，具体有对环境装设传感器、对机器人腕部装设测试仪器用传动装置作为传感器等方法。

### 10.2.7 碰撞传感器

碰撞传感器有各种不同的形式，其主要应用是为作业人员提供一个安全的工作环境（见图 10-9）。协作机器人最需要碰撞传感器。一些传感器可以是某种触觉识别系统，通过柔软的表面感知压力，给机器人发送信号，限制或停止机器人的运动。

图 10-9 拥有众多传感器的安防机器人

一些传感器还可以直接内置在机器人中。有些公司利用加速度计反馈，还有些则使用电流反馈。在这两种情况下，当机器人感知到异常的力度时，便触发紧急停止，从而确保安全。

要想让工业机器人与人进行协作，首先要找出可以保证作业人员安全的方法。这些传感器有各种形式，从摄像头到激光等，目的是告诉机器人周围的状况。有些安全系统可以设置成当有人出现在特定的区域 / 空间时，机器人会自动减速运行，如果人员继续靠近，机器人则会停止工作。最简单的例子是电梯门上的激光安全传感器。当激光检测到障碍物时，电梯门会立即停止并退回，以避免碰撞。

### 10.2.8 声觉传感器

声觉传感器用于感受和解释在气体（非接触感受）、液体或固体（接触感受）中的声波。声波传感器复杂程度可以从简单的声波存在检测到复杂的声波频率分析，直到对连续自然语言中单独语音和词汇的辨别。

麦克风（声学传感器）帮助工业机器人接收语音命令并识别熟悉环境中的异常声音。如果加上压电传感器，还可以识别并消除振动引起的噪声，避免机器人错误理解语音命令。先进的算法甚至可以让机器人了解说话者的情绪。

### 10.2.9 听觉传感器

特定人语音识别方法是将事先指定的人的声音中的每一个字音的特征矩阵存储起来，形成一个标准模板（或称模板），然后再进行匹配。它首先要记忆一个或几个语音特征，而且被指定人讲话的内容也必须是事先规定好的有限的几句话。特定人语音识别系统可以识别讲话的人是否是事先指定的人，讲的是哪一句话。

非特定人的语音识别系统大致可以分为语言识别系统、单词识别系统及数字音（0 ～ 9）识别系统。非特定人的语音识别方法则需要对一组有代表性的人的语音进行训练，找出同一词音的共性，这种训练往往是开放式的，能对系统进行不断的修正。在系统工作时，将接收到的声音信号用同样的办法求出它们的特征矩阵，再与标准模式相比较。看它与哪个模板相同或相近，从而识别该信号的含义。

### 10.2.10 触觉与滑觉传感器

微型开关是接触传感器最常用的形式，另有隔离式双态接触传感器（即双稳态开关半导体电路）、单模拟量传感器、矩阵传感器（压电元件的矩阵传感器、人工皮肤——变电导聚合物、光反射触觉传感器等）。

触觉研究从20世纪80年代初开始，到90年代初已取得了大量的成果。作为视觉的补充，触觉能感知目标物体的表面性能和物理特性：柔软性、硬度、弹性、粗糙度和导热性等。

触觉传感器一般安装在抓手上，用来检测和感觉抓取的物体是什么。传感器通常能够检测力度并得出力度分布的情况，从而知道对象的确切位置，让用户可以控制抓取的位置和末端执行器的抓取力度。另外还有一些触觉传感器可以检测热量的变化。

用于检测物体的滑动。当要求机器人抓住特性未知的物体时，必须确定最适当的握力值，所以要求检测出握力不够时所产生的物体滑动信号。目前有利用光学系统的滑觉传感器和利用晶体接收器的滑觉传感器，后者的检测灵敏度与滑动方向无关。

### 10.2.11 其他传感器

市场上还有很多适用于不同应用的传感器。例如，射频识别（RFID）传感可以提供识别码并允许得到许可的机器人获取其他信息。

温度传感是机器人自我诊断的一部分，在机器人中应用较广。除常用的热电阻(热敏电阻)、热电偶等外，热电电视摄像机测及感觉温度图像方面也取得进展。接触式或非接触式温度传感器可用于确定其周遭的环境，避免潜在的有害热源。利用化学、光学和颜色传感器，机器人能够评估、调整和检测其环境中存在的问题。

对于可以走路、跑步甚至跳舞的人形机器人，稳定性是一个主要问题。 它们需要与智能手机相同类型的传感器，以便提供机器人的准确位置数据。 在这些应用采用了具有三轴加速度计、三轴陀螺仪和三轴磁力计的九自由度传感器或惯性测量单元（IMU）。

## 10.3 多传感器信息融合

随着社会发展的需要和机器人应用领域的扩大，人们对智能机器人的要求越来越高。智能机器人所处的环境往往是未知的、难以预测的，多传感器信息融合就是研究机器人过程中的关键技术之一（见图10-10）。

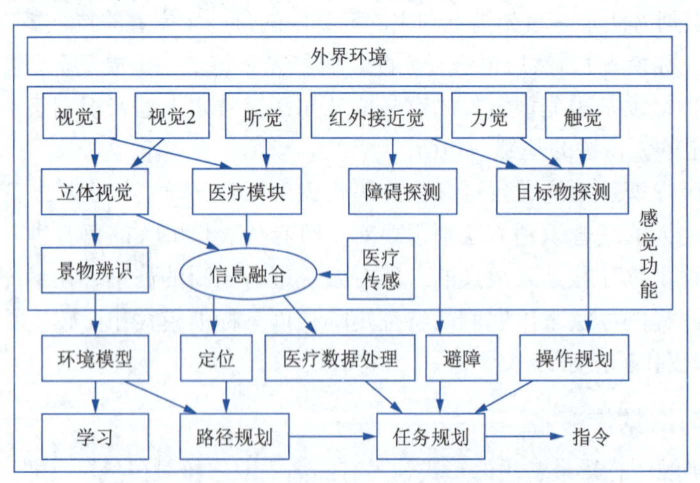


图10-10 智能机器人的多传感器系统框图

多传感器信息融合技术与控制理论、信号处理、人工智能、概率和统计相结合，为机器人在各种复杂、动态、不确定和未知的环境中执行任务提供了技术解决途径。

## 10.4 机器人驱动系统

工业机器人驱动系统的作用相当于人的肌肉，主要是指驱动机械系统动作的驱动装置，按动力源可分为液压、气动和电动三大类。这三类基本驱动系统的各有自己的特点，实际应用中可根据需要组合成复合式的驱动系统（见图 10-11）。

图 10-11　复合式驱动机器人

### 10.4.1　液压驱动系统

液压驱动（见图 10-12）系统运动平稳，且负载能力大，对于重载搬运和零件加工的机器人，采用液压驱动比较合理。但液压驱动存在管道复杂、清洁困难等缺点，因此限制了它在装配作业中的应用。

图 10-12　机器人的液压驱动

液压技术是一种比较成熟的技术，具有动力大、力（或力矩）与惯量比大、快速响应高、易于实现直接驱动等特点。适于在承载能力大、惯量大以及在防焊环境中工作的机器人中应用。

但液压系统需进行能量转换（电能转换成液压能），速度控制多数情况下采用节流调速，效率比电动驱动系统低。液压系统的液体泄漏会对环境产生污染，工作噪声也较大。因这些弱点，近年来在小负荷的机器人中往往被电动系统所取代。

### 10.4.2　气动驱动系统

无论电气还是液压驱动的机器人，其手爪，即机械手的开合都采用气动形式（见图 10-13）。

气压驱动机器人采用压缩空气为动力源，结构简单、动作迅速、价格低廉，但由于空气具有可压缩性，其工作速度的稳定性较差。但是，空气的可压缩性可使手爪在抓取或卡紧物体时的顺应性提高，防止受力过大而造成被抓物体或手爪本身的破坏。气压系统的压力一般为0.7 MPa，因而抓取力小，只有几十牛到几百牛大小。

气动机器人一般从工厂的压缩空气站引到机器作业位置，也可单独建立小型气源系统。由于气动机器人具有气源使用方便、不污染环境、动作灵活迅速、工作安全可靠、操作维修简便以及适于在恶劣环境下工作等特点，因此在冲压加工、注塑及压铸等有毒或高温条件下作业，机床上、下料，仪表及轻工行业中、小型零件的输送和自动装配等作业，食品包装及输送，电子产品输送、自动插接，弹药生产自动化等方面获得广泛应用（见图 10-14）。

图 10-13　机器人的气动驱动

图 10-14　气动机器人作业

### 10.4.3　电动驱动系统

机器人电动伺服驱动系统是利用各种电动机产生的力矩和力，直接或间接地驱动机器人本体以获得机器人的各种运动的执行机构。大多数电机后面需安装精密的传动机构。直流有刷电机不能直接用于要求防爆的环境中，成本也较液压、气动两种驱动系统高。但因低惯量、大转矩交、直流伺服电机及其配套的伺服驱动器（交流变频器、直流脉冲宽度调制器）等特点，这类驱动系统优点比较突出，因此在机器人中被广泛选用。这类系统不需能量转换，使用方便、控制灵活。

电气驱动系统（见图 10-15）可分为步进电动机、直流伺服电动机和交流伺服电动机三种驱动形式。早期多采用步进电动机驱动，后来发展了直流伺服电动机，交流伺服电动机驱动也逐渐得到应用。这些驱动单元有的用于直接驱动机构运动，有的通过谐波减速器减速后驱动机构运动，其结构简单紧凑。

图 10-15　机器人的电动驱动

对工业机器人关节驱动的电动机，要求有最大功率质量比和扭矩惯量比、高起动转矩、低惯量和较宽广且平滑的调速范围。特别是像机器人末端执行器（手爪）应采用体积、质量尽可能小的电动机，尤其是要求快速响应时，伺服电动机必须具有较高的可靠性和稳定性，并且具有较大的短时过载能力。这是伺服电动机在工业机器人中应用的先决条件。

机器人对关节驱动电机的主要要求归纳如下：

（1）快速性。电动机从获得指令信号到完成指令所要求的工作状态的时间应短。响应指令信号的时间越短，电伺服系统的灵敏性越高，快速响应性能越好，一般是以伺服电动机的机电时间常数的大小来说明伺服电动机快速响应的性能。

（2）起动转矩惯量比大。在驱动负载的情况下，要求机器人的伺服电动机的起动转矩大，转动惯量小。

（3）控制特性的连续性和直线性，随着控制信号的变化，电动机的转速能连续变化，有时还需转速与控制信号成正比或近似成正比。

（4）调速范围宽。能使用于 1∶1 000 ～ 1∶10 000 的调速范围。

（5）体积小、质量小、轴向尺寸短。

（6）能经受得起苛刻的运行条件，可进行十分频繁的正反向和加减速运行，并能在短时间内承受过载。

机器人驱动系统要求传动系统间隙小、刚度大、输出扭矩高以及减速比大，常用的减速机构有：

（1）RV 减速机构；

（2）谐波减速机械；

（3）摆线针轮减速机构；

（4）行星齿轮减速机械；

（5）无侧隙减速机构；

（6）涡轮减速机构；

（7）滚珠丝杠机构；

（8）金属带/齿形减速机构；

（9）球减速机构。

工业机器人电动伺服系统的一般结构为三个闭环控制，即电流环、速度环和位置环。

### 10.4.4 驱动系统选用原则

工业机器人驱动系统设计中需要重点考虑控制方式、作业环境要求、性价比和机器操作运行速度四方面的内容，常见应用机器人的选用原则如下：

（1）物料搬运（包括上、下料，见图 10-16）、冲压用的有限点位控制的程序控制机器人，低速重负载的可选用液压驱动系统；中等负载的可选用电动驱动系统；轻负载、高速的可选用气动驱动系统。冲压机器人多选用气动驱动系统。

图 10-16 物料搬运机器人

点焊、弧焊及喷涂作业机器人中，只需要做任意点位和连续轨迹控制功能的，需要采用电液或电动伺服驱动系统。如果控制精度要求较高，多采用电动伺服驱动系统；重负载搬运及防爆喷涂机器人采用电液伺服控制。

（2）喷涂机器人，由于工作环境需要防爆，多采用电液伺服驱动系统和具有本质安全型防爆的交流电动伺服驱动系统。

水下机器人、核工业机器人、空间机器人、易燃易爆环境机器人以及放射性环境作业机器人等特种机器人，采用交流伺服驱动较为妥当。

(3) 点位重复精度和运行速度（≤4.5 m/s）要求较高的装配机器人，可采用交流、直流或步进电机伺服系统；如果对速度、精度要求更高，则采用直流伺服驱动系统。

## 作业

1. 机器人系统是一个典型的（　　）系统，由控制系统发出动作指令控制驱动器动作，驱动器带动机械系统运动，使末端操作器到达空间某一位置和实现某一姿态，实施一定的作业任务。

A. 高度自动化　　B. 机械复杂化
C. 机电一体化　　D. 人机一体化

2. （　　）在空间的实际位姿由感知系统反馈给控制系统，控制系统把实际位姿与目标位姿相比较，发出下一个动作指令，如此循环，直到完成作业任务。

A. 传感驱动器　　B. 末端操作器
C. 液压发生器　　D. 电动驱动端

3. 根据检测对象的不同，机器人（　　）的作用是通过内部和外部传感器获取机器人内部和外部环境信息，并把这些信息反馈给控制系统。

A. 机械系统　　B. 驱动系统　　C. 伺服控制　　D. 感知系统

4. 内部状态传感器用于检测各关节的位置、速度等变量，为闭环(　　)系统提供反馈信息。

A. 机械系统　　B. 驱动系统　　C. 伺服控制　　D. 感知系统

5. （　　）传感器用于检测机器人与周围环境之间的一些状态变量，如距离、接近程度和接触情况等，引导机器人便于识别物体并做出相应处理。

A. 外部状态　　B. 内部状态　　C. 伺服控制　　D. 感知系统

6. 在机器人的感觉中，（　　）的检测内容为是否有光，亮度多少。其目的是判断有无对象并得到定量结果。

A. 形状觉　　B. 明暗觉　　C. 位置觉　　D. 色觉

7. 在机器人的感觉中，（　　）的检测内容为对象的色彩及浓度。其目的是利用颜色识别对象的场合。

A. 形状觉　　B. 明暗觉　　C. 位置觉　　D. 色觉

8. 在机器人的感觉中，（　　）的检测内容为物体的位置、角度、距离。其目的是物体空间位置、判断物体移动。

A. 形状觉　　B. 明暗觉　　C. 位置觉　　D. 色觉

9. 在机器人的感觉中，（　　）的检测内容为物体的外形。其目的是提取物体轮廓及固有特征，识别物体。

A. 形状觉　　B. 明暗觉　　C. 位置觉　　D. 色觉

10. 在机器人的感觉中，（　　）的检测内容是与对象是否接触以及接触的位置。其目的是确定对象位置，识别对象形态，控制速度，安全保障，异常停止，寻找路径。

A. 接近觉　　B. 压觉　　C. 力觉　　D. 接触觉

11. 在机器人的感觉中，(　　) 的检测内容是对物体的压力、握力以及压力分布。其目的是控制握力，识别握持物，测量物体弹性。

A. 接近觉　　B. 压觉　　C. 力觉　　D. 接触觉

12. 在机器人的感觉中，(　　) 的检测内容是机器人有关部件（如手指）所受外力及转矩。其目的是控制手腕移动，伺服控制，正解完成作业。

A. 接近觉　　B. 压觉　　C. 力觉　　D. 接触觉

13. 在机器人的感觉中，(　　) 的检测内容是对象物是否接近，接近距离，对象面的倾斜。其目的是控制位置、寻径、安全保障、异常停止。

A. 接近觉　　B. 压觉　　C. 力觉　　D. 接触觉

14. 随着智能化的程度提高，机器人 (　　) 的应用越来越多。从拟人功能出发，其中的视觉、力觉、触觉最为重要，其他还有嗅觉、味觉、滑觉等多种。

A. 传感器　　B. 压力计　　C. 报警器　　D. 驱动卡

15. (　　) 和电机、轴等机械部件或机械结构如手臂、手腕等安装在一起，完成位置、速度、力度的测量，实现伺服控制。

A. 力觉传感器　　B. 速度传感器　　C. 内传感器　　D. 外传感器

16. 新一代机器人例如多关节机器人、移动机器人、智能机器人等，要求具有校正能力和反应环境变化的能力，(　　) 被用来实现这些能力。

A. 力觉传感器　　B. 速度传感器　　C. 内传感器　　D. 外传感器

17. (　　) 有测量平移和旋转运动速度两种。大多数情况下，只限于测量旋转速度。

A. 力觉传感器　　B. 速度传感器　　C. 内传感器　　D. 外传感器

18. 研究 (　　) 的目的是使机器人在移动或操作过程中获知目标（障碍）物的接近程度，移动机器人可以据此实现避障，操作机器人可避免手爪对目标物由于接近速度过快而造成的冲击。

A. 触觉　　B. 力觉　　C. 接近觉　　D. 听觉

19. (　　) 用于测量两物体之间一点的负载，包含作用力的三个分量（$x$、$y$、$z$）和力矩的三个分量。

A. 触觉传感器　　B. 力觉传感器

C. 接近觉传感器　　D. 听觉传感器

20. 工业机器人驱动系统的作用相当于人的 (　　)，主要是指驱动机械系统动作的驱动装置，按动力源可分为液压、气动和电动三大类。

A. 肌肉　　B. 神经　　C. 细胞　　D. 骨骼

## 研究性学习 熟悉机器人传感器

小组活动：

(1) 请阅读本课的【导读案例】，讨论：在自动驾驶领域，你觉得未来主流是激光雷达还是毫米波雷达，或者其他？

(2) 请通过网络搜索，列举至少五种机器人传感器，并简单记录如下。

① ______________传感器，主要功能：____________________________________

______________________________

______________________________

② ________传感器，主要功能：________

______________________________

______________________________

③ ________传感器，主要功能：________

______________________________

______________________________

④ ________传感器，主要功能：________

______________________________

______________________________

⑤ ________传感器，主要功能：________

______________________________

______________________________

活动记录：________________________

______________________________

______________________________

______________________________

______________________________

实训评价（教师）：________________

______________________________

# 第11课 机器人控制技术

## 学习目标

**知识目标**

(1) 熟悉机器人控制系统，了解机器人控制技术。

(2) 了解机器人人机接口、通信、电源等技术。

(3) 了解机器人控制技术的发展。

**能力目标**

(1) 掌握专业知识的学习方法，培养阅读、思考与研究的能力。

(2) 积极参与"研究性学习小组"活动，提高组织和活动能力，具备团队精神。

**素质目标**

(1) 热爱学习，掌握学习方法，提高学习能力。

(2) 热爱读书，善于分析，勤于思考，关心智能技术进步。

(3) 体验、积累和提高"大国工匠"的专业素质。

**重点难点**

(1) 熟悉机器人控制技术。

(2) 熟悉机器人各项综合技术。

## 导读案例 斯坦福华人团队打造：全球首个自适应机械臂

斯坦福AI和机器人实验室的一个华人团队打造了自适应机械臂"里松"(Rizon，见图11-1)，它融合力觉、视觉和深度学习等物理及AI技术，具有通用性、智能程度与完成复杂任务的能力，这也是世界上第一个自适应机器人，可以在不确定工作环境中完成出色的工业级表现，为最终在制造业、医疗、零售等多个领域通过机器人完成复杂工作任务奠定了基础。

目前，机械臂里松已经在3C电子类产品组装、数据中心运维操作、汽车零部件抛光和木制品打磨等领域展开落地应用。里松是一款七轴机械臂，无须精准定位，通过嵌入式计算机视觉模块的手眼配合来完成（见图11-2)。

此外，里松还有AI及机器人算法驱动专用处理器搭建的多层智能系统，提供感知、力觉引导的操控能力、灵活性极强的任务统筹能力以及实时的自适应能力。

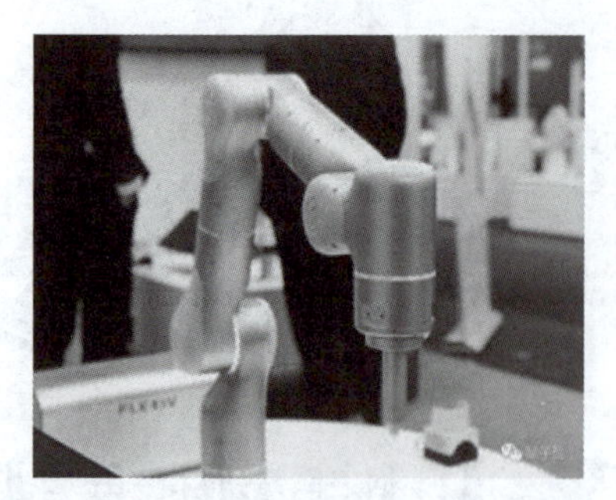

图 11-1 全球首个自适应机械臂 Rizon

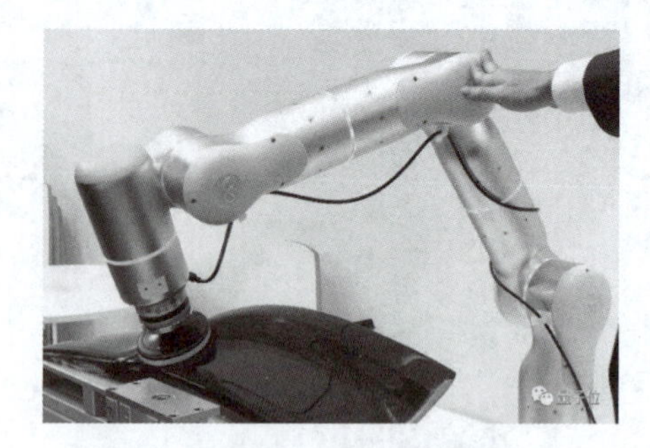

图 11-2 Rizon 七臂机器人

在 2021 年汉诺威工业展现场，里松机械臂现场迎接了各种挑战，比如精准感知识别、抗干扰以及迁移工作能力，这些能力也是第三代自适应机械臂的核心特点。

区别于第一代高精度位置控制机械臂、第二代协作式机械臂，第三代自适应机械臂的三大特点让它区别于第一代、第二代机械臂。

（1）误差容忍度高。在生产线上，误差可能来自于产品公差、工艺误差或受力下发生的形变、装配或检测流程积累的误差、AI 视觉系统的位置判断误差等，这是无法完全避免的。自适应式机械臂可以克服这些误差，保证优秀的工作能力，也因此相比于过去的任何机器人都更适应不确定的生产环境。

（2）抗干扰性强。当机器人的基座（AGV 小车）晃动，机器人上装配的工具产生震动，或者有人类员工触碰干扰时，第三代自适应机械臂都可以很好地抵消或顺应干扰，完成工作任务。

（3）可迁移工作能力强。第三代自适应机械臂具备基于力控和视觉的层级式智能，只需简易配置便可处理大量相似又不完全相同的工作任务，解决过去生产线上的难点，例如通过同一生产线来装配一些外形不同、装配手法相近的零件或者接插件。

里松机械臂目前已经在工业领域发挥生产力价值，通过 AI 视觉技术，在不需要定位工装的情况下，精准探测并抓取带有电线的插头，并且实时运用力觉引导来调整插头位置和姿态，高质量地完成插入任务，工作过程要求极其精准的力觉控制能力及计算机视觉技术。

资料来源：腾讯网，2019-07-07。

**阅读上文，请思考、分析并简单记录：**

（1）请通过网络搜索，了解斯坦福 AI 和机器人实验室的丰富创新成果并简单记录。

答：________________________________________

________________________________________

________________________________________

________________________________________

（2）在 2021 年汉诺威工业展现场，里松机械臂现场迎接了各种挑战。请通过网络搜索，查看这些挑战与里松机械臂的表现。请记录，查看操作是否顺利？

答：________________________________________

（3）请分别说明第一代、第二代和第三代机械臂的主要特点。请简述第三代机械臂的三大特点。

答：________________________________________________

________________________________________________

________________________________________________

________________________________________________

（4）请简单记述你所知道的上一周内发生的国际、国内或者身边的大事。

答：________________________________________________

________________________________________________

________________________________________________

________________________________________________

控制系统的任务是根据机器人的作业指令程序及从传感器反馈回来的信号控制机器人的执行机构，使其完成规定的运动和功能。

如果机器人不具备信息反馈特征，则该控制系统称为开环控制系统；反之，则称该控制系统为闭环控制系统。这部分主要由计算机硬件和控制软件组成。软件主要由人机交互系统和控制算法等组成，这部分的作用相当于人的大脑。

## 11.1 机器人控制系统

控制系统的任务是根据机器人的作业指令程序及传感器的反馈信号来控制机器人的执行机构，使其完成规定的运动和功能（见图 11-3）。

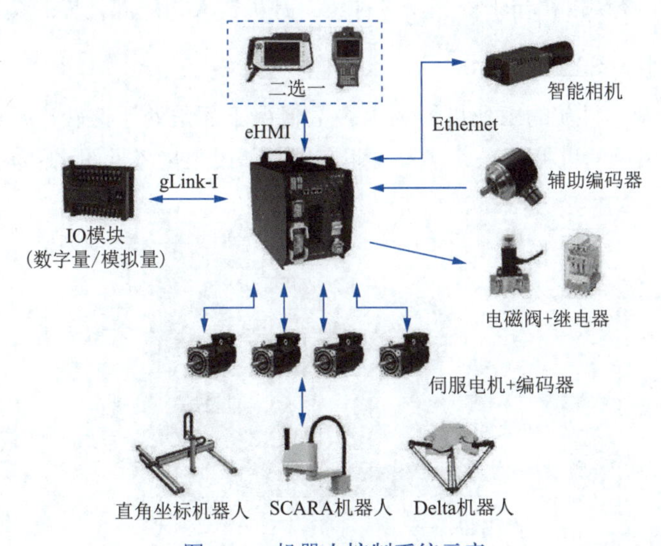


图 11-3　机器人控制系统示意

（1）按机器人有无信息反馈特征，可分为开环控制系统和闭环控制系统。开环精确控制的条件是：精确地知道被控对象模型，并且这一模型在控制过程中保持不变。该部分主要由计算机硬件和控制软件组成。软件主要由人与机器人进行联系的人机交互系统和控制算法等组成。该部分的作用相当于人的大脑。

（2）按所期望的控制量分，包括位置控制、力控制和混合控制。位置控制分为单关节位置控制（包括位置反馈、位置速度反馈和位置速度加速度反馈）；多关节位置控制分为：分解运动控制、集中控制；力控制分为直接力控制、阻抗控制和力位混合控制。

(3) 智能化控制方式，包括模糊控制、自适应控制、最优控制、神经网络控制、模糊神经网络控制、专家控制以及其他。

### 11.1.1 控制器

“控制”的目的是使被控对象产生控制者所期望的行为方式，其基本条件是了解被控对象的特性，实质是对驱动器输出力矩的控制，控制器参与的是计算发送指令和能量供应的整个过程，它根据指令以及传感器信息控制机器人完成一定的动作或作业任务，是决定机器人功能和性能的主要因素（见图 11-4）。

图 11-4　机器人控制柜

除了控制器部件外，机器人的硬件部分还包括：

(1) 开关电源（SMPS）：提供能量。

(2) CPU 模块：控制行动。

(3) 伺服驱动模块：控制电流让机器人关节移动。

(4) 持续模块：相当于人类的交感神经，掌管机器人的安全、迅速控制机器人以及紧急情况停止等。

(5) 输入 / 输出模块：相当于检测反应神经，是机器人与外部世界的接口。

### 11.1.2 位置控制

从控制本质来看，目前的工业机器人大多数情况下还是处于比较底层的空间定位控制阶段，只是一个相对灵活的机械臂，离“人”还有很长一段距离（见图 11-5）。

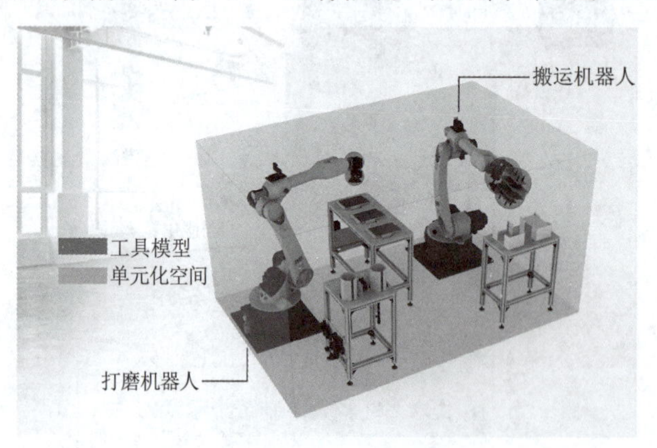


图 11-5　机器人的位置控制

机器人的位置控制有多种控制方式：

(1) 点位控制方式（PTP）。只对工业机器人末端执行器在作业空间中某些规定的离散点上的位姿进行控制。在控制时，要求工业机器人能够快速、准确地在相邻各点之间运动，对达到目标点的运动轨迹则不作任何规定。定位精度和运动所需的时间是这种控制方式的两个主要技术指标。这种控制方式具有实现容易、定位精度要求不高的特点，因此，常被应用在上下料、搬运、点焊和在电路板上安插元件等只要求目标点处保持末端执行器位姿准确的作业中。这种方式简单，但要达到 2 ~ 3 μm 的定位精度相当困难。

(2) 连续轨迹控制方式（CP）。是对工业机器人末端执行器在作业空间中的位姿进行连续控制，要求其严格按照预定轨迹和速度在一定的精度范围内运动，而且速度可控，轨迹光滑，运动平稳，以完成作业任务。工业机器人各关节连续、同步地进行相应的运动，其末端执行器即可形成连续轨迹。这种控制方式的主要技术指标是工业机器人末端执行器位姿的轨迹跟踪精度及平稳性，通常弧焊、喷漆、去毛边和检测作业机器人都采用这种控制方式。

(3) 力（力矩）控制方式。机器人在完成一些与环境存在力作用的任务时，比如打磨、装配、抓放物体，除了要求准确定位之外，还要求所使用的力或力矩必须合适，这时要使用（力矩）伺服方式。这种控制方式的原理与位置伺服控制原理基本相同，只不过输入量和反馈量不是位置信号，而是力（力矩）信号，所以该系统中必须有力（力矩）传感器。有时也利用接近、滑动等传感功能进行自适应式控制。

机器人的力控制泛指机器人应用领域中，利用力传感器作为反馈装置，将力反馈信号与位置控制（或速度控制）输入信号相结合，通过相关的力 / 位混合算法，实现的力 / 位混合控制技术，也称力 / 位混合控制技术。力控制技术是机器人技术发展的主要方向之一，目的是为机器人增加触觉，与机器人视觉技术相结合组成机器人的视觉和触觉。

力控制技术主要分为关节力控制技术和末端力控制技术。其中关节力控制指机器人各关节均具备一个力 / 力矩传感器，而末端力控制指机器人末端装有一个力传感器（1 ~ 6 维传感器）。

单纯的位置控制会由于位置误差而引起过大的作用力，从而会伤害零件或机器人。在这类受限环境中运动时，往往需要配合力控制来使用。

在位置控制下，机器人会严格按照预先设定的位置轨迹进行运动。若运动过程中遭遇到障碍物的阻拦，导致机器人位置追踪误差变大时，机器人会努力去追踪预设轨迹，最终导致机器人与障碍物之间产生巨大的内力。而在力控制下，以控制机器人与障碍物间的作用力为目标。当机器人遭遇障碍物时，会智能地调整预设位置轨迹，从而消除内力。

### 11.1.3 轨迹规划

轨迹规划方法分为两个方面。

(1) 工业机器人轨迹。常用的轨迹规划包括机械臂末端行走的曲线轨迹（点位作业），或是操作臂在运动过程中的位移、速度和加速度的曲线轮廓（连续路径作业，或称轮廓运动）。轨迹规划既可以在关节空间也可以在直角空间中进行（见图 11-6）。

(2) 移动机器人路径轨迹。指移动的路径轨迹规划，如机器人是在有地图条件或是没有地图的条件下，按什么样的路径轨迹来行走，是基于模型和基于传感器的路径规划，还是全局路径规划和局部路径规划。

自主移动机器人的导航问题要解决的是：①“我现在何处？”②“我要往何处去？”③“我要如何到该处去？”

局部路径规划主要解决问题① 和③ ，即机器人定位和路径跟踪问题；方法主要有人工势场法、模糊逻辑算法等。全局路径规划主要解决问题② ，即全局目标分解为局部目标，再由局部规划实现局部目标。主要有可视图法、环境分割法（自由空间法、栅格法）等。

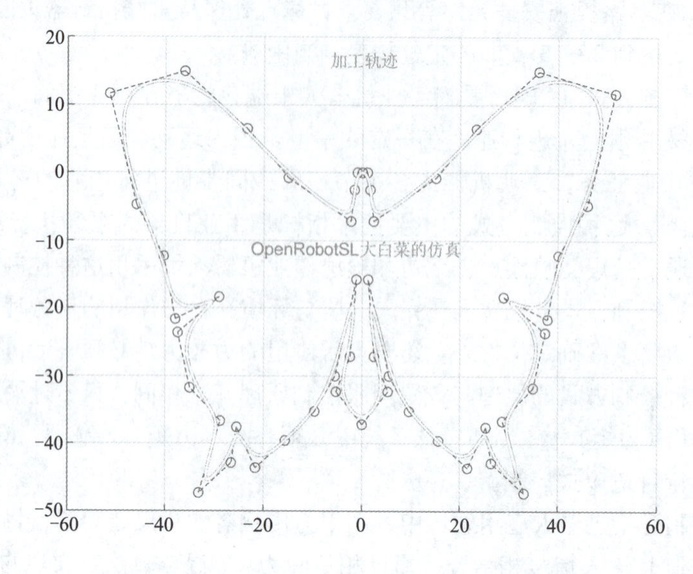


图 11-6　轨迹规划

离线路径规划是基于环境先验完全信息的路径规划。完整的先验信息只能适用于静态环境，这种情况下，路径是离线规划的。在线路径规划是基于传感器信息的不确定环境的路径规划。在这种情况下，路径必须是在线规划的。

（3）移动机器人动作规划。一般来讲，移动机器人有三个自由度（$x$，$y$，$\theta$），机械手有六个自由度（三个位置自由度和三个姿态自由度）。因此，移动机器人的动作规划不是在两个位置自由度（$x$，$y$）构成的二维空间，而是要搜索位置和姿态构成的三维空间。

### 11.1.4　机器人示教原理

机器人的基本工作原理是示教再现。示教也称导引，即由用户导引机器人，一步步按实际任务操作一遍，机器人在导引过程中自动记忆示教中每个动作的位置、姿态、运动参数 / 工艺参数等，并自动生成一个连续执行全部操作的程序。完成示教后，只需给机器人一个启动命令，机器人将精确地按示教动作，一步步完成全部操作。

机器人的一大优点就是它的程序很容易修改，这一点可以让它们在不同的场景切换使用。为了能够使人们操控机器人，就必须依靠示教器来进行。在示教器的显示界面上可以看到机器人的编程语言以及机器人的各项状态，可以通过示教器来完成机器人的编程（见图 11-7）。

控制技术可以绘制表格，然后根据图表来控制机器人的运动。可以使用计算出的力学数据来完成对机器人的规划和动作控制。

此外，机器视觉以及沉浸式深度学习及分类等都属于控制技术的范畴。

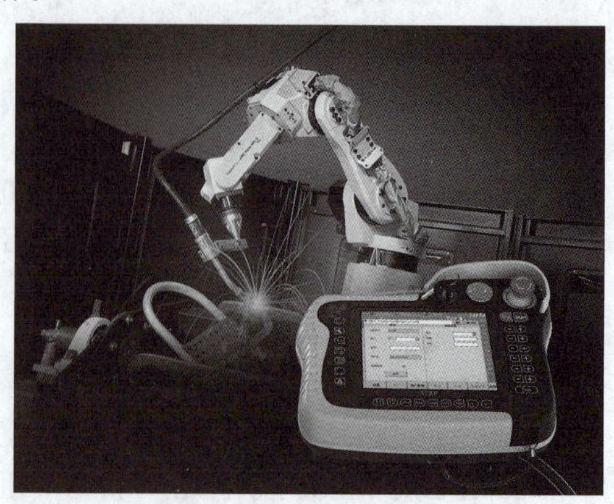

图 11-7　机器人示教

### 11.1.5 硬件配置及结构示意

由于机器人的控制过程中涉及大量的坐标变换和插补运算以及较低层的实时控制，所以机器人控制系统在结构上大多数采用分层结构的微型计算机控制系统，通常采用的是两级计算机伺服控制系统（见图 11-8）。

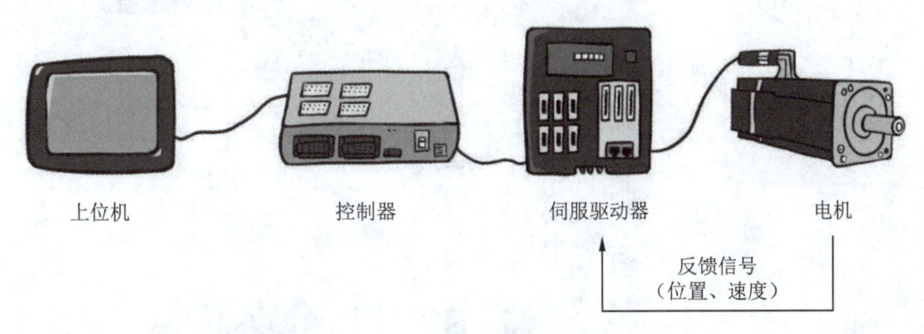


图 11-8 控制系统工作原理

其具体流程是：主控计算机接到工作人员输入的作业指令后，首先分析解释指令，确定手的运动参数，然后进行运动学、动力学和插补运算，最后得出机器人各个关节的协调运动参数。这些参数经过通信线路输出到伺服控制级，作为各个关节伺服控制系统的给定信号。关节驱动器将此信号 D/A 转换后驱动各个关节产生协调运动。传感器将各个关节的运动输出信号反馈回伺服控制级计算机形成局部闭环控制，从而更加精确地控制机器人手部在空间的运动。

基于 PLC（可编程控制器）的运动控制两种控制方式是：

（1）利用 PLC 的某些输出端口使用脉冲输出指令来产生脉冲驱动电机，同时使用通用 I/O 或者计数部件来实现电机的闭环位置控制。

（2）使用 PLC 外部扩展的位置控制模块来实现电机的闭环位置控制主要是以发高速脉冲方式控制，属于位置控制方式，一般点到点的位置控制方式较多。

## 11.2 智能控制技术

机器人的智能控制是通过传感器获得周围环境的知识，并根据自身内部的知识库作出相应的决策。采用智能控制技术，使机器人具有较强的环境适应性及自学习能力。智能控制技术的发展有赖于人工神经网络、基因算法、遗传算法、专家系统等人工智能技术的迅速发展。机器人的智能控制方法有模糊控制、神经网络控制、智能控制技术的融合（包括模糊控制和变结构控制的融合、神经网络和变结构控制的融合、模糊控制和神经网络控制的融合、基于遗传算法的模糊控制方法）等（见图 11-9）。

智能控制方法提高了机器人的速度及精度，但也有其自身的局限性，例如，机器人模糊控制的规则库如果过于庞大，则推理过程时间会过长；如果规则库简单，控制的精确性又会受到限制。无论是模糊控制还是变结构控制，抖振现象都会存在，这将给控制带来严重的影响。神经网络的隐层数量和隐层内神经元数的合理确定，是神经网络在控制方面所遇到的问题。另外，神经网络易陷于局部极小值等问题，也是智能控制设计中要解决的问题。

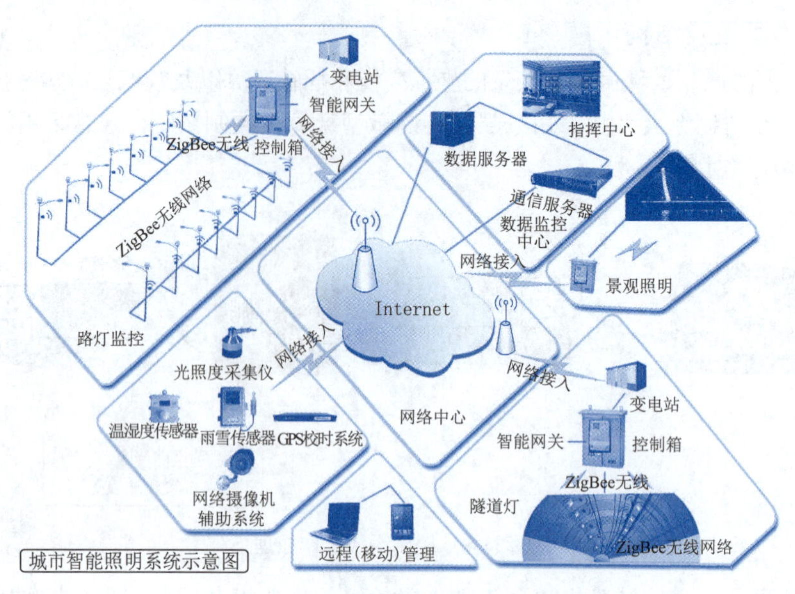


图 11-9 智能城市照明系统示意

## 11.3 人机接口技术

智能机器人的研究目标并不是完全取代人，复杂的智能机器人系统仅仅依靠计算机来控制是有一定困难，即使可以做到，也由于缺乏对环境的适应能力而并不实用。智能机器人系统需要借助人机协调来实现系统控制。因此，设计良好的人机接口就成为智能机器人研究的重点问题之一（见图 11-10）。

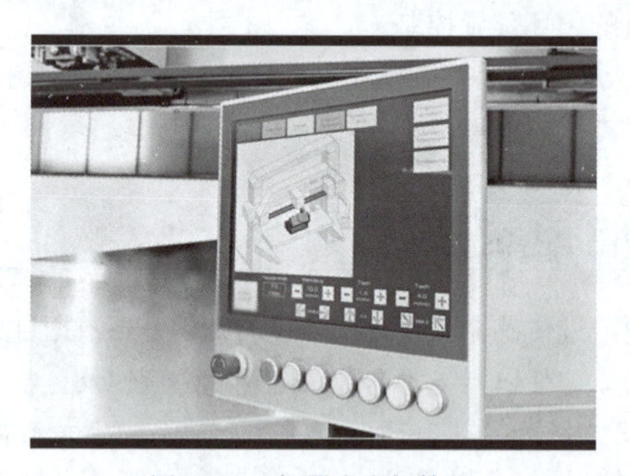

图 11-10 机器人人机接口

人机接口技术是研究如何使人方便自然地与计算机交流。为了实现这一目标，除了要求机器人控制器有友好的、灵活方便的人机界面之外，还要求计算机能够看懂文字、听懂语言、说话表达，甚至能够进行不同语言之间的翻译，而这些功能的实现又依赖于知识表示方法的研究。因此，研究人机接口技术既有巨大的应用价值，又有基础理论意义。

人机接口技术已经取得了显著成果，文字识别、语音合成与识别、图像识别与处理、机器翻译等技术开始实用化。另外，人机接口装置和交互技术、监控技术、远程操作技术、通信技术等也是人机接口技术的重要组成部分，其中远程操作技术是一个重要的研究方向。

# 11.4 机器人通信技术

工业机器人的运动性能直接决定了机器人是否能够用于特定的工艺，如精度和速度。机器人的通信方式则直接决定了机器人能否集成到系统中以及支持的控制复杂度。

## 11.4.1 普通 I/O

本地 I/O 模块（见图 11-11）是机器人控制柜上最常见的或者说是必备的模块之一。最常见的有八输入和八输出，或者 16 输入和 16 输出；以模拟量的 0 V 和 24 V 作为数字控制中的 0 和 1。在小型系统中，用来方便快速地连接电磁阀以及传感器，实现夹具等控制。

图 11-11 机器人 I/O 接口

在较复杂的 I/O 应用中，可以使用 cross-function（跨职能）将数个 I/O 信号通过固定的逻辑关系组合在一起，通过一个 I/O 信号来控制。在较少的情况下，可以将数个单独的 I/O 信号合并为一个组，用于传输较为复杂的信号。

## 11.4.2 现场总线

从系统的角度看，工业总线是用于不同工业设备之间通信的可靠接口，例如机器人和 PLC 的通信；从控制方式的角度，工业总线是作为普通 I/O 的扩展。是否使用总线以及使用何种总线，一般取决于系统中除机器人系统之外的设备能够支持的通信方式。例如，电气控制系统中的 PLC 支持网路，而且 PLC 和机器人系统有控制系统的交互，机器人一般也会选配网路通信功能。

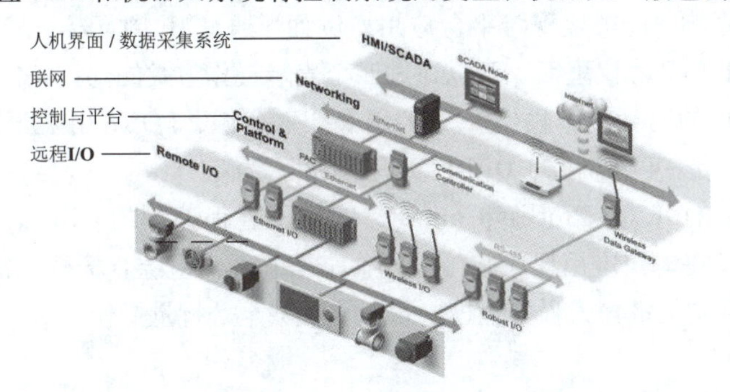


图 11-12 机器人工作场景的现场总线示意

工业机器人提供的现场总线（见图 11-12）通信方式包括网路、现场总线、设备网、以太网 IP 等，如果通信方式与主控设备不符，还可以通过使用通信转换器来转换，将主控设备与工业机器人连接。

现场总线主要解决工业现场的智能化仪器仪表、控制器、执行机构等现场设备间的数字通信以及这些现场控制设备和高级控制系统之间的全数字、双向、多站的通信系统信息传递问题。由于现场总线具有简单、可靠、经济实用等一系列突出的优点，因而受到了许多标准团体和计算机厂商的高度重视。

### 11.4.3 网络

以太网技术一直在各个领域改变着行业的游戏规则，从早期的局域网到后来的宽带网络，再到如今的互联网。以太网技术的关键组件正在被用于工业控制现场总线，推动着整个制造业生态系统的演变和进化（见图 11-13）。

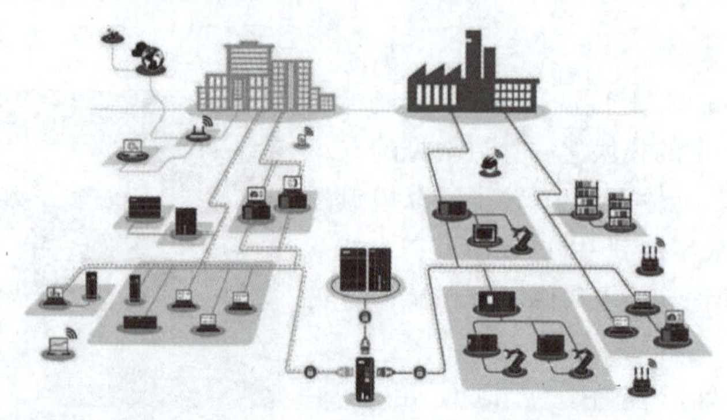

图 11-13 以太网用于工业控制现场总线

（1）Socket。非常好用的通信方式，能够以字符串的形式发送各种数据，甚至可以一次将各种数据以特定的形式打包后发送。例如，让机器人 1 在工位 2 抓取后在工位 3 位置放下，就可以表示为："robot1；pickPosition2；placePosition3"。信息的具体格式可以自定义，从而具有极强的柔性。

（2）PC SDK。这是对机器人的远程通信和控制的控制接口的一种方式。通过在高级编程语言中（只支持面向对象，如 C#）调用其 dll，就可以获取其丰富的功能。

（3）RWS。其所能提供的功能与 PC SDK 类似，只是实现方式不一样。基于 HTTP 的特点，它不受编程语言的影响，能够实现跨平台应用。例如，通过 IE 浏览器，就可以读取机器人的信息。进一步，在 HTTP 协议里面，可以通过四个表示操作方式的动词：GET、POST、PUT、DELETE 来实现对应的四种基本操作。GET 用来获取资源，POST 用来新建资源（也可以用于更新资源），PUT 用来更新资源，DELETE 用来删除资源。

（4）OPC。就是 OLE for Process Control，即用于过程控制的 OLE（对象连接与嵌入），是一个工业标准，是在客户应用程序间传输和共享信息的一组综合标准。使用 OPC 可以读取机器人状态；读写并定义机器人程序数据（可以单独甚至是批量操作）。

## 11.5 机器人电源技术

机器人电源就是利用电子开关器件（如晶体管、场效应管、可控硅闸流管等），通过控制电路，使电子开关器件不停地"接通"和"关断"，让电子开关器件对输入电压进行脉冲调制，从而实现 DC/AC、DC/DC 电压变换，以及输出电压可调和自动稳压（见图 11-14）。

开关电源一般由脉冲宽度调制（PWM）控制 IC 和 MOSFET 构成。随着电力电子技术的发展和创新，使得这个技术也在不断地创新，这一成本反转点日益向低输出电力端移动，为机器人电源提供了广阔的发展空间。

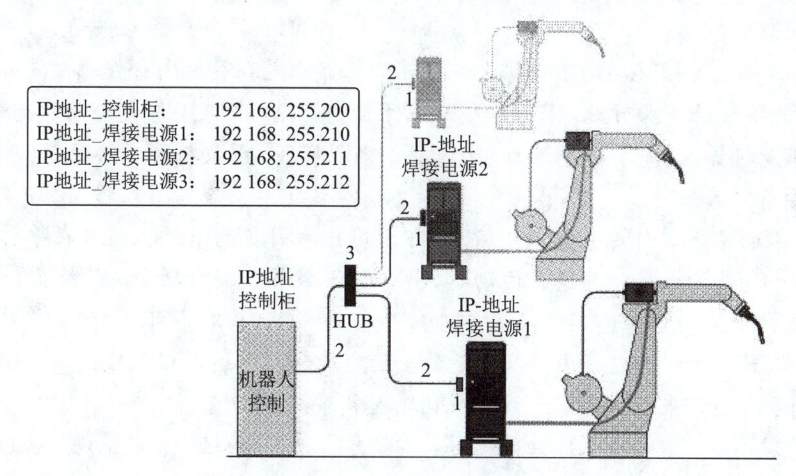


图 11-14　焊接机器人电源

1. 控制系统的任务是根据机器人的作业指令程序及传感器的反馈信号来控制机器人的(　　)，使其完成规定的运动和功能。

A. I/O 接口　　B. 人机交互　　C. 执行机构　　D. 电源系统

2. (　　) 的条件是：精确地知道被控对象模型，并且这一模型在控制过程中保持不变。该部分主要由计算机硬件和控制软件组成。

A. 开环控制　　B. 闭环控制　　C. 传感系统　　D. 电源系统

3. 机器人控制技术按所期望控制量分，包括（　　）。

① 集中控制；② 混合控制；③ 位置控制；④ 力控制

A. ①②③　　B. ①②④　　C. ①③④　　D. ②③④

4. “(　　)”的目的是使被控对象产生控制者所期望的行为方式，其基本条件是了解被控对象的特性，实质是对驱动器输出力矩的控制。

A. 感知　　B. 控制　　C. 交互　　D. 通信

5. 在机器人的位置控制中，(　　) 控制方式只对工业机器人末端执行器在作业空间中某些规定的离散点上的姿态进行控制。

A. 直接　　B. 力（力矩）　　C. 点位　　D. 连续轨迹

6. 在机器人的位置控制中，(　　) 控制方式是对工业机器人末端执行器在作业空间中的位姿进行连续控制，严格按照预定轨迹和速度在一定的精度范围内运动。

A. 直接　　B. 力（力矩）　　C. 点位　　D. 连续轨迹

7. 在机器人的位置控制中，(　　) 控制方式是指机器人在完成一些与环境存在力作用的任务时，比如打磨、装配、抓放物体，除了要求准确定位之外，还要求所使用的力或力矩必须合适。

A. 直接　　B. 力（力矩）　　C. 点位　　D. 连续轨迹

8. (　　) 轨迹常用的轨迹规划包括机械臂末端行走的曲线轨迹（点位作业），或是操作臂在运动过程中的位移、速度和加速度的曲线轮廓（连续路径作业，或称轮廓运动）。

A. 工业机器人　　B. 移动机器人路径

C. 静态机器人　　D. 固态机器人移动

9. (　　) 轨迹是指移动的路径轨迹规划，如机器人是在有地图条件或是没有地图的条件下，按什么样的路径轨迹来行走，基于模型和基于传感器路径规划，还是全局和局部路径规划。

A. 工业机器人　　B. 移动机器人路径

C. 静态机器人　　D. 固态机器人移动

10. 机器人的基本工作原理是 (　　)，即由用户导引机器人，机器人在导引过程中自动记忆示教中每个动作的位置、姿态、运动参数 / 工艺参数等，并自动生成连续执行程序。

A. 直接导引　　B. 导引辅助　　C. 基准导引　　D. 示教再现

11. 由于机器人的控制过程中涉及大量的坐标变换和插补运算以及较低层的实时控制，所以机器人控制系统通常采用 (　　) 计算机伺服控制系统。

A. 直接　　B. 单级　　C. 两级　　D. 五级

12. 机器人的智能控制是通过 (　　) 获得周围环境的知识，并根据自身内部的知识库作出相应的决策。

A. 传感器　　B. 示波器　　C. 感应器　　D. 干扰器

13. 研究智能机器人的目的 (　　)。复杂的智能机器人系统仅仅依靠计算机来控制是有一定困难的。

A. 是探索人体器官移植　　B. 是探索人类大脑结构

C. 完全取代人的作用　　D. 并不是完全取代人

14. 工业机器人的 (　　) 直接决定了机器人是否能够用于特定的工艺，其通信方式则直接决定了机器人能否集成到系统中以及支持的控制复杂度。

A. 敏感水平　　B. 运动性能　　C. 显示质量　　D. 计算精度

15. (　　) 是机器人控制柜上常见或者说必备的模块之一，它以模拟量 0 V 和 24 V 作为数字控制的 0 和 1，在小型系统中用来快速地连接电磁阀以及传感器，实现夹具等控制。

A. 现场总线　　B. 网络　　C. 本地 I/O 模块　　D. 现场总线

16. 从系统的角度看，(　　) 是用于不同工业设备之间通信的可靠接口，例如机器人和 PLC 的通信。

A. 现场总线　　B. 网络　　C. 本地 I/O 模块　　D. 工业总线

17. 工业机器人提供的 (　　) 通信方式包括网路、现场总线、设备网、以太网 IP 等，如果通信方式与主控设备不符，还可以通过使用通信转换器来转换，将主控设备与工业机器人连接。

A. 现场总线　　B. 网络　　C. 本地 I/O 模块　　D. 工业总线

18. (　　) 一直影响着早期的局域网到后来的宽带网络，再到如今的互联网，其关键组件正在被用于工业控制现场总线，推动着整个制造业生态系统的演变和进化。

A. 加密安全网　　B. 以太网技术

C. 互联网通信　　D. 工业内联网

19. 机器人 (　　) 就是利用电子开关器件，通过控制电路，使电子开关器件不停地“接通”和“关断”，对输入电压进行脉冲调制，从而实现电压变换，以及输出电压可调和自动稳压。

A. 电流　　B. 电压　　C. 电源　　D. 电缆

20. 智能的发达是第三代机器人的一个重要特征。人们根据机器人的智力水平决定其所属的机器人代别。除了受控机器人之外，其他三代机器人分别是 (　　)。

① 感觉机器人；② 双臂机器人；③ 可训练机器人；④ 智能机器人

A. ②③④　　B. ①②③　　C. ①③④　　D. ①②③

## 研究性学习 根据工作场景分析机器人控制过程

小组活动：

（1）请阅读本课的【导读案例】，结合网络搜索更多信息。讨论：进一步熟悉斯坦福的 AI 和机器人实验室，熟悉斯坦福的人工智能华人团队及其科学成果。请简单记录搜索和讨论成果。

（2）如图 11-15 所示，这是一个工业机器人的工作场景。请根据图示撰写报告，分析：

① 图中设备在作业中所起的作用：

机器人控制柜：______________________________

机器人线缆：______________________________

视觉设置计算机：______________________________

机器人本体：______________________________

四台工业相机：______________________________

② 可能的作业场景描述：______________________________

______________________________

______________________________

______________________________

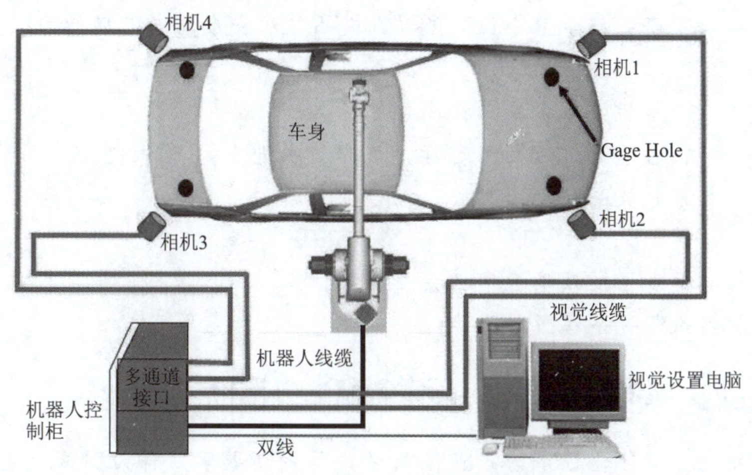


图 11-15　机器人工作场景示意图

活动记录：______________________________

______________________________

______________________________

______________________________

______________________________

实训评价（教师）：______________________________

______________________________

# 第12课

# 机器人视觉系统

## 学习目标

**知识目标**

（1）熟悉机器人视觉，了解机器视觉系统的构成。

（2）熟悉机器视觉应用领域与应用场景。

（3）了解三维成像技术，了解机器人视觉系统设计。

**能力目标**

（1）掌握专业知识的学习方法，培养阅读、思考与研究的能力。

（2）积极参与“研究性学习小组”活动，提高组织和参与活动的能力，具备团队精神。

**素质目标**

（1）热爱学习，掌握学习方法，提高学习能力。

（2）热爱读书，善于分析，勤于思考，关心技术进步。

（3）体验、积累和提高“大国工匠”的专业素质。

**重点难点**

（1）熟悉机器视觉系统及其应用场景。

（2）熟悉机器人视觉系统设计。

## 导读案例 机器狗“绝影”探索智慧电力巡检

如今，数字化、智能化已成为产业高质量发展的新引擎。作为国家最重要的基础设施之一，变电站与电网的稳定运行是经济与民生发展的重中之重。为提高电力巡检效率，解决人工巡检强度大、质量不均衡、轮式机器人无法适应变电站复杂地形等问题，杭州云深处科技公司与南方电网数字电网研究院合作，从机构设计和优化、运动规划与控制、状态估计与环境感知等方面着手，融合“绝影”机器狗的运动能力与智能化算法、识别能力，为电力系统巡检探索智能、高效的检测解决方案，实现了“绝影”智能机器狗（见图12-1）在变电站复杂地形下的例行巡视、表计抄录并自动存储对比分析、红外精确测温、后台自动存档分析等作业，探索智慧电力巡检。

电力巡检重复性强、人工强度高，变电站地形复杂，国内变电站大多采用人工巡视方式，重复性强、强度高，受巡视人员心理素质、业务水平、工作经验和精神状态等诸多因素的制约，漏检、误检、缺陷漏发现情况时有发生，这些原因导致的设备缺陷可能引发电路事故，难以满足现代化变电站安全运行的要求。此外，传统电力巡检机器人多为轮式，无法在不规则地面连续作业，变电站中往往地形复杂，需要跨楼层经过台阶巡检，或经过有石子的路面、草地、泥地等，若对环境进行改造，成本巨大。

图 12-1　机器狗“绝影”电力巡检

作为集行走、跑步、跳跃和倒地爬起等运动能力于一身的智能化设备，在不改变原有环境的前提下，一只“绝影”智能四足机器狗能全场景覆盖变电站。在实地验证中，“绝影”机器狗对变电站室外鹅卵石、草地、陡坡等非结构化地形具有高适应性，还通过了交界处的各种台阶、楼梯等障碍物（见图 12-2）。

图 12-2　“绝影”在变电站现场测试巡检

全场景覆盖将为电力系统带来更高效的电力巡检：

（1）大幅扩大机器人巡检区域：一只“绝影”机器狗可覆盖 2.5 万平方米变电站。

（2）打通室外、室内巡检场景：以往变电站室外与室内环境需要不同的机器人，现在同一台“绝影”就能胜任室内外不同地形，并跨越边界障碍，降低巡检成本，提高管理效率。

（3）提升巡检效率与数据精确度：相比传统的轮式机器人，“绝影”能够跨越障碍物，缩短巡检路程，选取更合适的观测位置。

全向自主导航，智能识别，智慧巡检“绝影”基于激光雷达的 SLAM（实时定位与地图构建），实现了变电站免模型的点云建图，在 2.5 万平方米的变电站中仅花费约 20 min 采集三维点云数据，能根据任务模型实现全向导航路径自主规划，并实时上报坐标信息（见图 12-3）。“绝影”AI 算力实现就地目标检测小闭环，可容忍环境扰动因素造成的偏差，基于深度学习的算法模型实现目标状态识别、温度检测。

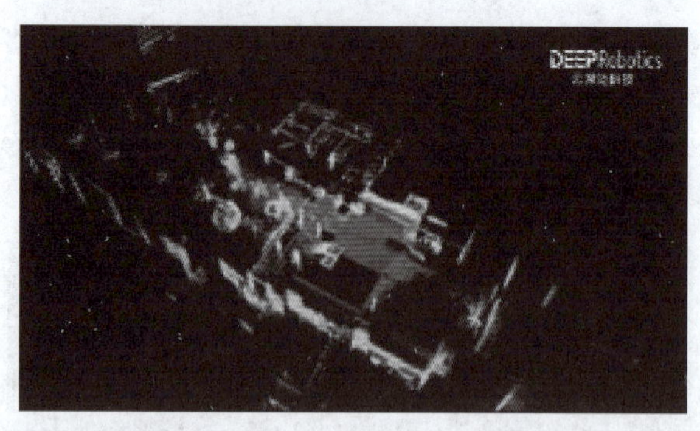


图 12-3 “绝影”实时定位与地图构建

资料来源：@云深处科技，腾讯新闻，2021 年 5 月 12 日。

**阅读上文，请思考、分析并简单记录：**

(1) 机器狗“绝影”探索智慧电力巡检，其关键特点是什么？请简述之。

答：

(2) 请网络搜索“波士顿机器狗”，了解更多关于波士顿机器狗的图片、视频片段。请记录你看到的新奇功能和你欣赏的创新活动。

答：

(3) 在国内应用市场上出现了很多波士顿机器人的类似产品，对此你有什么看法？请简单讨论。

答：

(4) 请简单记述你所知道的上一周内发生的国际、国内或者身边的大事。

答：

从 20 世纪 60 年代开始，人们着手研究机器视觉系统。一开始，视觉系统只能识别平面上的类似积木的物体，到了 20 年代已经可以认识某些加工部件，也能认识室内的桌子、电话等物品了。当时的研究工作虽然进展很快，但却无法用于实际。这是因为视觉系统的信息量极大，处理这些信息的硬件系统十分庞大，花费的时间也很长。

随着大规模集成技术的发展，计算机内存的体积不断缩小，价格急剧下降，速度不断提高，视觉系统也走向了实用化。进入 20 世纪 80 年代后，由于微计算机的飞速发展，实用的视觉系统已经进入各个领域，其中用于机器人的视觉系统数量日益增多。

## 12.1 机器人的视觉

进入人工智能时代，机器人产业经历了井喷式发展，工业机器人、服务机器人、特种机器人等应用领域新场景不断落地，而当下，以机器之“眼（视觉）”为开始，机器人技术正发起一场新的感知变革（见图 12-4）。

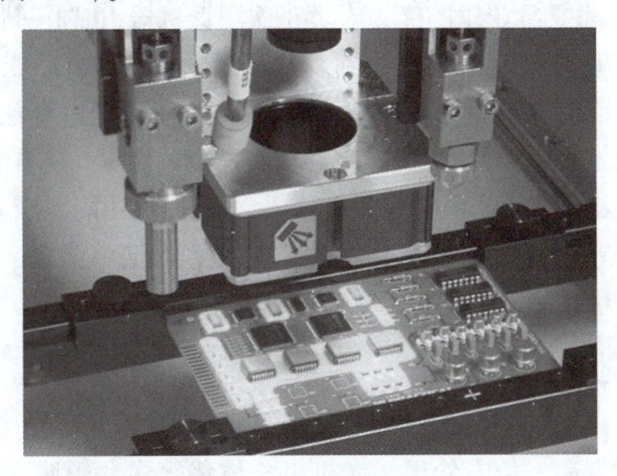

图 12-4 机器视觉

### 12.1.1 智能机器人的“眼”

对于智能机器人的研发一直在借鉴着人类本身，同样“眼睛”也不例外。人类通过眼睛“看清”周围环境中的事物，在反馈到大脑后，对事物形成“认知和决策”。构成机器“眼睛”的技术从最初的陀螺仪、红外线到激光雷达等经历了多次迭代，其中具有划时代意义的当属激光雷达技术（见图 12-5）的应用，加之同时期谷歌对 Cartographer（制图师，谷歌的一个视觉算法）的开源，使得机器人技术得到显著进步，采用激光方案的产品不断出现并占领市场。

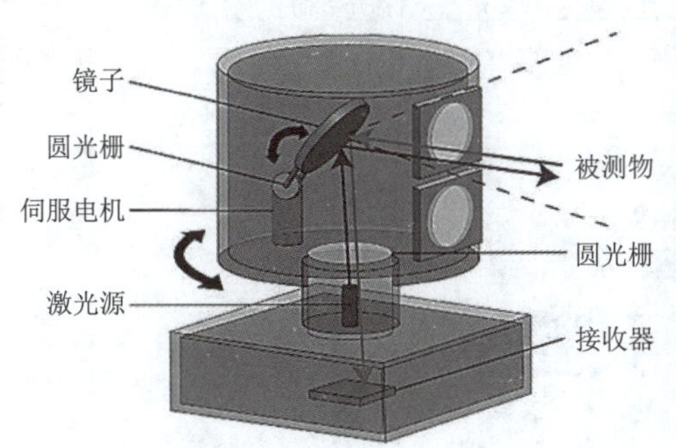

图 12-5 激光雷达的结构

从技术角度看，激光雷达技术受热捧的原因主要得益于其技术原理，通过向周围发射激光，光线反弹后被接收器捕获，根据时间确定物体的距离，计算出物体的姿态信息和物理形状，经过算法处理构建二维地图，从而帮助机器人实现自主定位导航及避障。而这正是之前的技术方案所做不到的。

激光雷达技术为机器人的发展奠定了基础，帮助机器人实现了“看”和自主移动的能力。如何让机器人更像“人”，机器人的“眼”仍是关键。真正意义上的智能机器人不仅应该具有基础感知环境的能力，还应该具有对环境的认知、记忆的能力，对人的姿态识别、情绪识别能力等，而人工智能视觉的加入，为此提供了新的实现路径。

### 12.1.2 AI 视觉让机器人“睁开眼”

作为机器视觉系统最直接的信息源，AI 视觉通过利用视觉传感器和计算机代替人眼，使机器拥有类似于人眼对目标进行分割、分类、识别、跟踪、判别决策的功能，从而使系统模拟人类“思维”，实现人类思维逻辑的能力，真正实现让机器人“睁开眼”。

AI 视觉的原理和其他方案有着本质区别。利用视觉传感器可以获取海量的、富于冗杂的纹理信息，拥有强大的场景辨识能力。采集到的 2D 环境信息经过算法处理，可生成三维环境地图，拥有丰富的语义信息，不仅可解析出机器与障碍物的距离，还有它的体积以及属性信息。

此外，对于需要进入人类活动中的服务机器人，AI 视觉还能识别人的姿态（点头、摇头、体态、手势、手臂关节等）、表情变化、触摸屏以及语音对话等信息，将这些信息综合起来决策反馈出用户潜在的交互意图，实现复杂度更高的业务逻辑。

### 12.1.3 了解机器视觉系统

机器视觉系统综合了光学、机械、电子、计算机软硬件等方面的技术，涉及计算机、图像处理、模式识别、人工智能、信号处理、光机电一体化等多个领域。图像处理和模式识别等技术的快速发展，也大大推动了机器视觉的发展。

一般来说，机器视觉系统包括了照明系统、镜头、摄像系统和图像处理系统。对于每一个应用，都需要考虑系统的运行速度和图像的处理速度、使用彩色还是黑白摄像机、检测目标的尺寸还是检测目标有无缺陷、视场需要多大、分辨率需要多高、对比度需要多大等。

从功能看，典型机器视觉系统可以分为图像采集、图像处理和运动控制等部分（见图 12-6）。

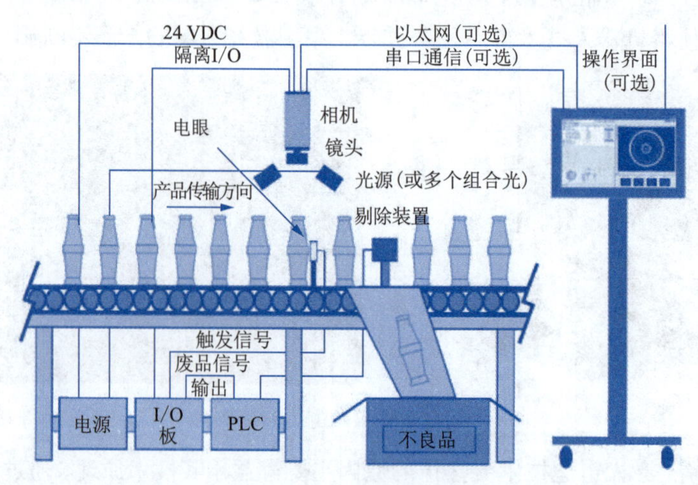


图 12-6 机器视觉系统

（1）非接触测量，对于观测者与被观测者都不会产生任何损伤，从而提高系统的可靠性。

（2）具有较宽的光谱响应范围，例如使用人眼看不见的红外测量，扩展了人眼的视觉范围。

(3) 长时间稳定工作，人类难以长时间对同一对象进行观察，而机器视觉则可以长时间地完成测量、分析和识别任务。

机器视觉系统的应用领域越来越广泛。在工业、农业、国防、交通、医疗、金融、体育、娱乐等行业都获得了广泛应用，已经深入到人们的生活、生产和工作的方方面面。

## 12.2 机器视觉系统构成

视觉系统的设计分为软件设计和硬件设计两大部分。

### 12.2.1 视觉系统的硬件设计

典型的机器视觉系统主要由镜头、摄像机、图像采集卡、输入 / 输出单元、控制装置构成（见图 12-7）。一套视觉系统的好坏取决于摄像机像素的高低和硬件质量的优劣，更重要的是各个部件间的相互配合和合理使用。

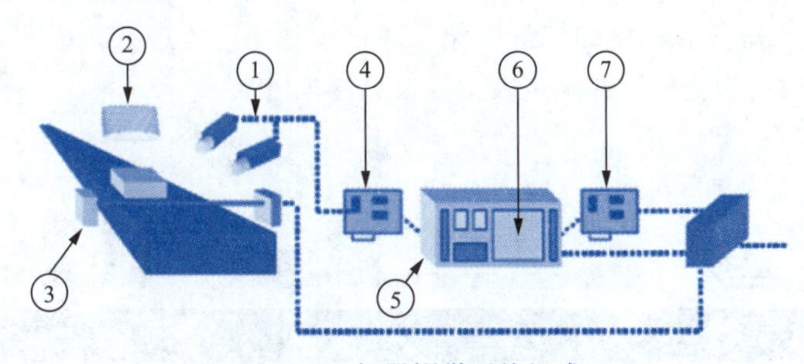


图 12-7 机器视觉系统组成

(1) 工业相机与工业镜头，又称摄像头和光学部件。视觉系统通常都是由一套或者多套成像器件（摄像头和镜头等光学部件）组成，用于拍摄被检测的物体。如果有多路相机，可以经图像卡切换来获取图像数据，也可能由同步控制同时获取多相机通道的数据。根据应用所需要的相机可能是输出标准单色视频（RS-170/CCIR）、复合信号（Y/C）、RGB 信号，也可能是非标准的逐行扫描信号、线扫描信号、高分辨率信号等。

(2) 光源。灯光用于照亮部件，以便从摄像头中拍摄到更好的图像，灯光系统可以有不同形状、尺寸和亮度，作为辅助成像器件，对成像质量的好坏往往能起到至关重要的作用。一般的灯光可以是高频荧光灯、LED、白炽灯和石英卤素灯等形式。

(3) 传感器。通常以光纤开关、接近开关等光栅或传感器的形式出现。当传感器感知到部件靠近时，会给出一个触发信号。当部件处于正确位置时，传感器会告诉机器视觉系统去采集图像，用以判断被测对象的位置和状态，告知图像传感器进行正确的采集。

(4) 图像采集卡，也称视频抓取卡。通常以插入卡的形式安装在 PC 中。图像采集卡的主要工作是将摄像头与 PC 连接起来，把相机输出的图像输送给计算机主机，将来自相机的模拟或数字信号转换成一定格式的图像数据流，同时可以控制相机的一些参数，比如触发信号、曝光 / 积分时间、快门速度等。图像采集卡形式很多，通常有不同的硬件结构以针对不同类型的相机，同时也有不同的总线形式，比如 PCI、PCI64、Compact PCI、PC104、ISA 等。

(5) PC 平台。这是视觉系统的核心，在这里完成图像数据的处理和绝大部分的控制逻辑，对于检测类型的应用，通常都需要较高频率的 CPU，这样可以减少处理的时间。同时，为了减少工业现场电磁、振动、灰尘、温度等的干扰，必须选择工业级的计算机。

（6）视觉处理软件。用来创建和执行程序、处理采集来的图像数据理，然后通过一定的运算得出结果，这个输出的结果可能是“通过 / 失败”（PASS/FAIL）信号、坐标位置、字符串等。常见的机器视觉软件以 C/C++ 图像库、ActiveX 控件、图形式编程环境等形式出现，可以是专用功能的（比如仅仅用于 LCD 检测、BGA 检测、模板对准等），也可以是通用目的的（包括定位、测量、条码 / 字符识别、斑点检测、机器人导航、现场验证等）。

（7）控制单元（包含 I/O、运动控制、电平转化单元等）。一旦视觉软件完成图像分析（除非仅用于监控），紧接着需要和外部单元进行通信以完成对生产过程的控制。简单的控制可以直接利用部分图像采集卡自带的 I/O，相对复杂的逻辑 / 运动控制则必须依靠附加可编程逻辑控制单元 / 运动控制卡来实现必要的动作。

### 12.2.2 视觉系统的工作原理

机器人视觉的图像获取由照明系统、视觉传感器、模拟—数字转换器和帧存储器等组成。机器人通过视觉传感器获取环境的二维图像，通过视觉处理器进行分析和解释，进而转换为符号，让机器人能够辨识物体，并确定其位置（见图 12-8）。

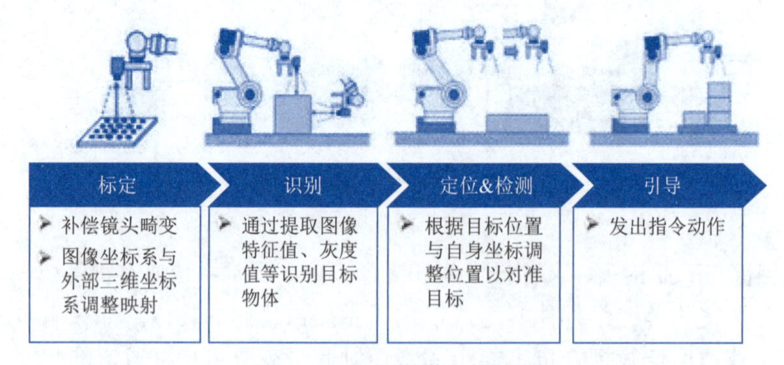


图 12-8 机器视觉工作原理

一个机器视觉系统的主要工作过程（见图 12-9）是：

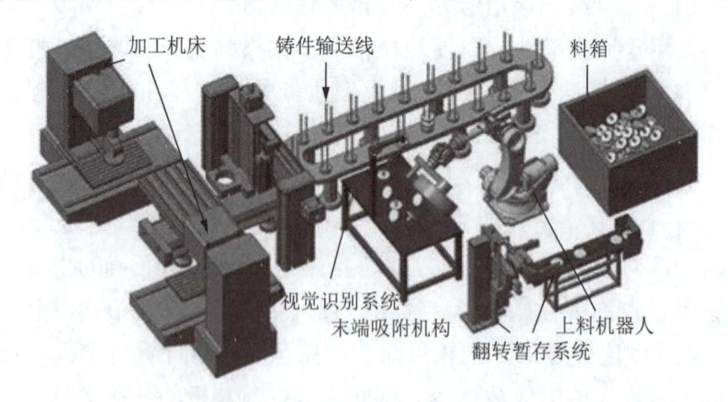


图 12-9 机器视觉应用系统

（1）工件定位检测器探测到物体已经运动至接近摄像系统的视野中心，向图像采集部分发送触发脉冲。

（2）图像采集部分按照事先设定的程序和延时，分别向摄像机和照明系统发出启动脉冲。

(3) 摄像机停止目前的扫描，重新开始新的一帧扫描，或者摄像机在启动脉冲来到之前处于等待状态，启动脉冲到来后启动一帧扫描。

(4) 摄像机开始新的扫描之前打开曝光机构，曝光时间可以事先设定。

(5) 另一个启动脉冲打开灯光照明，灯光的开启时间应该与摄像机的曝光时间匹配。

(6) 摄像机曝光后，正式开始一帧图像的扫描和输出。

(7) 图像采集部分接收模拟视频信号通过 A/D 将其数字化，或者是直接接收摄像机数字化后的数字视频数据。

(8) 图像采集部分将数字图像存放在处理器或计算机的内存中。

(9) 处理器对图像进行处理、分析、识别，获得测量结果或逻辑控制值。

(10) 处理结果控制流水线的动作、进行定位、纠正运动的误差等。

### 12.2.3 视觉系统的软件设计

视觉系统的软件设计是一个复杂的课题，不仅要考虑到程序设计的最优化，还要考虑到算法的有效性及其能否实现，在软件设计的过程中要考虑到可能出现的各种问题。

视觉系统的软件设计完成还要对其健壮性进行检测和提高，以适应复杂的外部环境。

## 12.3 机器视觉应用领域

传统制造业面临的转型升级将给自动化行业带来巨大的市场机遇，而机器视觉作为自动化领域的高智能化产品，未来具有巨大的发展潜力。工业机器视觉难点在于精度和速度，要求通常都在毫米级，且工业领域工业机器人抓手的变动是在三维空间内。根据功能不同，机器人视觉可分为视觉检验和视觉引导两种。

### 12.3.1 触摸屏

随着技术的发展，人们对电子产品交互体验的要求越来越高，触摸屏设备正在逐步成为平板电脑、手机、电子书、GPS、游戏机等设备的新宠。触摸屏生产工艺复杂，从上游的 ITO 玻璃镀膜（即铟锡氧化物半导体透明导电膜）、光刻、集成电路组件加工，到中游的触摸屏模组贴合、丝网印刷、切割，再到下游的触摸屏模组贴合、盖板玻璃检测，都对工艺提出很高的要求，使机器视觉技术成为相关环节生产和质量检测的必要技术。

### 12.3.2 平板显示器

平板显示器（FPD）行业包括 LCD（液晶）、LED（发光二极管）、OLED（有机发光二极管）等多种显示设备，各种技术工艺流程都非常复杂，其中 LCD 是当前最主要的显示技术。FPD 行业对生产效率和产品品质有极高的要求，机器视觉技术作为非接触、高精度、高速度的生产，检测能力成为不可或缺的技术手段。从前端的 ITO（半导体透明导电膜）玻璃检测、背光模组检测，到 Cell 贴合、LCD 模组的 COG 设备、对位贴合、切割机、飞针检测设备等，机器视觉技术的应用提高了设备厂商的核心竞争力。

### 12.3.3 激光加工

激光加工是一种应用广泛的工业加工技术（见图 12-10），利用对激光器的运动控制，实现高精度的打标、切割、雕刻、焊接等功能。随着激光加工的工艺升级，传统技术已经不能满足工业加工对高精度高速度的要求。机器视觉技术与激光技术融合，同时视觉定位和引导实现高精度加工，降低了对高成本精密卡具的需求，有助于提升设备精度，降低加工成本。

### 12.3.4 太阳能板制造

太阳能是最有价值的未来绿色能源之一，对太阳能电池生产设备有很高的要求，从硅锭、硅片纯度、到加工镀膜过程的质量控制，都会影响最后太阳能电池片的光电装换效率。高质量的产线能够减低废品率，从而降低生产能耗与太阳能电池片产出比，使太阳能成为真正的清洁能源。在太阳能电池片生产过程中，通过机器视觉定位、测量、检测等技术可大大提高成品率，降低生产成本（见图 12-11）。

图 12-10　激光加工

图 12-11　生产太阳能电池板

### 12.3.5 半导体生产

半导体技术是现代信息产业的根基，也是机器视觉技术最早的发源地。20 世纪 90 年代，欧美半导体企业在半导体行业中应用图像技术，使其后来逐步发展成为今天的机器视觉技术，并成为半导体工业不可或缺的关键技术（见图 12-12）。同时，半导体产业规模庞大，行业摩尔效应为行业工艺不断提出挑战，也对其生产设备中的机器视觉的要求不断提高。

例如，印制电路板（PCB）是电子信息产品主要的产品载体，在 PCB 行业发展相对成熟的今天，行业竞争激烈，对高性能设备的综合制造能力的要求越来越高。随着多层板、挠性板、刚挠板等 PCB 制造技术的发展，对 PCB 生产工艺提出了更高的要求（见图 12-13）。机器视觉技术在 PCB 板制造过程中得到广泛应用，在菲林 AOI、PCB AOI、PCB AVI、内层板 AXI、PCB 丝网印刷、自动曝光机、SPI、打孔机等设备中，机器视觉定位、检测等视觉技术可实现快速、精准的质量检测和过程，提高产品质量和生产效率，是设备性能提升的可靠保障。

图 12-12　生产半导体芯片

图 12-13　PCB 生产

表面贴装技术（SMT）行业是继 PCB 后又一重点电子信息产业，也是中国机器视觉设备商的发源地，电子元器件小型化、器件贴装高密度化、器件管脚阵列复杂化和多样化都给现代 SMT 设备提出更高的要求。通过运用机器视觉视觉定位、测量、检测技术，提升 SMT 设备生产效率、提高贴装精度、提升连续贴装工作稳定性，助力 SMT 行业的设备升级和技术提高。

### 12.3.6 机器人与工厂自动化

工业机器人是面向工业领域的多关节机械手或多自由度的机器人，在工业生产中替代人工执行单调、频繁、长时间作业，或是危险、恶劣环境下的作业，如冲压、压力锻造、热处理、焊接、涂装、塑料制品成形、机械加工和简单装配等工序，是现代工厂自动化水平的重要标志。机器人与视觉技术结合，能完成更精准的组装、焊接、处理、搬运等工作。

例如，药品的生产和加工过程是非常严格的管理过程，任何微小的差错都有可能造成严重的后果。通过机器视觉手段实现对药品生产过程的质量控制和管理控制，提升药品质量和包装质量，保障患者的生命安全（见图 12-14）。

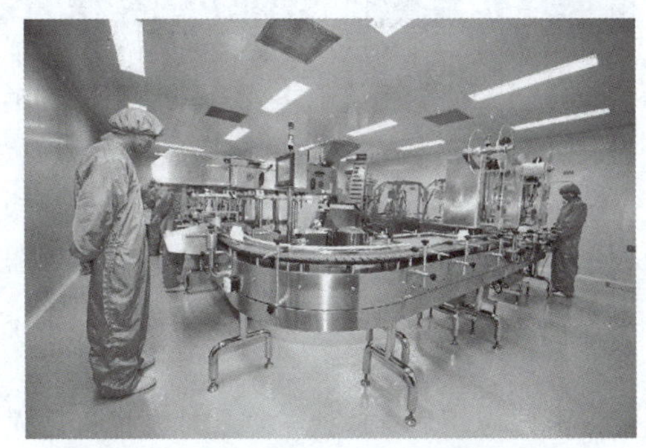

图 12-14 制药工业

汽车行业作为一个自动化程度比较高的高科技行业，很多先进的自动化技术已经成功地运用到该行业各个生产流程中。在汽车制造的许多环节已经做到了无人化操作，这就要求有一种可靠的检测技术去验证每一次装配的正确性及装配部件的合格性。机器视觉技术以其独特的技术优势成为自动检测系统的首选。机器视觉已经被广泛地应用于汽车生产制造的各个环节，例如汽车零部件的尺寸及外观质量检测，自动装配正确性的检测。以前传统的检测方式耗费大量人力，而且容易受到工人主观情绪及自身技术水平的影响。许多汽车制造厂家使用机器视觉检测来替代传统的检测方式，并取得了良好的效果。

### 12.3.7 智慧物流

现代工业生产流程管理是现代化生产效率和先进性的体现，通过对条码和字符的识别和跟踪，能够形成原材料器件、产成品、包装箱、产品垛之间的一一对应，使现代生产具备可管理、可追溯型（见图 12-15）。对于工业品的生产工业管理和器件追溯、食品饮料防止串货和安全追溯、汽车行业的零部件追溯有着非常重要的应用意义。

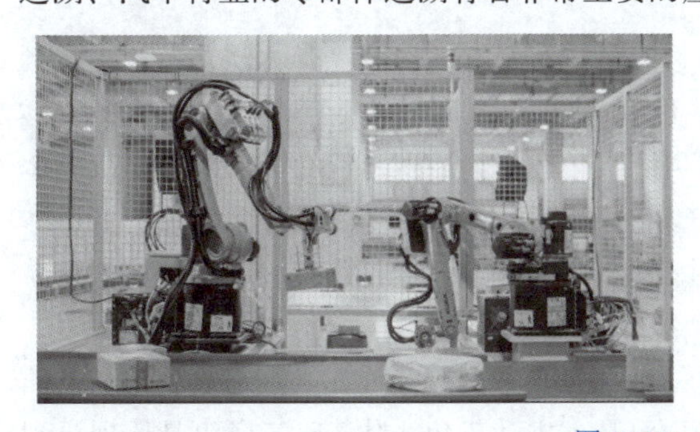

图 12-15 物流分拣

### 12.3.8 OCR

在很多行业中，比如印刷、物流、食品包装等行业，大量涉及印刷质量检查、包装质量检查以及产品包装上的条码检查和字符识别等环节。这些应用的共同特点是，连续大批量生产、对外观质量的要求高，具有高度重复性和智能性。利用OCR（光学字符识别）中机器视觉的精度、速度以及工业环境下的可靠性，来进行字符、图案、条码的识别，实现生产过程中自动高效的测量、检查和辨识。

## 12.4 三维成像技术

机器人视觉系统的主要功能是模拟人眼视觉成像与人脑智能判断和决策功能，采用图像传感技术获取目标对象的信息，通过对图像信息提取、处理并理解，最终用于机器人系统对目标实施测量、检测、识别与定位等任务，或用于机械人自身的伺服控制。

在工业应用领域，最具有代表性的机器人视觉系统就是机器人手眼系统。根据成像单元安装方式不同，机器人手眼系统分为两大类：固定成像“眼看手”系统与随动成像“眼在手”系统（见图12-16）。

有些应用场合，为了更好地发挥机器人手眼系统的性能，充分利用固定成像眼看手系统全局视场和随动成像眼在手系统局部视场高分辨率和高精度的性能，可采用两者混合协同模式，如用固定成像眼看手系统负责机器人的定位，使用随动成像眼在手系统负责机器人的定向；或者利用固定成像眼看手系统估计机器人相对目标的方位，利用随动成像眼在手系统负责目标姿态的高精度估计等（见图12-17）。

图12-16 眼在手与眼看手两种机器人手眼系统结合

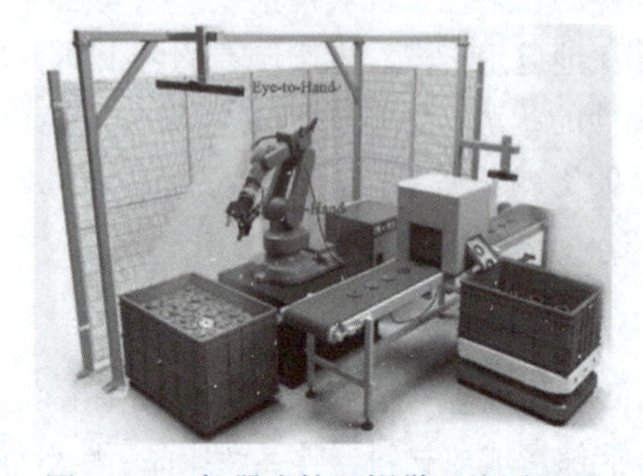


图12-17 机器人协同视觉系统原理图

### 12.4.1 三维成像方法

3D视觉成像可分为光学和非光学成像方法。目前应用最多的还是光学方法，包括飞行时间法、激光扫描法、激光投影成像、立体视觉成像等。

（1）飞行时间（TOF）3D成像。飞行时间相机每个像素利用光飞行的时间差来获取物体的深度。目前已经有飞行时间面阵相机商业化产品，可用于大视野、远距离、低精度、低成本的3D图像采集，特点是检测速度快、视野范围较大、工作距离远、价格便宜，但精度低，易受环境光的干扰。

（2）扫描3D成像。可分为扫描测距、主动三角法、色散共焦法。扫描测距是利用一条准直光束通过1D测距扫描整个目标表面来实现3D测量。主动三角法是基于三角测量原理，利用准直光束、一条或多条平面光束扫描目标表面完成 3D 成像（见图 12-18）。色散共焦通过分析反射光束的光谱，获得对应光谱光的聚集位置（见图 12-19）。

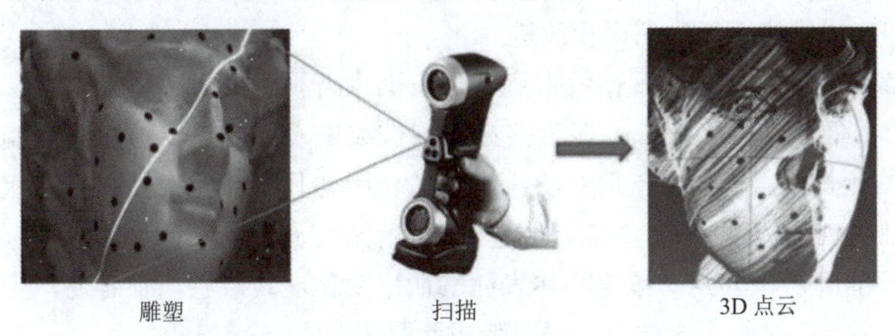


图 12-18　线结构光扫描三维点云生成示意图

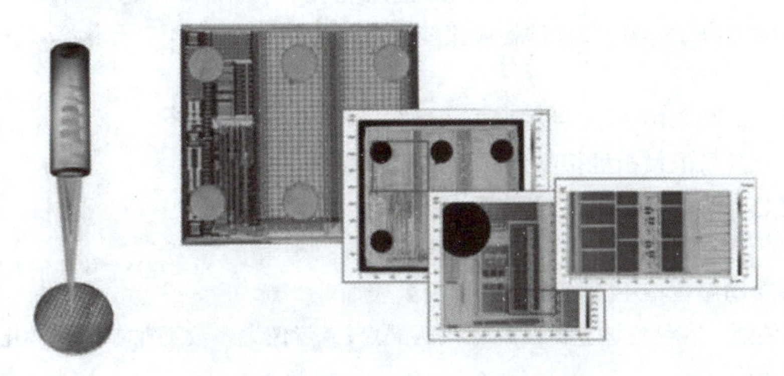

图 12-19　色散共焦扫描三维成像示意图

扫描 3D 成像的最大优点是测量精度高。其中色散共焦法有其他方法难以比拟的优点，如非常适合测量透明物体、高反与光滑表面的物体。但缺点是速度慢、效率低。用于机械手臂末端时，可实现高精度 3D 测量，但不适合机械手臂实时 3D 引导与定位，因此应用场合有限。另外，主动三角扫描在测量复杂结构面形时容易产生遮挡，需要通过合理规划末端路径与姿态来解决。

（3）结构光投影 3D 成像。目前这是机器人 3D 视觉感知的主要方式。结构光成像系统是由若干台投影仪和相机组成，常用的结构形式有：单投影仪—单相机、单投影仪—双相机、单投影仪—多相机、单相机—双投影仪和单相机—多投影仪等。结构光投影三维成像的基本工作原理是：投影仪向目标物体投射特定的结构光照明图案，由相机摄取被目标调制后的图像，再通过图像处理和视觉模型求出目标物体的三维信息。

根据结构光投影次数划分，结构光投影三维成像可以分成单次投影3D和多次投影3D方法。单次投影 3D 主要采用空间复用编码和频率复用编码形式实现。由于单次投影曝光和成像时间短，抗振动性能好，适合运动物体的 3D 成像，如机器人实时运动引导，手眼机器人对生产线上连续运动产品进行抓取等操作。但是，深度垂直方向上的空间分辨率受到目标视场、镜头倍率和相机像素等因素的影响，大视场情况下不容易提升。

多次投影 3D 具有较高空间分辨率，能有效地解决表面斜率阶跃变化和空洞等问题。不足之处在于：

① 对于连续相移投影方法，3D 重构的精度容易受到投影仪、相机的非线性和环境变化的影响；

② 抗振动性能差，不合适测量连续运动的物体；

③ 在眼在手视觉导引系统中，机械臂不易在连续运动时进行 3D 成像和引导；

④ 实时性差。不过随着投影仪投射频率和 CCD/CMOS 图像传感器采集速度的提高，多次投影方法实时 3D 成像的性能也在逐步改进。

对于粗糙表面，结构光可以直接投射到物体表面进行视觉成像；但对于大反射率光滑表面和镜面物体 3D 成像，结构光投影不能直接投射到被成像表面，需要借助镜面偏折法。偏折法对于复杂面型的测量，通常需要借助多次投影方法，因此具有与多次投影方法相同的缺点。另外，偏折法对曲率变化大的表面测量有一定的难度，因为条纹偏折后反射角的变化率是被测表面曲率变化率的 2 倍，因此对被测物体表面的曲率变化比较敏感，很容易产生遮挡难题。

（4）立体视觉 3D 成像。这是用一只眼睛或两只眼睛感知三维结构，一般情况下是指从不同的视点获取两幅或多幅图像重构目标物体 3D 结构或深度信息（见图 12-20）。

图 12-20 双目立体视觉工作原理示意图

立体视觉可分为被动和主动两种形式。

被动视觉成像只依赖相机接收到的由目标场景产生的光辐射信息，通过 2D 图像像素灰度值进行度量。被动视觉常用于特定条件下的 3D 成像场合，如室内、目标场景光辐射动态范围不大和无遮挡；场景表面非光滑，且纹理清晰，容易通过立体匹配寻找匹配点；或者像大多数工业零部件，几何规则明显，控制点比较容易确定等。

主动立体视觉是利用光调制（如编码结构光、激光调制等）照射目标场景，对目标场景表面的点进行编码标记，然后对获取的场景图像进行解码，以便可靠地求得图像之间的匹配点，再通过三角法求解场景的 3D 结构。主动立体视觉的优点是抗干扰性能强、对环境要求不高（如通过带通滤波消除环境光干扰），3D 测量精度、重复性和可靠性高；缺点是对于结构复杂的场景容易产生遮挡问题。

基于结构光测量技术和 3D 物体识别技术开发的机器人 3D 视觉引导系统，可对较大测量深度范围内散乱堆放的零件进行全自由定位和拾取。相比传统的 2D 视觉定位方式只能对固定深度零件进行识别且只能获取零件的部分自由度的位置信息，3D 视觉引导系统具有更高的应用柔性和更大的检测范围，可为机床上下料、零件分拣、码垛堆叠等工业问题提供有效的自动化解决方案。

### 12.4.2 三维引导系统框架

3D 重建和识别技术。通过 3D 扫描仪可快速准确地获取场景的点云图像，通过 3D 识别算法，可实现在对点云图中的多种目标物体进行识别和位姿估计（见图 12-21）。

多种材质识别效果测试。得益于健壮的重建算法和识别算法，可对不同材质的零件进行稳定的重建和识别，即便是反光比较严重的铝材料及黑色零件也能获得较好的重建和识别效果，可适用于广泛的工业场景。

机器人路径规划。并不是获得零件的位姿信息后就能马上进行零件的拾取，这仅仅只是第一步，要成功拾取零件还需要完成以下几件事：手眼标定、编排拾取顺序、路径规划。自主开发的机器人轨迹规划算法，可轻松完成上述工作，保证机器人拾取零件过程稳定可靠。

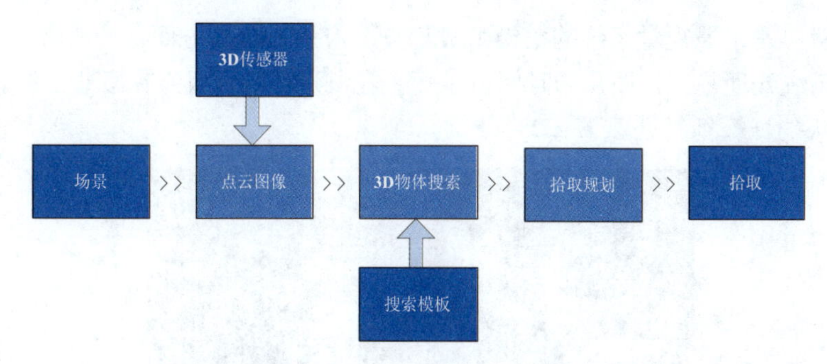


图 12-21　3D 重建与识别

快速切换拾取对象。只需要制作模板、零件拾取配置、机器人拾取配置、切换手抓等四个简单操作，即可实现拾取对象的快速切换，无须进行复杂的工装、产线的调整。

### 12.4.3　性能比较

虽然光学 3D 视觉成像测量方法种类繁多，但能够安装在工业机器人上，组成一种合适的随动成像眼在手系统，对位置变动的目标执行 3D 成像测量、引导机器人手臂准确定位和实施精准操作的方法有限。因为从工业应用的角度来说，人们更关心的是 3D 视觉传感器的精度、速度、体积与质量。鉴于机器人末端能够承受的端载荷有限，允许传感器占用的空间有限，传感器在满足成像精度的条件下，质量和体积越小也就越实用。所以，对于随动成像眼在手系统，最佳 3D 成像方法是采用被动单目（单相机）3D 成像方法，这样不仅体积和质量小，也解决了双目和多目多视图遮挡难题。

（1）类似于飞行时间相机、光场相机这类的相机，可以归类为单相机 3D 成像范围，它们体积小，实时性好，适合随动成像眼在手系统执行 3D 测量、定位和实时引导。但是，飞行时间相机、光场相机短期内还难以用来构建普通的随动成像眼在手系统，主要原因如下：

① 飞行时间相机空间分辨率和 3D 精度低，不适合高精度测量、定位与引导。

② 对于光场相机，目前商业化的工业级产品只有为数不多的几家，如德国 Raytrix，虽然性能较好，空间分率和精度适中，但价格贵，使用成本太高。

（2）结构光投影 3D 系统，精度和成本适中，有相当好的应用市场前景。它由若干个相机—投影仪组成的，如果把投影仪当作一个逆向的相机，可以认为该系统是一个双目或多目 3D 三角测量系统。

（3）被动立体视觉 3D 成像，目前在工业领域也得到较好应用，但应用场合有限。因为单目立体视觉实现有难度，双目和多目立体视觉要求目标物体纹理或几何特征清晰。

（4）结构光投影 3D、双目立体视觉 3D 都存在下列缺点：体积较大，容易产生遮挡。针对这个问题虽然可以增加投影仪或相机覆盖被遮挡的区域，但会增加成像系统的体积，减少在 Eye-in-Hand 系统中应用的灵活性。

## 12.5　机器人视觉系统设计

配置一个基于 PC 的机器视觉系统时，认真计划和注意细节能帮助确保检测系统符合应用需求。

首先，计算机是机器视觉系统的关键组成部分。应用在检测方面，一般来讲，计算机的速度越快，视觉系统处理每一张图片的时间就越短。在制造现场，因为有振动、灰尘、热辐射等，一般需要工业级的计算机（见图 12-22）。

图 12-22　机器视觉工作场景

其次，确定设计的目标可能是最重要的一步，需要决定在这个检测任务中实现什么。检测任务通常分为如下几类：

（1）测量或计量。

（2）读取字符或编码（条形码）信息。

（3）检测物体的状态。

（4）认知和识别特性，模式识别。

（5）将物体与模板进行对比或匹配。

（6）为机器或机器人导航检测流程，可以仅包含一个操作或包含多个与检测任务相关的任务。

为了确认任务，应该明确为最大限度检测部件所需要做的测试，也就是充分考虑到会出现的缺陷。可以做一张评估表，列出“必须做”和“可以做”的测试，随后可以将更多的测试加进去来改善检测过程。

要确定速度，即系统检测每一个部件需要多少时间。这个速度不只是由 PC 决定的，还受到生产流水线速度的影响。

很多机器视觉系统包含了时钟或计时器，所以检测操作的每一步所需要的时间都可以准确测量，通过这些数据，就可以修改程序以满足时间上的要求。通常，一个基于 PC 的机器视觉系统每秒可以检测 20 ~ 25 个部件，与检测部件的多少和处理程序以及计算机的速度有密切关系。

设计视觉系统时需要做到：

（1）考虑各种变化。人类的眼睛和大脑可以在不同的条件下识别目标，但是机器视觉系统只能按程序编写的任务来工作。我们需要了解系统能看到什么、不能看到什么，避免失败（例如将好的部件认为是坏的）或其他检测错误。一般要考虑的包括部件颜色、周围光线、焦点、部件的位置和方向以及背景颜色的大变化。

（2）正确选择软件。机器视觉软件是检测系统中的智能部分，也是最核心的部分。软件的选择决定了编写调试检测程序的时间、检测操作的性能等。

机器视觉提供的图形化编程界面（通常称为“指向和点击”）通常比其他编程语言（例如 Visual C++）容易，但是在需要一些特殊功能时有一定的局限性。基于代码的软件包尽管非常困难，需要编码经验，但在编写复杂的特殊应用检测算法时具备更强的灵活性。一些机器视觉软件同时提供了图形化和基于代码的编程环境，具有很强的灵活性，满足不同应用需求。

（3）通信和记录数据。机器视觉系统的总目标是通过区分好和坏的部件来实现质量检测。为了实现这一功能，这个系统需要与生产流水线通信，这样才可以在发现坏部件时采取某种行动。通常这些动作是通过数字 I/O 板，这些板与制造流水线中的 PLC 相连，这样能更好地分离坏的部件和好的部件。例如，机器视觉系统可以与网络连接，这样就可以将数据传送给数据库，用于记录数据以及让质量控制员分析为什么会出现废品。

（4）为后续工作做准备。为机器视觉系统选择部件时，要时刻记住未来的生产所需和有可能发生的变动。这些将直接影响机器视觉软硬件是否容易更改来满足以后新的任务。做好提前准备不仅能节约时间，而且可以降低整个系统的成本。机器视觉系统的性能决定组件的短板，而其精度则由它能获取的信息决定。合理配置就可以建立一个零故障、有弹性的视觉检测系统。

1. 构成机器“眼睛”的技术从最初的陀螺仪、红外线到激光雷达等经历了多次迭代，其中具有划时代意义的当属（　　）技术的应用。

A. 摄像头　　B. 红外线　　C. 激光雷达　　D. 陀螺仪

2. 激光雷达技术受热捧主要得益于其（　　）：通过向周围发射激光，光线反弹后被接收器捕获，根据时间确定物体的距离，计算出物体的姿态信息和物理形状，经过算法处理构建二维地图，从而帮助机器人实现自主定位导航及避障。

A. 技术原理　　B. 经济价值　　C. 实现简单　　D. 操作方便

3. 作为机器视觉系统最直接的信息源，AI 视觉通过利用（　　）和计算机代替人眼，使机器拥有类似于人眼对目标进行分割、分类、识别、跟踪、判别决策的功能。

A. 接触传感器　　B. 方位传感器　　C. 视觉传感器　　D. 雷达反射

4. 机器视觉系统综合了光学、机械、电子、计算机软硬件等方面的技术，图像处理和（　　）等技术的快速发展，也大大推动了机器视觉的发展。

A. CAD 处理　　B. 视网膜技术　　C. 三维分析　　D. 模式识别

5. 从功能上来看，典型的机器视觉系统可以分为（　　）等部分。

① 距离计算；② 图像采集；③ 图像处理；④ 运动控制

A. ①②③　　B. ②③④　　C. ①③④　　D. ①②④

6. 机器人视觉的（　　）由照明系统、视觉传感器、模拟—数字转换器和帧存储器等组成。

A. 图像获取　　B. OCR 识别　　C. 三维成像　　D. 模式识别

7. 工业机器视觉难点在于（　　），要求通常都在毫米级，且工业领域工业机器人抓手的变动是在三维空间内。

A. 距离与广角　　B. 算法与编程

C. 精度和速度　　D. 模式与解析

8. 在工业加工领域，传统工艺已经不能满足加工对高精度高速度的要求。机器视觉技术与（　　）技术融合，同时视觉定位和引导实现高精度加工，有助于提升设备精度，降低加工成本。

A. 红外　　B. 切削　　C. 算法　　D. 激光

9.（　　）技术是现代信息产业的根基，也是机器视觉技术最早的发源地。20世纪90年代，欧美企业在该行业中应用图像技术，使其逐步发展成为今天的机器视觉技术。

A. 红外线　　B. 半导体　　C. 算法　　D. 激光

10. 机器视觉已经被广泛的应用于汽车生产制造的各个环节，成为（　　）系统的首选，例如汽车零部件的尺寸及外观质量，自动装配正确性等。

A. 红外防护　　B. 集成整合　　C. 自动检测　　D. 激光制造

11. 机器人（　　）的主要功能是模拟人眼视觉成像与人脑智能判断和决策功能，采用图像传感技术获取目标对象的信息。

A. 视觉系统　　B. 机械装置　　C. 分析处理　　D. 手眼系统

12. 在工业应用领域，最具有代表性的机器人视觉系统就是机器人（　　）。

A. 视觉系统　　B. 机械装置　　C. 分析处理　　D. 手眼系统

13. 根据成像单元（　　）不同，机器人手眼系统分为两大类：固定成像“眼看手”系统与随动成像“眼在手”系统。

A. 视觉系统　　B. 安装方式　　C. 分析处理　　D. 价值高低

14. 为了更好地发挥机器人手眼系统的性能，充分利用固定成像（　　）系统全局视场和随动成像（　　）系统局部视场高分辨率和高精度的性能，可采用两者混合协同模式。

A. 上下定位，左右定位　　B. 眼在手，眼看手

C. 眼看手，眼在手　　D. 高低定位，前后定位

15. 在3D视觉成像中，目前应用最多的是（　　）方法，包括飞行时间法、激光扫描法、激光投影成像、立体视觉成像等。

A. 红外　　B. 非红外　　C. 光学　　D. 非光学

16.（　　）是机器人3D视觉感知的主要方式。它由若干台投影仪和相机组成，其基本工作原理是：投影仪向目标物体投射特定的结构光照明图案，由相机摄取被目标调制后的图像，再通过图像处理和视觉模型求出目标物体的三维信息。

A. 扫描3D成像　　B. 飞行时间3D成像

C. 结构光投影3D成像　　D. 基于三角测量原理的主动三角法

17. 应用（　　），通过3D扫描仪可快速准确地获取场景的点云图像，通过3D识别算法，可实现在对点云图中的多种目标物体进行识别和位姿估计。

A. 3D重建和识别技术　　B. 多种材质识别效果测试

C. 机器人路径规划　　D. 快速切换拾取对象

18. 计算机是机器视觉系统的关键组成部分。由于应用在制造现场，一般需要（　　）的计算机。

A. 应用级　　B. 商品级　　C. 市场级　　D. 工业级

19. 机器视觉（　　）是检测系统中的核心智能部分，其选择决定了编写调试检测程序的

时间、检测操作的性能等。

A. 软件　　B. 传感器　　C. 控制　　D. 辨析

20. 机器视觉系统的总目标是通过（　　）部件来实现质量检测，为此，系统需要与生产流水线通信，以在发现坏部件时采取某种行动。

A. 称量轻重　　B. 挑选大小　　C. 区分好坏　　D. 辨析位置

## 研究性学习 熟悉机器人视觉系统

小组活动：请阅读本课的【导读案例】，讨论以下问题。

(1) 讨论机器狗“绝影”可能的其他智慧巡检场景，并记录。

活动记录：____________________

____________________

____________________

____________________

(2) 相信你已经注意到在你身边出现的机器人视觉应用，请列举机器人视觉的各种应用场景，展望未来机器人视觉的应用可能。

活动记录：____________________

____________________

____________________

____________________

评分规则：若小组汇报得 5 分，则小组汇报代表得 5 分，其余同学得 4 分，余类推。

实训评价（教师）：____________________

____________________

# 第13课 机器人编程系统

## 学习目标

**知识目标**

（1）熟悉可编程机器人的三个发展水平。

（2）了解机器人编程的必要条件，了解典型的机器人编程语言。

（3）了解机器人离线编程系统及其自动任务。

**能力目标**

（1）掌握专业知识的学习方法，培养阅读、思考与研究的能力。

（2）积极参与“研究性学习小组”活动，提高组织和活动能力，具备团队精神。

**素质目标**

（1）热爱学习，掌握学习方法，提高学习能力。

（2）热爱读书，善于分析，勤于思考，关心机器人技术进步。

（3）体验、积累和提高“大国工匠”的专业素质。

**重点难点**

（1）熟悉可编程机器人及其编程条件。

（2）熟悉机器人编程语言与离线编程。

## 导读案例 MIT机器人教父：机械臂编程语言的起源

在机器人和人工智能领域，罗德尼·布鲁克斯是一个响当当的名字。1997年，他成为麻省理工学院（MIT）人工智能实验室（CSAIL）的第三任主任。无论在当时还是现在，CSAIL都是麻省理工学院最大的一个实验室，现有超过1 000名成员。2007年罗德尼·布鲁克斯卸任主任之后，一直在MIT工作到2010年。与此同时，从1984年开始，他共创办了六家人工智能和机器人公司。

“从那时起，我没有参与任何创业公司的时间总共是6个月左右。”

在下文这篇发表于2021年2月14日的文章中，罗德尼·布鲁克斯从自己在斯坦福、MIT以及创业的经验谈起，细数机械臂编程语言的起源。

到目前为止，我的人生还算不平凡。因为我很幸运地见证了，或者说近距离参与了计算机科学、人工智能和机器人等许多决定性技术的进步。到2021年，这些技术将开始主宰我们的世界。

我认识了许多伟大的人，他们创建了人工智能、机器人技术、计算机科学和因特网。现在，我最大的遗憾是，我还有好多问题想请教那些已经去世的人。过去，即使我每天都见到他们，和他们打招呼，我都没有去问他们任何这些问题。

这篇简短的博客文章是想描述自动化编程语言的起源，特别是工业机器人手臂编程语言。已经去世的三位重要人物是道格·罗斯、维克多·沙因曼和理查德·保罗，他们不像其他科技明星那么出名，但在各自的领域非常有影响力。在本文，我会参考个人回忆和各类网络资源重新回溯那些历史。

## 第一个工业机械臂问世前后

道格·罗斯曾研究过麻省理工学院的第一台计算机“旋风”，然后在20世纪50年代中期，他转向三轴和五轴数控机床的研究。人们用数控机床来切割复杂形状的金属零件。数控机床加工的零件很多都有曲面，其精度要比人工操作的精度高得多。罗斯为数控机床开发了一种“编程语言”APT（自动编程工具）。

这是一段APT程序示例。

```
PARTNO / APT-1
CLPRNT
UNITS / MM
NOPOST
CUTTER / 20.0

$$ GEOMETRY DEFINITION
SETPT = POINT / 0.0, 0.0, 0.0
STRTPT = POINT / 70,70,0
P1 = POINT / 50, 50, 0
P2 = POINT / 20, -20, 0
C1 = CIRCLE / CENTER, P2, RADIUS, 30
P3 = POINT / -50, -50, 0
P5 = POINT / -30, 30, 0
C2 = CIRCLE / CENTER, P5, RADIUS, 20
P4 = POINT / 50, -20, 0
L1 = LINE / P1, P4
L2 = LINE / P3, PERPTO, L1
L3 = LINE / P3, PARLEL, L1
L4 = LINE / P1, PERPTO, L1
PLAN1 = PLANE / P1, P2, P3
PLAN2 = PLANE / PARLEL, PLAN1, ZSMALL, 16

$$ MOTION COMMANDS
SPINDL / 3000, CW
FEDRAT / 100, 0
FROM / STRTPT
GO/TO, L1, TO, PLAN2, TO, L4
TLLFT, GOFWD / L1, TANTO, C1
GOFWD / C1, TANTO, L2
GOFWD / L2, PAST, L3
GORGT / L3, TANTO, C2
GOFWD / C2, TANTO, L4
GOFWD / L4, PAST, L1
NOPS
GOTO / STRTPT
FINI
```

这段程序里没有分支结构，里面的GOTO是一个移动工具的命令或条件，它只是一系列移动切割工具的命令，它提供了几何计算使用的切线（TANTO）等。

APT程序是在计算机上编译和执行的，而计算机在当时是非常昂贵的机器。但成本并不是主要问题。APT在麻省理工学院伺服机械实验室开发，该实验室主要研发飞行机器建造机械制导系统，如洲际弹道导弹以及后来研发的20世纪60年代载人航天计划飞行的飞行器。

当时人类已经开始使用机床，之后便出现了人类从未使用过的新机器。进入20世纪60年代，两个有远见的人——一个技术人员和一个企业家开始合作，开发了一种新型机器，也就是最初的工业机械臂。

第一个工业机械臂Unimate由乔治·德沃尔和乔·恩格尔伯格在Unimation公司开发。它于1961年安装在新泽西州通用汽车工厂。Unimate使用真空管而不是晶体管，其液压系统采用模拟伺服器，而不是我们今天使用的数字伺服器，它能简单地记录机器人手臂应该去的序列位置。当时，计算机对这样的商业机器人来说太贵了，所以机械臂必须摒弃计算机，因此也没有“语言”用来控制机械臂。Unimates主要用于点焊以及将大型铸件吊入或吊出专门的机器。机械臂一遍又一遍地做着同样的事情，不会做出任何自主决定。

20世纪60年代末，斯坦福人工智能实验室的机械工程师维克多·沙因曼设计了后来的斯坦福机械臂，它们由PDP-8微型计算机控制，是最早的电子数控机械臂之一。图13-1是约翰·麦卡锡坐在两个斯坦福机械臂前，他前面是一个可控滤波器COHU。

在我作为SAIL（斯坦福人工智能语言）“手眼”小组成员的五年时间里（总共七年），我从未见过约翰接近机械臂。图13-2是金色机械臂的博物馆照片，它有五个旋转关节和一个线性轴。

图 13-1 约翰·麦卡锡坐在两个斯坦福机械臂前

图 13-2 斯坦福金色机械臂

爱丁堡大学的弗雷迪机械臂是当时唯一的电子数字化机械臂（见图 13-3）。斯坦福机械臂（几代产品分别是金色臂、蓝色臂和红色臂）用于组装实际产品中可能存在的真实机械组件，而弗雷迪机械臂最初的设计仅仅是操作木块。

第四代斯坦福机械臂——绿色臂（见图 13-4）的操作范围更广，曾在 JPL（美国宇航局喷气推进实验室）上用作火星任务测试床的一部分。在这张 1978 年的照片中，机械臂是由可移动平台上的 PDP-11 微型计算机控制的。

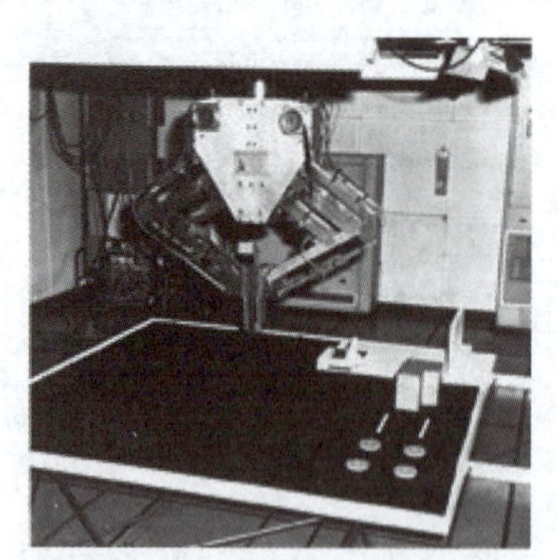

图 13-3 弗雷迪机械臂

图 13-4 斯坦福绿色臂

斯坦福大学的机械臂技术领先于时代，可以测量和施加力量。如今，绝大多数工业机器人手臂仍无法做到这一点。斯坦福大学的机械臂用于探索自动组装复杂对象的可能性，是使 AI 系统弄清楚如何进行组装和执行动作。这是一个非常棘手的问题，直到今天，通过编写程序来组装零件仍在实践中。

### 控制机械臂的早期编程语言 WAVE

1977 年在我到“手眼”小组之前，理查德·保罗就离开了（此后几十年我才认识他）。他开发了第一种编程语言 WAVE 来控制机械臂，试图做一些装配等复杂的事情。它甚至在今天也影响着工业机器人的控制方式。除语言外，保罗还开发了逆运动学技术，如今被称为 IK 解算器，几乎用于所有机器人中。

到 20 世纪 60 年代末，美国大型人工智能实验室都拥有由马萨诸塞州数字设备公司制造的 PDP-10 大型机。他们的想法是，保罗的语言将由 PDP-10 处理，然后程序将主要在 PDP-8 上运行。但是这种语言应该采取什么样的形式呢？机械臂的任务是组装机械部件，但当时许多程序都是用机器专用的“汇编语言”编写的，用来将计算机的指令逐一汇编成二进制。那么，为什么不让这些汇编语言看起来像 PDP-10 的汇编语言呢？在 PDP-10 中移动数据的MOVE指令将被重新用于移动机械臂。这很有趣，而且完全符合当时斯坦福大学和麻省理工学院人工智能实验室的精神。

鲍勃·博尔斯和理查德·保罗在1973年发表的一篇文章，描述了一个用WAVE编写的程序。它被称为斯坦-cs-396或AIM-220。斯坦福大学提供的扫描图像质量很低，是几年前用缩微胶片扫描出来的。我重新输入了文档中的一个装配水泵的程序片段，以便于阅读。

```
        MOVE P                  ;GO TO THE PIN
        CLOSE 0.1
        MOVE T                  ;GO TO THE HOLE
        SEARCH 0.7
L1:     MOVE T                  ;GO TO THE HOLE
        STOP [0 0 -50]
        CHANGE [0 0 -1] 0.6     ;TRY TO GO DOWN WITHOUT MEETING RESISTANCE
        SKIPE 23
        AOJ L1
        STOP [0 0 -50]
        CHANGE [0 0 -1] 0.6     SHOULD MEET SOME RESISTANCE
        SKIPN 23
        AOJ L1
        SAVE H
        OPEN .5
        CLOSE 0.1               ;AND CHECK THAT IT IS STILL THERE
        OPEN 1
```

对于任何见过汇编语言的人来说，这看起来很熟悉，标签L1是指定的，每行有一条指令，分号后跟注释。程序控制流甚至使用与PDP-10汇编语言相同的指令，AOJ用于加1和跳转，skip和skip n用于如果寄存器为零或不为零，则跳过下一条指令。我能看到的唯一区别是，对于AOJ指令只有一个隐式寄存器，而且skip指令引用了一个位置（23），其中一些强制信息被缓存（可能我是正确的，也可能不是……）。这个程序好像是抓着一个大头针，然后进入一个孔，然后在周围抖动，直到它能够成功地将大头针插入孔中。在该文档的其他地方，它解释了坐标P和T是如何训练的，通过移动手臂到想要的位置，并输入“HERE P”或“HERE T”。

但人们很快意识到，当时的计算机汇编语言并不足以完成实际工作。到1974年底，拉斐尔·芬克尔、罗素·泰勒、罗伯特·博尔斯、理查德·保罗和杰罗姆·费尔德曼开发了一种新的汇编语言：一种在实验室的PDP-10上运行的基于SAIL（斯坦福人工智能语言）的Algol-ish语言。沙希德·穆吉塔巴和我的同事罗恩·戈德曼开发AL很多年。他们与玛丽亚·基尼和皮娜·基尼一起致力于POINTY系统，这使得收集像上面例子中的P和T这样的坐标变得更加容易。

与此同时，维克多·沙因曼花了一年时间在麻省理工学院人工智能实验室开发了一种新的小型力量控制的六轴联合机械臂Vicarm。他在MIT留下了一台，然后带着第二台回到了斯坦福。

我记得是在1978年，他来上我在斯坦福上的一个机器人课的时候，他带着Vicarm和一个装有PDP-11的箱子。他把它们放在桌子上，展示如何用一种比Algol/SAIL简单得多的BASIC语言编写Vicarm程序。他将这种语言命名为VAL，即“维克多的汇编语言”。另外，请记住，这是在Apple Ⅱ和PC之前，仅携带一台计算机并在全班同学面前安装好！

同样在1978年，维克多向恩格尔贝格的公司Unimation出售了一个版本的机械臂，大约是Vicarm的两倍大，后来被称为PUMA（可编程通用装配机）。这是第一个全电动的商用机器人，也是第一个使用编程语言的机器人。在之后的几年里，这种机械臂的不同版本都有出售，其质量从13 kg到600 kg不等。

**新的编程语言使命**

在接下来的几年里，我们看到了编程语言的爆炸式增长，这些语言通常是每个制造商独有的，并且往往基于一种现有的编程语言。在当时，Pascal 语言很流行。

到 2008 年，我认为是时候尝试超越为机械臂设计编程语言的极限了，并回到 1970 年左右斯坦福人工智能实验室的最初梦想。

我创立了 Rethink Robotics（在 2018 年倒闭），我们制造并运送了成千上万的机械臂用于工厂。第一个是百特，第二个是索耶（见图 13-5）。在相关的视频中，你可以看到索耶测量施加在它上面的外力，并试图通过顺应力和移动来保持合力为零。通过这种方式，视频中的工程师可以毫不费力地将机器人手臂移动到任何她喜欢的地方。这是向机器人展示物体在环境中的位置的第一步，就像 WAVE 语言里的“HERE P”或“HERE T”的例子一样，然后是 POINTY。

图 13-5　罗德尼·布鲁克斯（左边是索耶，右边是百特）

早在 1986 年，我就发表了一篇关于“包容体系结构”的论文。随着时间的流逝，这种用于机器人的控制系统被称为“基于行为的方法”，在 1990 年，我编写了 Behavior（行为）语言，该语言在我的实验室以及 1990 年与我共同创建的 iRobot 公司被许多学生使用。在 2000 年左右，麻省理工学院的学生达米安·伊斯拉重构了我的方法，并开发了现在的行为树。现在，大多数视频游戏都是在两个最受欢迎的创作平台 Unity 和 Unreal 中使用行为树编写的。

在 Rethink Robotics 公司的第五版机器人软件平台 Intera 中，我们将机器人的“程序”表示为一个行为树。虽然可以使用图形用户界面来编写图形行为树（没有文本的行为树），但也可以简单地告诉机器人您想要它做什么，并且集成的 AI 算法可对意图进行推断，或者有时会要求你用机器人手臂上的简单控件填写一些数值，并自动生成行为树。由人决定向机器人的任务是查看还是编辑行为树。在这里可以看到 Intera 5 不仅在我们的机器人 Sawyer 上运行，而且在当时有力量感应的另外两个商用机器人上运行。当我的前任办公室成员兼 AL 的开发人员罗恩·戈德曼看到此系统时，他宣称类似“类固醇的 POINTY！”之类的东西。

Baxter 和 Sawyer 是第一批不需要笼子就可以保护人类安全的机器人。Sawyer 是第一个现代工业机器人，它终于摆脱了计算机语言对其进行控制的过程，就像 20 世纪 70 年代初在斯坦福 AI 实验室首次提出该想法以来，所有机器人一样。

如今，我们还有很多工作要做。

资料来源：机器人大讲堂，2021-03-05。

**阅读上文，请思考、分析并简单记录：**

（1）请仔细阅读本文。在最初的机械臂中，为什么没有编程语言？

答：________________________________________

________________________________________

________________________________________

________________________________________

（2）请通过网络搜索，进一步了解麻省理工学院人工智能实验室和斯坦福大学人工智能实验室，并简单记录你的浏览结果和感想。

答：________________________________________

________________________________________

________________________________________

________________________________________

（3）罗德尼·布鲁克斯是世界机器人和人工智能领域的先驱，从他叙述的第一手资料中，你是否能从中体会机器人编程语言乃至计算机编程语言的发展。请简单阐述你对人工智能技术领域中程序设计语言的重要性的认识。

答：________________________________________

________________________________________

________________________________________

________________________________________

（4）请简单记述你所知道的上一周内发生的国际、国内或者身边的大事。

答：________________________________________

________________________________________

________________________________________

________________________________________

机器人编程为使机器人完成某种任务而设置动作顺序描述（见图 13-6）。机器人运动和作业的指令都是由程序进行控制，常见的编制方法有两种，示教编程方法和离线编程方法。其中示教编程方法包括示教、编辑和轨迹再现，可以通过示教盒示教和导引式示教两种途径实现。由于示教方式实用性强，操作简便，因此大部分机器人都采用这种方式。离线编程方法是利用计算机图形学成果，借助图形处理工具建立几何模型，通过一些规划算法来获取作业规划轨迹。与示教编程不同，离线编程不与机器人发生关系，在编程过程中机器人可以照常工作。

图 13-6　机器人编程

## 13.1　可编程机器人三个发展水平

机器人操作臂与专用自动化装备的区别在于它们的“柔性”，即可编程性。不仅操作臂的运动可编程，而且通过使用传感器以及与其他工业自动化装备的通信，操作臂能够适应任务进程中的各种变化。

操作臂编程方法是一个自动化和智能制造过程的一部分。习惯上人们用工作站来描述装备的一个局部集合，这种局部集合包括一个或者更多的操作臂、输送系统、零件喂料器和夹具。在更高的级别中，各工序可以在工厂网络内被相互连接，从而一台中央控制计算机便能够控制工厂的全部流程。因此，在智能制造的工作站中，操作臂的编程问题通常在更宽范围的各种互联机器的编程问题中考虑。可编程机器人的问题包括了所有面向一般计算机编程的问题，甚至更多。

此外，操作臂以及其他可编程装备所应用的工业场合现在要求越来越高，因而用户界面的先进性变得非常重要。实际上,用户界面的问题逐渐成为工业机器人设计和应用中的核心问题。依靠用户和工业机器人之间的接口，用户便可以利用所有基本机构原理和控制算法。

### 13.1.1 示教级编程

早期的机器人都是通过示教方法进行编程的（见图 13-7），这种方法包括移动机器人到一个期望目标点，在存储器中记下这个位置，使得顺序控制器可以在再现时读取这个位置。在示教阶段，用户通过手或者通过示教盒交互方式来操纵机器人。所谓示教盒是一个手持的按钮盒，它可以控制每一个操作臂关节或者每一个笛卡儿自由度。这种控制器可以进行调试和分步执行，因此，能够输入包含逻辑功能的简单程序。一些示教盒带有字符显示，并且在性能上接近复杂的手持终端。

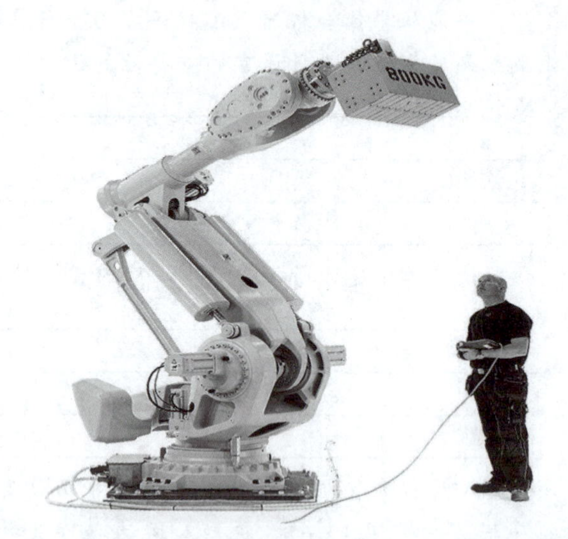


图 13-7　操作者正在使用示教盒对大型工业机器人进行编程

### 13.1.2 动作级编程

自从经济且功能强大的计算机出现以来，通过计算机语言编写程序的可编程机器人日益成为主流。通常，可应用于各种可编程操作臂的编程语言被称为机器人编程语言。大多数机器人系统配备了各自的机器人编程语言，但同时也保留了示教盒接口。

机器人编程语言有多种形式，将其分为三种类型：

（1）专用操作语言。这类机器人编程语言是全新开发出来的，虽然这类语言专用于机器人领域，但也有可能成为一种普通的计算机编程语言。例如，Unimation 公司开发的用来控制工业机器人的 VAL 语言，它是作为一种操作臂控制语言专门开发的，而作为一种普通计算机语言其功能是相当弱的，如它不支持浮点型数据和字符串，并且子程序不能传递变量。更新版 V-II 能够支持上述这些功能，之后这种语言的版本是 V+，它包括了许多新的功能。斯坦福大学开发的 AL 语言也是操作臂的专用操作语言。尽管 AL 编程语言现在已经过时，但是它的某些功能即使在当前的许多语言中仍然不具备，例如力控制和并联机构等。

（2）计算机语言中的机器人数据库。这种机器人编程语言的开发始于一种流行的计算机语言（例如 Pascal 语言），但附加了一个机器人子程序库。这样，用户只要写一段 Pascal 程序就可以根据机器人的专门要求频繁地访问预定义的子程序包。例如，American Cimflex 公司的 AR-BASIC 实际上是标准 BASIC 应用程序的子程序库；NASA 喷气机推进实验室开发的 JARS 语言是基于 Pascal 语言的机器人编程语言。

（3）新型通用语言机器人数据库。这种机器人编程语言以一种新的通用语言作为编程基础，然后提供一个预定义的机器人专用子程序库。由 ABB 机器人公司开发的 RAPID 语言以及 IBM 公司开发的 AML 语言和 GMF 机器人公司开发的 KAREL 语言都是这种机器人编程语言的例子。

机器人工作站中的绝大部分语句并不是机器人所特有的，相反，在大多数机器人编程中必须进行初始化、逻辑测试、模块化以及通信等。如今，机器人语言的发展趋势是逐渐远离专用机器人编程语言，而向着通用语言开发的方向发展。

### 13.1.3 任务级编程

机器人编程方法的第三个发展阶段具体体现在任务级编程语言。这种语言允许用户直接给定所期望任务的子目标指令，而不是详细指定机器人的每一个动作细节。与动作级机器人编程语言相比，在任务级编程系统中，用户能够在更高水平上给出应用程序的指令。任务级机器人编程系统必须拥有自动执行许多任务规划的能力。例如，如果已经发出“抓住螺钉”的指令，系统必须为操作臂规划一个路径，使其避免与周围的任何障碍物碰撞，且必须自动选择合适的抓取螺钉的位置。相反，对于动作级机器人编程语言来说，所有的这些选择都需要编程者来完成。

虽然对动作级机器人编程语言的不断改善有助于使编程简化，但这些改进并不是任务级编程语言的组成部分。真正的操作臂任务级编程语言至今还不存在，但是它已经成为当今一个活跃的研究课题。

## 13.2 机器人编程必要条件

机器人编程是指为使机器人完成某种任务而设置的动作顺序描述。机器人运动和作业的指令都是由程序进行控制的，常见的编制方法就是示教编程和离线编程。由于实用性强，操作简便，因此大部分机器人都采用示教方式。示教编程方法包括示教、编辑和轨迹再现，可以通过示教盒示教和导引式示教两种途径实现。离线编程方法是利用计算机图形学成果，借助图形处理工具建立几何模型，通过一些规划算法来获取作业规划轨迹。与示教编程不同，离线编程不与机器人发生关系，在编程过程中机器人可以照常工作。

### 13.2.1 世界模型

世界模型是指研究全球问题的系统动态模型。在麻省理工学院 J. W. 福雷斯特教授于 1971 年提出的“世界模型 Ⅱ”的基础上，米都斯等人进一步提出“世界模型Ⅲ”。其中包括：

（1）因果关系分析，涉及人口、自然资源、工业、农业、环境（污染）等子系统。

（2）模型假设与结构，设有 5 个状态变量、7 个决策变量、104 个方程。

（3）模拟计算。

米都斯指出，世界模型是通过连锁的反馈环路，把各种因素综合在一起。他认为模型的重要性在于决定了经济“在世界系统中增长的原因和极限”。世界模型用于研究全局问题，是一种富有探索精神的新方法。

按定义，机器人操作程序描述的一定是三维空间的移动物体，显然，任何机器人编程语言必须具有描述这种行为的功能。机器人编程语言最基本的要素就是一些专门的几何类型。例如，代表一系列关节角、笛卡儿位置、姿态和坐标系的类型。预先定义的操作器可以对这些类型进行有效操作。所以，“标准坐标系”可以作为一种可能的世界模型，所有运动都描述成工具坐标系相对于固定坐标系，通过与几何类型相关的任一表达式可以建立目标坐标系。

在许多机器人编程语言中，定义各种几何类型的名义变量，并在程序中访问它们，这种能力构成了世界模型的基础。物体的实际形状，包括其表面积、体积、质量或者其他特性，都不是世界模型的一部分。在设计机器人编程系统时，在世界坐标系内能够对物体建模的能力是设计决策的基本依据之一。

一些世界模型系统允许在名义物体之间进行关联性说明，即已知系统中有两个或更多的名义物体已经固联在一起，此时，如果用一条语句移动一个物体，那么任何附在其上的物体也要跟着一同运动。因此，在应用中，一旦销子被插入支架的孔中，将通知系统（通过一个语句）这两个物体已经被连接在一起。支架随后的运动（“支架”变量坐标值的变化）将对已存储的“销子”变量值进行更新。

在理想情况中，一个世界模型系统将包含许多操作臂必须处理的物体信息和操作臂本身的信息。例如，考虑一个系统，物体在系统中用CAD模型描述，通过定义物体的边缘、表面积、体积来描述一个物体的空间形状。系统应用这些有效数据，就能够实现任务级编程系统的许多功能。

### 13.2.2 运动描述

机器人编程语言最基本的功能就是可以描述机器人的期望运动。在编程语言中使用运动语句，它允许用户指定路径点、目标点以及采用关节插补运动或者笛卡儿空间直线运动。此外，用户可以控制整个运动过程的速度或持续时间（见图13-8）。

图13-8 机器人的运动

为了说明各种基本运动的语法，我们以下述操作臂的运动为例：

（1）操作臂运动到“目标1”位置；

（2）沿直线运动到“目标2”位置；

（3）运动通过“路径点1”到“目标3”位置停止。

假定已经对所有这些路径点进行示教或逐句描述，这个程序段可写为：

在VAL II语言中：

```
move goal1
moves goal2
move via1
move goal3
```

在AL语言中（这里控制操作臂“garm”）

```
move garm to goal1；
move garm to goal2 linearly；
```

move garm to goal3 via via1 ;

可见，对于简单运动，大多数语言具有相似的语法。如果考虑下述特性，可以明显看出不同机器人编程语言之间的基本运动语句的区别：

（1）在坐标系、矢量和旋转矩阵等结构化模型上做数学运算的能力。

（2）以不同的便捷方法描述坐标系等几何实体的能力，同时具有不同描述方法互换的能力。

（3）约束特定运动的持续时间和速度的能力。例如，很多系统只允许用户把速度设置成高速，一般不允许用户直接给定期望的持续时间或期望的最大关节速度。

（4）相对于不同坐标系确定目标位置的能力，包括用户定义的坐标系和运动中的坐标系（例如在输送机上）。

### 13.2.3 操作流程

机器人编程系统允许用户指定的操作流程通常也有测试、分支、循环以及访问子程序甚至中断等概念。在自动化程序中，并行操作一般更为重要。

首先，在一个工序中经常应用两个或者更多的机器人同时工作以减少操作循环时间。即使在单个机器人的应用中，机器人控制器也必须以并行方式控制工作站中的另一个设备。因此，在机器人编程语言中经常有信号单元和等待单元，有时还会推出更复杂的并行操作结构。

另一个常见的情况是需要用某种传感器去监测各种操作。之后通过中断或查询，机器人系统应当能够根据传感器的探测信号对某种事件产生响应。一些机器人编程语言能够方便地提供事件监测的能力。

### 13.2.4 编程环境

良好的编程环境能够提高编程人员的工作效率。对操作臂编程难度较大，需要频繁交互，同时包含大量试验操作。如果用户被迫不断反复进行程序的“编辑—编译—运行”，那么编程效率是很低的。因此，大多数机器人编程语言采用解释型语言，以便在程序开发和调试时每次只运行一条语句，有许多语句指令可使实际装置运动。典型的编程系统还需要支持文本编辑器、调试器以及文件系统等。

### 13.2.5 传感器融合

机器人编程的一个非常重要的部分就是需要解决与传感器的交互问题。这种系统最少应能够与接触传感器和力传感器通信以及能够按照 if...then else 结构使用响应。采用专门的事件监测器在后台检测传感器信号的变化。

视觉集成系统允许视觉系统将一个相关物体的坐标发送给操作臂系统。例如，视觉系统能够确定输送带上支架的位置，并将支架相对于摄像机的位置和姿态返回给操作臂控制器。已知相对于固定坐标系的摄像机坐标系，因此能够根据这些信息计算出操作臂的期望目标坐标系。

一些传感器可能是工作站设备的一部分，例如，一些机器人控制器利用附着在传送带上的传感器的输入，使操作臂能够跟踪传送带的运动并通过传送带的运动获得物体的信息。

力控制能力的接口能够通过专门语句实现，允许用户指定力控制策略。这种力控制策略是操作臂控制系统必须要集成的部分——机器人编程语言仅作为实现这些能力的接口。利用主动力控制的可编程机器人可能还需要具有其他特殊特征，例如将约束运动中采集到的力数据进行显示的能力。

## 13.3 机器人编程特殊问题

虽然近年来的研究小有进展，但机器人编程仍然是个难题，它包含了所有传统的计算机编程问题以及因实际情况影响引起的其他困难。

### 13.3.1 外部环境与内部世界模型

机器人编程系统的主要特点就是在计算机内部建立世界模型。即使这个内部世界模型非常简单，要保证这个模型与人为建立的实际环境模型相匹配仍然存在很多困难。内部模型与外部实际环境之间的差异会引起机器人抓持物体操作困难或失败，或发生碰撞等其他许多问题。

在编程的初始阶段，要建立内部模型与外部实际环境之间的一致性，并保证贯穿于整个程序的执行过程。在编程或调试的初始阶段，应保证在程序中描述的状态与工作站的实际状态是一致的。在许多传统的编程中，只需保存内部变量，重建之前的环境时再将内部变量调出，而机器人编程不同，实际物体通常必须重新定位。

除了每个物体位置固有的不确定性以外，操作臂的精度都是有限的。装配中的各工步经常要求操作臂的运动精度高于其本身能够达到的精度。例如，在销钉插入销孔的操作中，其装配间隙可能小于操作臂的定位精度。更复杂的是，通常操作臂的精度在它的工作空间内是变化的。当物体的准确位置无法确定时，设法对物体的位置信息进行提炼是必要的。这有时能由传感器完成（例如视觉传感器、触觉传感器）或者在约束运动中使用适当的力控制策略。

在操作臂程序的调试中，对程序进行修改、备份以及反复调试非常必要。备份可使操作臂和被操作的物体恢复至最初的状态。然而，在实际物体的操作中并不容易。例如，喷涂、铆接、钻孔以及焊接操作，这些操作会引起被操作对象的实际状态发生变化。因此，用户需要获得操作对象的一个新的程序副本，代替原来修改的副本。更进一步，在期望的操作能够试验成功之前，对那些未经过反复试验的操作可能需要重新建立适当的操作状态。

### 13.3.2 程序前后相关性

自下而上的编程方法是一种编写大型计算机程序的标准方法，在这种方法中，一般先开发小的低级别的程序段，然后将这些程序段汇总成一个较大的程序段，最后得到一个完整的程序。对于这种方法，一般小段程序的执行语句之间是相对无关的，因此无须对这些程序段执行的文本进行相关性假设。而对于操作臂的编程，在单独测试时工作可靠的程序代码，当将其置于较大的程序文本中时，常常会失效。这是由于在进行机器人编程时，受到操作臂运动的位形和速度的影响较大。

初始条件对操作臂编程影响较大，例如操作臂的初始位置。在运动轨迹中，起点会影响该运动的轨迹。操作臂的初始位置也可能影响操作臂在一些关键运动区域的运动速度。这些影响有时能够通过编程解决，但是通常在源程序单步调试完成之前，这样的问题并不会出现，而且与在它之前执行的语句有关。

由于操作臂精度不高，因此在某一位置为执行某一项操作编制的程序段，当用于其他位置进行同一种操作时，很可能需要重新调试（即对位置重新示教或者进行类似的工作）。在工作站内操作位置的变化将引起达到目标位置过程中操作臂位形的变化。这种在工作站内部对操作臂运动重新定位的方法可以检验操作臂运动学模型和伺服系统的精度，以及其他经常出现的问题。这种重新定位会引起操作臂运动位形的变化，例如，从左肩部到右肩部或从肘上部到肘下部的运动。此外，这些位形的变化会引起操作臂由原来的简单小范围运动变为大范围运动。

在操作臂工作空间内不同区域中，空间轨迹形状特征的变化很可能改变路径。虽然这是关节空间轨迹方法特有的现象，但是如果采用笛卡儿路径规划方法则会在奇异位置附近产生问题。

当对操作臂的运动进行第一次测试时，通常比较稳妥的方法是让操作臂缓慢运动。因此，当操作臂在运动中可能与周围物体发生碰撞时，密切监视操作臂的运动的操作者能够及时停止操作臂的运动。操作臂在低速下经过初步调试后，一般希望增加操作臂的运动速度。这样做可能会引起某些运动发生变化。当需要以较快的速度跟踪轨迹时，许多操作臂控制系统中的限制条件会产生较大的伺服误差。同样，在包括接触环境的力控制情况下，速度变化能够完全改变正确的力控制策略。

操作臂的位形也会影响到能被其施加的力的精准度，这在开发机器人程序的时候一般很难考虑。

### 13.3.3 错误恢复

处理实际环境的另一个直接问题就是物体没有精确处在所规定的位置上，因此这种操作运动可能就会失败。在操作臂编程中应尽量全面考虑这些问题，使装配操作尽量可靠。但尽管如此，误差还可能产生，因此操作臂编程的一个重要方面就是如何从这些错误中恢复。

由于各种原因，用户程序中的任何运动程序几乎都可能出现问题。常见的原因是物体位置变化或者从机械手中脱落、物体失去了本来应有的位置、在插入操作时发生卡住现象，以及不能够对孔进行定位。

关于错误恢复的首要问题是识别错误是否确实存在。因为机器人的感觉和推理能力一般有限，因此错误检测通常是很困难的。为了检测错误，机器人程序应当包括某种直观的测试。这种测试可以检查操作臂的位置是否位于适当的范围。例如，操作臂在进行一个插入操作时，位置没有变化表示可能发生卡住现象，而位置变化太大则表明可能销钉离孔太远，或者物体已经从手中滑落。如果操作臂系统具有某种视觉功能，那么，它就可以拍照并检查物体是否存在，如果物体存在，可以报告它的位置。还可以有力检测，例如通过测量携带物体的质量可以检查物体是否仍在手中或是滑落，或者在某些运动范围内检查接触力是否保持在一定范围。

在程序中的每一条运动语句都可能会失效，所以这些直观的检查可能很烦琐，并且可能比程序其他部分占用更多的存储空间。试图处理所有可能的误差是非常困难的；通常只对几种最有可能失效的语句进行检查。预测机器人应用程序的哪一部分可能失效，在编程调试阶段就应对机器人进行大量的人机交互以及部分测试。

一旦检测出错误，就要从错误中恢复过来。这可以通过操作臂在完全程序控制下进行，或者由用户进行人工干预，或者两者结合进行。在任何情况下，在尝试恢复过程中可能会产生新的错误。显而易见，代码如何从错误中恢复过来，可能成为操作臂编程的主要部分。

在操作臂编程中利用并行操作可能使误差恢复更加复杂。当几个进程同时运行并且其中一个进程产生误差时，可能会影响其他进程。在许多情况下，备份这个出错的进程，并允许其他进程继续执行。有时，必须对几个或全部运行程序进行复位。

## 13.4 典型机器人编程语言

实际上，每一个机器人制造商都已经建立了其专有的限制性机器人编程语言，这一直是工业机器人领域的一个问题。当每次开始使用新的机器人时，通常需要学习新的语言。例如 ABB 拥有 RAPID 编程语言，Kuka 有 KRL，Comau 使用 PDL2，安川使用 INFORM，川崎使用 AS；Fanuc 机器人使用 Karel，Stäubli 机器人使用 VAL3 和 Universal Robots 使用 URScript；技术人员则更有可能使用制造商的语言。

BASIC 和 Pascal 是工业机器人语言的基础。为进行智能机器人的研发，应该选择哪种编程语言取决你想开发什么类型的软件，以及正在使用什么样的系统。在机器人技术中流行的每种编程语言对机器人各有不同的优势。

### 13.4.1 C / C++ 语言

一般认为，机器人技术的第一编程语言是 C 和 C ++，因为很多硬件库都使用这两种语言，它们允许与低级硬件进行交互，是允许实时性能和成熟的编程语言。使用 C 实现相同的功能可能需要相当长的时间，并且需要更多的代码行。然而，由于机器人非常依赖于实时性能，C 和 C++ 是最接近机器人科学家心目中的“标准”编程语言。

C# / C.NET 是微软提供的限制性编程语言。微软机器人工程师工作室将其作为其基本语言。想要长期地提高自身的编码能力，首先学习 C / C++ 不失为一个好的选择。

### 13.4.2 Python

ROS 是机器人软件平台，它能为异质计算机集群提供类似操作系统的功能。Python 和 C++ 是 ROS 中的两种主要的编程语言。

Python 是一种解释语言，语言的重点是易用性。Python 节省了许多常规的事情，例如定义和转换变量类型。由于它允许使用 C / C ++ 代码进行简单的绑定，这意味着代码的性能很重的部分可以用这些语言来实现，以避免性能下降。Python 还有大量的免费库。

### 13.4.3 Java

Java 对程序员“掩盖”底层存储功能，这使得 Java 对程序的要求要比 C 语言对程序的要求更低一些，但这意味着编程者对底层代码的运行逻辑了解也会少很多。像 C ＃和 MATLAB 一样，Java 是一种解释语言，Java 虚拟机在运行时解释指令。由于使用 Java 虚拟机，因此理论上可以在不同的机器上运行相同的代码。

### 13.4.4 MATLAB

MATLAB（见图 13-9）及其相关的开源语言（例如 Octave）是一些著名的机器人科学家用于调查数据和创建控制系统常用的语言。此外，还有一个非常有名的 MATLAB 机器人工具箱。如果需要分析数据，创建高级图表或执行控制系统，一定要学习 MATLAB。

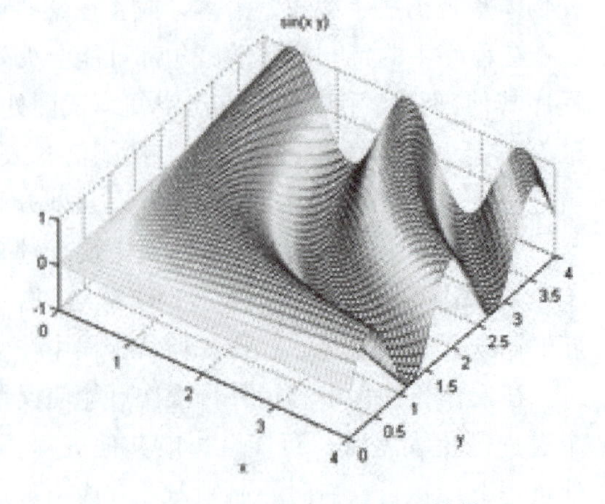


图 13-9 MATLAB 的绘图效果

## 13.5 离线编程系统要点

离线编程（OLP）系统是一种已经被广泛应用的、以计算机图形学为依托的机器人编程方法。机器人程序的开发能够在不访问机器人本身的情况下进行（见图 13-10）。不论是作为工业自动化装备的辅助编程工具，还是机器人的研究平台，离线编程系统都具有重要的意义。

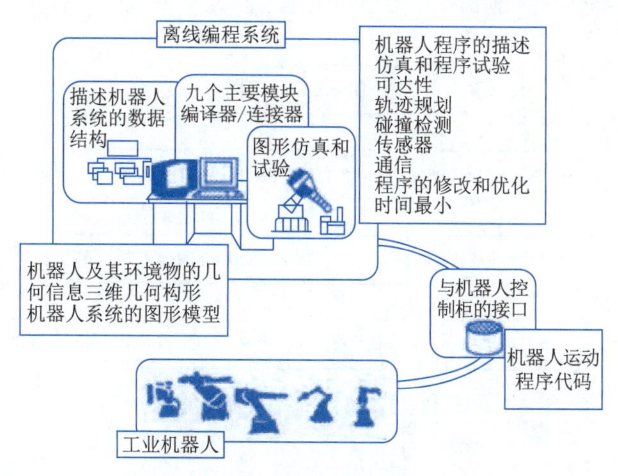


图 13-10 离线编程系统示意图

### 13.5.1 离线系统概述

当前机器人的使用仍然很困难，在特定现场安装机器人以及使用这个系统进行生产准备，需要大量的时间和专业技术。由于各种原因，这种问题在某些应用中会显得尤其严重。例如，在点焊和喷涂领域，机器人自动操作比在其他应用领域（例如装配）的发展要迅速得多。在一些制造企业，人们鼓励扩大机器人的应用范围，而操作人员难以实现这个要求。因此，现有的大部分机器人在各种应用中并不能充分发挥它们的作用。

在机器人程序开发过程中，尤其是在后来的生产应用中，必须保证机器人编程系统确定的内部模型与机器人周围环境的实际状态一致。在用交互方式调试操作臂程序时，需要经常手工初始化机器人环境状态，例如，工件、刀具等必须返回到它们的初始位置。当机器人对一个或多个工件执行不可逆的操作时（例如钻孔或者铣削），这种状态初始化变得尤其困难（有时代价也非常昂贵）。实际环境对初始化的最主要影响是当程序中的问题恰巧出现在工件、刀具或者操作臂自身处于某种意外的不可逆的操作中。传感器研究领域，尤其是计算机视觉领域，都在集中精力开发能够检验、修正或发现世界模型的技术。显然，为了将一种算法应用于机器人的指令生成中，那就需要获取机器人以及周围环境的模型。

离线编程系统的概念已扩展到工厂级任何可以编程的设备。一种普遍的观点认为：离线编程系统在需要重新编程时可以不占用生产设备，因此，智能制造企业可以保证大部分时间处于生产状态。它们也可以将产品开发过程中使用的计算机辅助设计（CAD）数据库与实际产品生产自然联系起来。在某些应用中，这种直接使用 CAD 设计数据的方法可以大大减少生产设备的编程时间。

离线编程系统应当成为从动作级编程系统到任务级编程系统的发展途径。通过给各种子任务自动提供解决方案，然后让编程人员在仿真环境下对这些方案进行选择，便可以逐渐完成这种扩展。在找到建立任务级编程系统的方法之前，用户仍然需要反复对生成的子任务规划进行评判，并指导应用程序的开发。这样，离线编程系统就成了任务级规划系统研发的重要基础，实际上，研究人员已经开发了各种离线编程系统的组件（例如三维模型、图形显示和程序后处理器）。因此，除了针对科研，离线编程系统对工业生产也是一种有用的辅助工具（见图 13-11）。

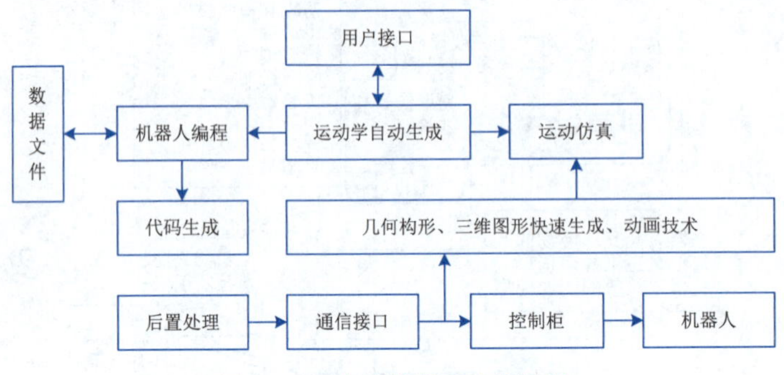


图 13-11 离线编程系统的流程

## 13.5.2 用户接口

开发离线编程系统（见图 13-12）的主要目的是创建一个使操作臂编程更加容易的平台，因此用户接口就显得尤为重要。另一个主要目的是在编程时不使用机器人物理设备。

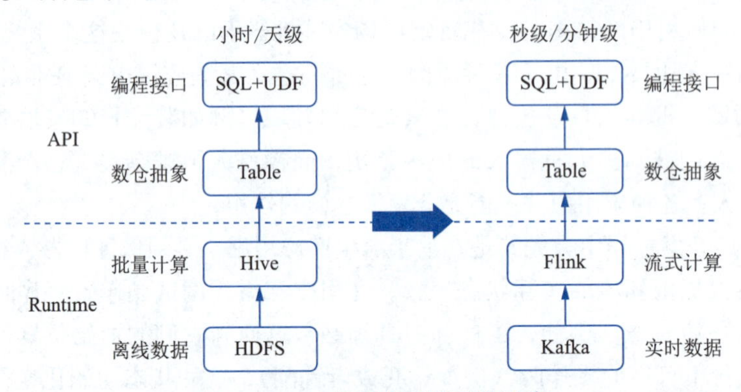


图 13-12 离线到实时的平滑迁移

由于有不少生产人员并不能很好地使用机器人编程语言，鉴于这个原因以及其他一些历史原因，许多工业机器人一般提供两种接口，分别适合编程和非编程人员。非编程人员使用示教盒与机器人交互进行程序开发。编程人员通过编写机器人编程语言代码和与机器人交互，以对机器人工作点进行示教和调试程序流程。这两种程序开发方式兼顾了易操作性和灵活性。

作为机器人编程语言的扩展并作为用户接口的一部分，离线编程系统应当提供机器人编程系统中那些有价值的特征。例如，机器人交互式编程语言比编译语言的效率高得多，后者在用户每次修改程序时，都必须按照“编辑—编译—运行”的这种循环模式进行。

用户接口语言部分很多是从传统的机器人编程语言继承过来的，接口的重要部分是被编程的机器人及其环境的计算机图形显示，例如使用鼠标，用户可以指定屏幕上的各个位置或物体，同样可以指定“菜单”中的选项以确定工作模式或调用各种功能。

一个基本功能是利用图形交互界面对机器人的工作点或六自由度“坐标系”进行示教。在获得夹具和工件的三维模型后，离线编程系统使得上述任务变得非常容易。用户通过图形接口在表面上指定点，允许坐标系的某个方向与局部表面的法向相同，提供偏移和旋转的方法等。从图形窗口到仿真环境，使得用户根据具体应用很容易确定各种操作任务。

一个好的用户接口可以让非编程人员从头到尾地完成许多操作。此外，离线编程系统应该可以把非编程人员示教的坐标系和动作顺序转换成机器人编程语言。这些简单的程序可以由经验丰富的编程人员以机器人编程语言的形式加以改进。对于编程人员来说，得到机器人编程语言后可以通过任意代码编程实现更为复杂的操作。

### 13.5.3 三维模型

离线编程系统中的一个基本功能是利用图形描述对机器人和工作站进行仿真。这要求对操作工序中的机器人及所有的夹具、零件和刀具进行三维实体建模。为了加速程序开发，希望能够使用 CAD 系统中的原始设计直接作为零件或刀具的 CAD 模型。CAD 系统在工业中逐渐流行，因此这种几何数据越来越容易获得。由于对这种贯穿于设计到生产的 CAD 集成系统的迫切需求，因此离线编程系统包含一个 CAD 建模子系统或者 CAD 设计系统的一部分是非常有意义的。如果离线编程系统是独立的，那么它必须有合适的接口与外部CAD系统进行模型转换。即使是独立的离线编程系统，也应当具备简单的局部 CAD 工具，以便快速创建非主要工作站模型，或者在输入的 CAD 模型中加入与机器人相关的数据。

物体三维几何模型在自动碰撞检测中有重要用途。在仿真环境下，物体之间发生任何碰撞时，离线编程系统应该自动提示用户，并且指明发生碰撞的确切位置。装配类的操作可能包括许多“碰撞”，当物体在设定的碰撞误差范围内运动时，系统有必要发出碰撞提示。

### 13.5.4 运动仿真

为保证仿真环境的有效性，要对每一个被模拟的操作臂的几何形状进行正确无误的仿真（见图 13-13）。

图 13-13 离线编程系统仿真软件

对于逆运动学，离线编程系统能够以两种不同的方式与机器人控制器交互。第一种方式是用离线编程系统替代机器人控制器逆运动学模型，并不断将关节空间的机器人位置传送给控制器。第二种方式是将笛卡儿位置传送给机器人控制器，让控制器使用逆运动学模型来求解机器人位姿。一般第二种方法的效果会更好一些，尤其是机器人制造商已经把操作臂标定置于机器人上。这些标定技术为每个机器人规定了专属的逆运动学模型。这种情况下，一般希望将笛卡儿空间信息传送给机器人控制器。

### 13.5.5 路径规划仿真

除了对操作臂的静态位置运动进行仿真外，离线编程系统应能够对操作臂在空间运动的路径进行精确仿真，也需要对机器人控制器使用的算法进行仿真。不同的机器人生产商采用的路径规划和算法是不同的。为判断机器人与周围环境是否发生碰撞，对所选择的空间路径曲线进行仿真非常重要。为了预测操作的循环时间，对轨迹的时间历程进行仿真也很重要。当机器人在一个运动环境中操作时（例如附近有另外一台机器人），为了精确预测是否发生碰撞，或者为了预测通信和运动同步的问题（例如死锁），也要求对运动的时间属性进行精确仿真。

### 13.5.6 动力学仿真

如果离线编程系统对机器人控制器的轨迹规划算法仿真做得很好，而且实际的机器人跟随期望轨迹运行的误差可以忽略时，那么在对操作臂进行运动仿真时可以不考虑动力学特性。但是，在高速或重载情况下，轨迹跟踪误差就显得很重要。对操作臂和运动物体的动力学建模以及对用于操作臂控制器的控制算法仿真都需要仿真掌握跟踪误差。

### 13.5.7 多过程仿真

一些工业应用中，有时两台或者更多的机器人在同一环境下协同操作。即使单个机器人工作单元，通常也包含输送带、传输线、视觉系统以及其他一些机器人必须协同作业的运动设备。为此，离线编程系统需要能够对多个运动设备以及包括并行操作的其他作业进行仿真。实现这种功能的基本要求是这个系统中基本的执行语句必须是一种多处理语言，编程环境能够为一个工序中的两个或更多的机器人单独编写控制程序，然后通过同时运行这些程序对这个工序的操作进行仿真。在语言中加入信号及等待单元可以使机器人之间的协同作业与仿真操作的情况完全相同。

### 13.5.8 传感器仿真

机器人程序中的大部分语句并不是运动语句，而是初始化、错误检查、输入/输出以及其他一些语句。因此，离线编程系统应当能够对操作过程提供一个全面的仿真环境，包括与传感器、各种输入/输出、设备通信与其他设备交互的环境。一个支持传感器及多任务仿真的离线编程系统不仅可以检验机器人运动的可行性，而且能对机器人程序中的通信及同步性进行校验。

### 13.5.9 翻译成目标语言

一直困扰着工业机器人（及其他可编程自动化设备）用户的问题是几乎每个离线编程系统的供应商都发明了自己的语言来对其产品进行编程。对于操作装备来说，某个离线编程系统想成为通用系统，它必须要解决不同语言的翻译问题。解决这个问题的一个办法是在离线编程系统中只使用一种编程语言，然后通过后处理把它翻译成目标设备可接受的语言。

将离线编程系统直接与语言翻译问题联系起来会有两个潜在的好处。首先，用一个单一、通用的接口对各种机器人进行编程，能够解决掌握和处理多种自动编程语言的问题。另一个好处是，将来会有成百甚至是成千的机器人在工厂使用，给每个机器人提供一个简单的、“傻瓜的”控制器，让它们从一个功能强大的、“智能的”离线编程系统上下载程序会更加经济。因此，对于离线编程系统来说，重要的问题是能够把功能强大的通用语言编写的应用程序翻译成在廉价的处理器中执行的简单语言。

### 13.5.10 工作站标定

任何实际环境的计算机模型都存在不准确性。为了使离线编程系统开发的程序可实际应用，必须将工作站标定的方法集成到系统中去。这个问题的影响程度随应用情况的不同会有很大变化。如果机器人的大部分工作点需要用实际机器人重新示教才能解决不准确性的问题，那么离线编程系统就失去了有效性。

许多实际应用经常与刚性物体的作业有关。以在一个舱壁上钻几百个孔的作业为例。舱壁相对机器人的实际位置能够通过机器人对舱壁的三个点进行示教确定。如果所有孔的数据均标注在 CAD 坐标系中，那么这些孔的位置可以根据这三个示教点自动更新。在这种情况下，机器人只需示教这三个点，而非几百个点。大多数任务都属于这种“对刚性物体进行多工位操作”的情况。例如，PC 主板上元器件的插装、布线、点焊、弧焊、码垛、喷涂及去毛刺。

## 13.6 离线编程的自动任务

一些先进技术能够集成到当前离线编程系统的“基本”概念中。在工业应用的某些场合，大部分先进技术已应用于自动规划系统中。

### 13.6.1 机器人自动布局

应用离线编程系统能够完成许多基本任务，其中之一是决定工作站的布局，使操作臂能够到达所有必需的工作点。在仿真环境中，由试验比划的方法来确定正确的机器人或工件的布局要比在实际工序中确定上述布局快得多。自动搜索可行的机器人或工件的布局是一项先进技术，它可以进一步减少用户的负担（见图 13-14）。

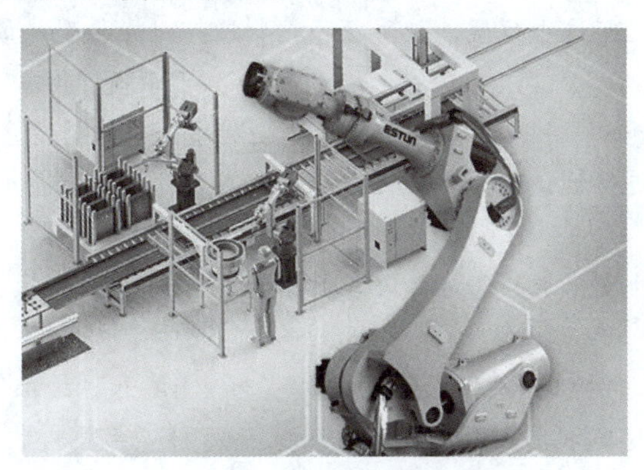


图 13-14 机器人自动布局

自动布局可以通过直接搜索法或（有时）启发式引导搜索法来计算。大多数机器人被水平安装在地面（或是天花板）上并使得第一个旋转关节与地面垂直，所以通常情况下只需在三维空间中用划分网格的方法来寻找机器人底座的位置。这个搜索方法可以对这个布局方案进行优化，或者停留在第一个可行的机器人或工件的位置上。

### 13.6.2 避障与路径优化

在离线编程系统中自然会包括对避障路径规划和时间优化路径规则的研究，也值得研究那些与狭小范围和狭小搜索空间有关的问题。例如，在用六自由度机器人进行弧焊作业时，由几何条件可知机器人仅有五个自由度就足够了。冗余自由度的自主规划可用于机器人的避障和避奇异点。

### 13.6.3 协同运动自动规划

许多弧焊作业的作业过程要求在焊接过程中工件始终保持与重力矢量之间的确定关系。为此可以安装一个二或二自由度的定位系统，这个定位系统随机器人以协同运动方式同时操作。这样一个系统可能有九个或是更多的自由度。现在一般是采用示教方法对这个系统进行编程。规划系统可以对上述系统自动地进行协同运动的综合。

与机器人编程中发现的几何问题一样，经常遇到的困难是规划问题和通信问题。特别是把单一工作站仿真推广到一组工作站仿真时的情况。某些离散时间仿真系统可以提供这种系统的简要仿真环境，但几乎没有提出规划算法。对交互操作做规划是一个困难的问题，在这方面，离线编程系统可以作为一个理想的研究实验平台，并且可以将任何一种有用的算法直接加以推广。

1. 机器人操作臂与专用自动化装备的区别在于它们的“柔性”，即（　　）。

A. 性能灵巧　　B. 使用简单　　C. 作用强劲　　D. 可编程性

2. 习惯上人们用（　　）来描述装备的一个局部集合，其中包括一个或者多个操作臂、输送系统、零件喂料器和夹具。

A. 作业点　　B. 工作站　　C. 终端　　D. 服务器

3. 早期的机器人都是通过（　　）方法进行编程的，这种方法包括移动机器人到一个期望目标点，在存储器中记下这个位置，使得顺序控制器可以在再现时读取这个位置。

A. 示教　　B. 演练　　C. 模仿　　D. 写真

4. 所谓示教盒是一个手持的按钮盒，它可以控制每一个操作臂（　　）或者每一个笛卡儿自由度。控制器可以进行调试和分步执行，能够输入包含逻辑功能的简单程序。

A. 组合　　B. 部件　　C. 关节　　D. 轴承

5.（　　）是全新开发出来的，这类语言虽然专用于机器人领域，但也有可能成为一种普通的计算机编程语言。

A. 计算机语言中的机器人数据库　　B. 开源的操作系统语言

C. 新型通用语言的机器人数据库　　D. 专用机器人操作语言

6.（　　）的开发始于一种流行的计算机语言，但附加了一个机器人子程序库。这样，用户只要写一段高级语言程序，就可以根据机器人的专门要求频繁地访问预定义的子程序包。

A. 计算机语言中的机器人数据库　　B. 开源的操作系统语言

C. 新型通用语言的机器人数据库　　D. 专用机器人操作语言

7.（　　）以一种新的通用语言作为编程基础，然后提供一个预定义的机器人专用子程序库。

A. 计算机语言中的机器人数据库　　B. 开源的操作系统语言

C. 新型通用语言的机器人数据库　　D. 专用机器人操作语言

8. 机器人编程方法的第三个发展阶段具体体现在（　　）级编程语言。这种语言允许用户直接给定所期望任务的子目标指令，而不是详细指定机器人的每一个动作细节。

A. 动作　　B. 任务　　C. 示教　　D. 离线

9. 机器人编程是指为使机器人完成某种任务而设置的动作顺序描述，以控制机器人的运动和作业。由于实用性强，操作简便，大部分机器人都采用（　　）编程方式。

A. 动作　　B. 任务　　C. 示教　　D. 离线

10.（　　）是指研究全球问题的系统动态模型，是通过连锁的反馈环路，把各种因素综合在一起。

A. 世界模型　　B. 地球模型　　C. 世界算法　　D. 地球算法

11. 在理想情况中，一个（　　）系统将包含许多操作臂必须处理的物体信息和操作臂本身的信息。系统应用这些有效数据，就能够实现任务级编程系统的许多功能。

A. 期望运动　　B. 操作流程　　C. 传感融合　　D. 世界模型

12. 机器人编程语言最基本的功能就是可以描述机器人的（　　），在编程语言中使用运动语句，允许用户指定路径点、目标点以及采用关节插补运动或者笛卡儿空间直线运动。

A. 期望运动　　B. 操作流程　　C. 并行操作　　D. 世界模型

13. 机器人编程系统允许用户指定的操作流程通常也有测试、分支、循环以及访问子程序甚至中断等概念。在自动化程序中，（　　）一般更为重要。

A. 期望运动　　B. 操作流程　　C. 并行操作　　D. 世界模型

14. 机器人编程系统的主要特点就是在计算机内部建立（　　），但即使它非常简单，要保证它与人为建立的实际环境模型相匹配仍然存在很多困难。

A. 初识位置　　B. 世界模型　　C. 全局模型　　D. 错误恢复

15. 操作臂的（　　）对操作臂编程影响较大，它会影响运动轨迹，也可能影响操作臂在一些关键运动区域的运动速度。

A. 初识位置　　B. 世界模型　　C. 全局模型　　D. 错误恢复

16. 在操作臂编程中应尽量全面考虑，使装配操作尽可能可靠。但尽管如此，误差还可能产生。因此，操作臂编程的一个重要方面就是如何实现（　　）。

A. 初识位置　　B. 世界模型　　C. 全局模型　　D. 错误恢复

17.（　　）是一种已经被广泛应用的，以计算机图形学为依托的机器人编程方法，这种方法使机器人程序的开发能够在不访问机器人本身的情况下进行。

A. 图形分析　　B. 在线开发　　C. 离线编程　　D. 自动编程

18.（　　）是从动作级编程系统到任务级编程系统的发展途径，成为任务级规划系统研发的重要基础。因此，除了针对科研，它对工业生产也是一种有用的辅助工具。

A. 图形分析系统　　B. 在线开发系统

C. 离线编程系统　　D. 自动编程系统

19. 离线编程系统中的基本功能之一是利用图形描述对机器人和工作站进行（　　），这就要求对操作工序中的机器人及所有的夹具、零件和刀具进行三维实体建模。

A. 分析　　B. 仿真　　C. 调和　　D. 集成

20. 应用离线编程系统能够完成许多基本任务，其中之一是决定（　　），使操作臂能够到达所有必需的工作点。

A. 路径优化　　B. 自动规划

C. 协同运动　　D. 工作站布局

## 研究性学习　熟悉机器人程序设计

小组活动：请阅读本课的【导读案例】，讨论以下问题。

（1）熟悉机器人编程语言以及计算机编程语言的发展历史。

（2）请通过网络搜索，了解最新版本的“编程语言排行榜”。请记录：

当前的排行榜日期是：________________（年 / 月）

编程语言排名前十的分别是：________________

________________

________________

其中，排名第一的编程语言是：________________

这种语言排名第一的理由是：________________

________________

________________

（3）在最新的排行榜上，前十名中有可以作为机器人编程语言的成员吗？有或没有的理由是什么：________________

________________

________________

评分规则：若小组汇报得 5 分，则小组汇报代表得 5 分，其余同学得 4 分，余类推。

实验总结：________________

________________

________________

________________

实训评价（教师）：________________

________________

# 机器人安全与法律

## 学习目标

**知识目标**

（1）熟悉与机器人相关的安全问题。

（2）熟悉机器人伦理基础知识。

（3）熟悉人工智能与机器人面临的法律问题。

**能力目标**

（1）掌握专业知识的学习方法，培养阅读、思考与研究的能力。

（2）积极参加“研究性学习小组”活动，提高组织和活动能力，具备团队精神。

**素质目标**

（1）热爱学习，掌握学习方法，提高学习能力。

（2）热爱读书，善于分析，勤于思考，培养关心机器人的社会进步。

（3）体验、积累和提高“大国工匠”的专业素质。

**重点难点**

（1）熟悉机器人伦理社会基础。

（2）熟悉人工智能与机器人的法律问题。

## 导读案例 SpaceX送四名游客到太空玩三天

北京时间2021年9月16日8时许，美国太空探索技术公司（SpaceX）进行了首次“全平民”太空旅游发射，地点位于美国佛罗里达州肯尼迪航天中心，飞船成功进入轨道（见图14-1）。按计划，四名太空游客会被带到距离地面575 km高的轨道上环绕地球飞行，进行为期三天的太空旅游观光。

本次发射任务命名为“灵感4”，四张船票全由38岁的亿万富翁、美国电商大亨贾里德·艾萨克曼出资购买。具体花费多少，未注意到有详细披露。艾萨克曼把其中两张票赠送给了圣犹达儿童研究医院，该医院把其中一张票给了29岁的医师助理海莉·阿尔切诺，用另一张票搞了一次筹集资金活动，赢得活动奖票的人把票转手给了自己的朋友——42岁的美国空军退役军人克里斯·森布罗斯基。最后一张票，艾萨克曼通过一项由自己公司Shift4 Payments发起的竞赛项目作为奖品送出，获得者是51岁的地质学教授西恩·普罗克特（见图14-2）。

图 14-1 首次“全平民”太空旅游启航

图 14-2 四位太空游客

## 一、SpaceX 这次太空旅游与此前的有什么不同？

大家应该记得，就在 2021 年 7 月，维珍集团创始人理查德 • 布兰森和世界首富贝索斯先后搭乘自家公司太空船（见图 14-3 和图 14-4）飞到了太空边缘，他们都声称开启了太空旅游的新时代。那这次马斯克 SpaceX 公司的太空旅游与前两位的太空旅游有什么本质不同呢？

图 14-3 搭载布兰森的太空船二号脱离母机

图 14-4 搭载贝索斯的新谢泼德号火箭起飞

有！前两位都是亚轨道太空飞行，而这次是货真价实的入轨太空旅游（见图 14-5），本次太空游客在距离地面 575 km 的高度上每 90 min 绕地球一周，俯瞰美丽的地球；前两位体验失重的时间仅仅 3 ～ 4 min，而马斯克的这四名客人能够享受长达 3 天的失重感觉。

所谓的亚轨道是指飞行器虽然触达到了“太空”，但是无法维持在太空高度做环球飞行，随后会被地球引力重新拉回地面的一种飞行模式。而大气密度从地面往上是一个连续变小的过程，也就是说，大气并没有一个明确的边界。著名航空航天工程师冯 • 卡门曾根据空气动力学计算，给出一个高度数值：100 km。也就是说，超过这个高度就可认为是太空了，这就是所谓的“卡门线”。虽然布兰森的太空船高度并未达到 100 km，但超过了 NASA 定义的太空高度，也可以称之为触达太空了。

也就是说，布兰森和贝索斯直冲云霄，飞到了 100 km 左右的高度，各玩了一次“超高空蹦极”，触摸一下太空就回来了。而马斯克的游客们搭乘龙飞船进入了距地面 575 km 高的地球轨道，是货真价实的宇航员待遇。相比之下，国际空间站运行的高度为 420 km，大名鼎鼎的哈勃望远镜运行的高度为 547 km。因此，在本次太空旅游的宣传语中，官方宣称，这是自 2009 年宇航员执行对哈勃望远镜在轨维修以来，再次有人类超过距离地面 500 km 的高度。

## 二、四名不平凡的“平民”太空游客

在行前的几个月时间里，四名太空游客进行了严苛的训练。例如，在飞行模拟器中熟悉设备设施操作；在离心机中接受超重训练；在零重力公司的失重飞机中提前体验失重感觉（见图 14-6）；在高海拔雪山中进行徒步行走；等等。

图 14-5 轨道中的龙飞船，头锥盖打开露出观景穹顶（艺术图）

图 14-6 四位太空游客在接受失重训练

这四名太空游客都是有故事的人，他们分别象征领导力、希望、慷慨和繁荣四种精神。

**指令长**：美国亿万富翁贾里德·艾萨克曼。出生于1983年2月11日，目前是支付服务公司 Shift4 Payments 的创始人兼首席执行官，该公司每年大约处理 2 000 亿美元的流水。

艾萨克曼2004年开始学习飞行课程。2009年他创造了环球航行的世界纪录。2011年他获得安柏瑞德航空大学的专业航空学学士学位。目前拥有多种军用喷气式飞机的驾驶资格。在本次飞行任务中，他作为“领导力”精神的象征。

**首席卫生官**：海莉·阿尔切诺。是圣犹达儿童研究医院的员工，也是一名儿童骨癌幸存者，现在是一名医生助理。如果一切顺利，阿尔切诺将因为参加“灵感 4 号”任务而成为美国历史上最年轻的宇航员。

阿尔切诺在美国路易斯安那州的圣弗朗西斯科维尔长大。在她10岁的时候一处膝盖出现疼痛症状，医生起初以为只是扭伤，但几个月后检查显示阿尔切诺患的是骨肉瘤。她的家人求助于圣犹达儿童研究医院进行治疗和护理，阿尔切诺经受了十几轮化疗、截肢手术、膝关节置换和左大腿骨钛棒植入等各种治疗手段，现在已经结束治疗，身体状况良好。这段经历也激励阿尔切诺进入圣犹达儿童研究医院为其他癌症患者工作，目前她是白血病和淋巴瘤患者的医生助理。在本次飞行任务中，她作为“希望”精神的象征。

**任务专家**：克里斯·森布罗斯基。是一名美国数据工程师，也是从美国空军的退役军人，目前居住在美国华盛顿州埃弗雷特。森布罗斯基现在是洛克希德·马丁公司员工。作为一名业余天文学家和火箭专家，森布罗斯基一直对探索太空很感兴趣。在本次飞行任务中他作为“慷慨”精神的象征。

**驾驶员**：西恩·普罗克特。是一位美国地质学教授，也是民间航空巡逻组织的主要成员。作为一位热情的科学知识传播者，普罗克特曾出现在三档教育类电视节目中，分别是2010年探索频道播出的《重建人类社会第二季》、2016年播出的《霍金天才实验室第二季》以及《奇怪的证据》。她在本次飞行任务中作为“繁荣”精神的象征。

### 三、“二手”载人龙飞船

本次使用的“坚毅号”载人龙飞船（见图14-7）是去年11月SpaceX首次正式载人飞行（Crew-1）任务中使用过的那艘飞船。该飞船直径4 m，高8.1 m，最多可搭载七位宇航员，这与航天飞机搭载的宇航员数量相同，但到目前为止，最多也只搭载过四位宇航员。

载人龙飞船属于SpaceX研制的第二代可重复使用的龙飞船。第二代龙飞船可分为载人龙飞船和货运龙飞船两种，可以自动完成与空间站的对接，它也保留了人工对接的选项。本次太空旅游的目的地不是国际空间站，也就无须对接空间站了。

### 四、安全有保障：龙飞船具备全程逃逸能力

载人龙飞船集成有八个推力强大的“超级天龙座”火箭，火箭分为两组，安装在飞船的侧壁作为逃生使用（见图14-8），每个发动机的推力可达71 kN。此外，还装有16个推力相对较小的“天龙座”发动机喷口，用于姿态控制和轨道机动。

图14-7　运输途中的载人龙飞船

图14-8　载人龙飞船“飞行中止测试”试验（艺术图）

熟悉载人航天的朋友可能会留意到，无论是阿波罗登月火箭，还是我国的长征2F载人运载火箭，在火箭顶部都有个逃逸塔（见图14-9），其作用就是在火箭发射起始阶段，如果发生意外，可以启动逃逸塔火箭，把飞船带离到安全的高度，然后着陆。如果发射顺利，等火箭飞到一定高度，逃逸塔会分离，然后丢弃。

载人版龙飞船把逃逸塔集成在船身上，使飞船具备了“全程逃逸”的能力。也就是说，在飞船飞行的任何阶段出问题都具备逃生能力，这也是未来载人飞船逃逸的新方式。

### 五、安全有保障：稳定的猎鹰9（Block 5）火箭

SpaceX以可回收火箭名扬天下，这次芯一级使用的是三手猎鹰9（Block 5）火箭。这是一个两级运载火箭，高度70 m，以液氧和煤油为推进剂。芯一级火箭装配有九台梅林发动机，总推力7 600 kN。在回收一级的情况下，近地轨道的运载能力为15.6 t，若不回收一级，近地轨道运载能力为22.8 t，算是一款中型运载火箭。

截至目前，猎鹰9（Block 5）仍然保持了100%成功的发射纪录。

### 六、四名太空游客何时返回？

根据官方的计划，这四名太空游客将在发射三天后返回地球，也就是北京时间的9月19日。但也不排除临时推迟。届时，龙飞船将按照既定流程，在降落伞的拖曳下缓缓降落在大西洋上，等待救援队的到来（见图14-10）。

又讯，据美联社佛罗里达州卡纳维拉尔角2021年9月18日报道，上述四名太空游客

当天结束他们开创性的轨道旅行，他们乘坐的太空探索技术公司的太空舱在日落之前溅落在佛罗里达海岸附近的大西洋上，离三天前他们出发的地方不远。

图 14-9　阿波罗飞船的逃逸塔

图 14-10　载人龙飞船返回地球降落大海的情形

资料来源：乔辉，腾讯太空，2021 年 9 月 16 日。

**阅读上文，请思考、分析并简单记录：**

(1) 与以往类似的空天旅行相比，这次 SpaceX 送四名游客到太空的活动有什么不同？

答：____________________

____________________

____________________

____________________

(2) 虽说是“首次‘全平民’太空旅游”，但参与的人选还是有一定“专业”选择，经历了一系列的“出行”培训。请分析，你认为未来真正的平民太空游为期还远吗？关键因素是什么？

答：____________________

____________________

____________________

____________________

(3) 人类历史上已经成功实现了多起“跨时代计划”，例如，从莱特兄弟的第一架飞机到阿波罗计划将人类送上月球并安全返回地球花了 50 年时间。同样，从数字计算机的发明到深蓝击败人类国际象棋世界冠军也花了 50 年。请通过网络搜索，了解其他的类似探索计划，并简单记录。

答：____________________

____________________

____________________

____________________

(4) 请简单记述你所知道的上一周内发生的国际、国内或者身边的大事。

答：____________________

____________________

____________________

____________________

自动化技术的快速进步，例如固定机器人、协作和移动机器人、动力外骨骼和自主车辆等，可以改善工作条件，但也可能在制造工作场所引入工作场所危害。危险源在特定的机器人系统中往往各不相同，危险的数量和类型与自动化过程的性质和装备的复杂性直接有关。与危险相关的风险随着所用机器人的类型及其应用、安装、编程、操作和维护方式而变化。

## 14.1 与机器人相关的安全

与机器人相关的事故多数发生在维修期间，即工人们不得不进入围栏内进行单元测试和故障查找时，实际上这些悲剧都是可以避免的（见图 14-11）。与传统工业机器人相比，协作机器人不依赖笼子进行简单隔离这一安全措施，而是使用力反馈和力传感器以及 3D 摄像机和激光雷达等来实现与人类的安全互动。同时，协作机器人拥有轻量的机械臂和末端执行器，以减少人们在与机器人接触时受到严重伤害的风险。

图 14-11　机器人工作环境

### 14.1.1　机器人安全性能

产品的总体安全性评价指标包括产品本身的安全等级、环境的限制条件以及人们对安全性的期望水平。同理，机器人自身通过了什么等级的安全认证，使用者是否按照规范操作，人们是否充分认识并接受机器人的危险性，都是评价一个机器人系统是否安全时需要考虑的重要因素。

（1）各种机器人通常配备有各自的安全技术，但其安全功能本身还比较初级。例如，将物理的围栏换成了虚拟围栏、检测到有人靠近时自动停止，还不能算是完整的协作安全技术。

（2）通过 ISO/TS 15066 认证的成本太高，从市场的逐利性来看不划算。因此，除了欧美等大公司对安全性有硬性要求外，其他机器人企业并不很重视。

（3）国内一般更注重机器人的功能性，而对于机器人的安全性能不太重视，即使机器人具备碰撞检测功能，也只能算是锦上添花。

（4）机器人的安全性不高还在于“人”的问题。一些中小型企业管理者的自我保护意识偏弱，机器人领域的安全管理人才较少等。多重因素之下，导致国内协作机器人在安全性技术上比较缺乏，鲜见通过安全认证的工业机器人。

### 14.1.2　机器人行业安全规范

在市场上销售的机器人除了必须遵守一般的设计与安全规范外，涉及机器人行业的安全规范主要有以下几项：

（1）国际电工委员会（IEC）的 IEC 61508 标准《电气 / 电子 / 可编程电子安全系统的功能安全》是工业安全领域的通用标准，既可以用作编写细分领域安全标准的基础，也可以在没有专用安全标准的领域中直接应用。

（2）IEC 60204-1《机械安全 机器电气设备 第 1 部分 一般要求》提出了安全停止的三大类别。

（3）IEC 61800-5-2，对应的中国国家标准为 GB/T 12668.5.2《可调速的电动设备标准 第 5-2 部分：功能安全要求》。该标准主要针对安全编码器、安全伺服驱动器（STO、SOS、SLS、SBC、Safety Stop 1/2 等功能）、伺服电机等系统提出了功能安全要求。

（4）国际标准化组织 ISO 公布的 ISO 10218《工业机器人安全要求》，规定了机器人在设计和制造时应遵循的安全原则；ISO 10218-2 规定了在机器人集成应用、安装、功能测试、编程、操作、维护以及维修时，对人身安全的防护原则。

（5）ISO 发布的 ISO/TS 15066《在操作人员与机器人协作工作时，如何确保操作人员安全的技术指南》是专门针对协作机器人编写的安全规范，同时也是 ISO 10218-1 和 ISO 10218-2 关于协作机器人操作内容的补充。ISO/TS 15066 也可以作为机器人系统集成商在安装协作型机器人时做“风险评估”的指导性和综合性文件，它为机器人行业解答了以下几个问题，包括如何定义人机协作行为；如何量化机器人可能对人造成的伤害；在以上基础上，对协作机器人的设计有什么要求等。

### 14.1.3 系统性安全守则

由于机器人系统复杂而且危险性大，对机器人进行的任何操作都必须注意安全。无论什么时候进入机器人的工作范围，都可能导致严重的伤害。因此，只有经过培训认证的人员才可以进入机器人的工作区域。

为保证工业机器人在运用过程中的安全性，保证操作人员安全，需要注意以下问题：

（1）万一发生火灾，应使用二氧化碳灭火器。

（2）急停开关（E-Stop）不允许被短接。

（3）机器人处于自动模式时，任何人员都不允许进入其运动所及的区域（见图 14-12）。

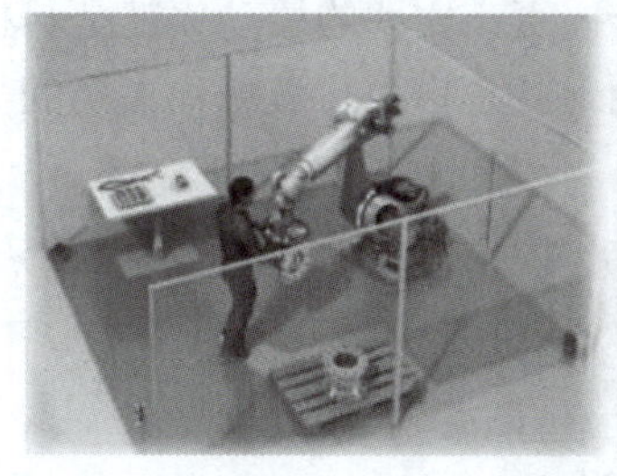
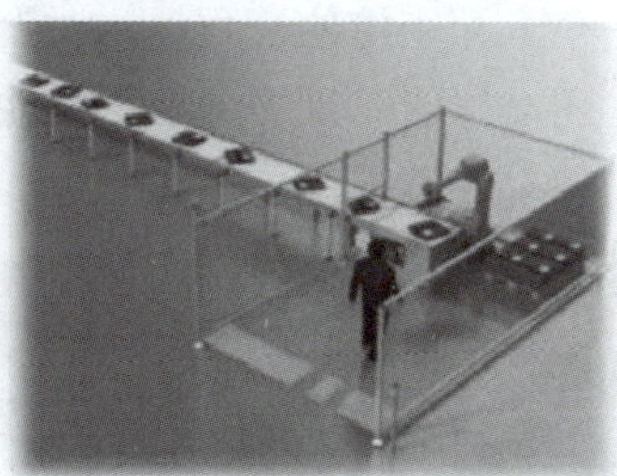

图 14-12　机器人工作安全区域

（4）任何情况下都不要使用机器人原始启动盘，而是使用其复制盘。

（5）停机时，机器人的夹具上不应置物，必须空机。

（6）在发生意外或运行不正常等情况下，机器人均可使用急停开关以停止运行。

（7）在自动状态下，机器人即使运行速度非常低其动量仍很大，所以在进行编程、测试及维修等工作时，必须将机器人置于手动模式。

（8）气路系统中的压强可达 0.6 MPa，任何相关检修都要切断气源。

（9）在手动模式下调试机器人，如果不需要移动机器人时，必须及时释放使能器（负责控制信号的输入和输出称为使能）。

（10）调试人员进入机器人工作区域时，必须随身携带示教器，以防被他人误操作。

（11）在得到停电通知时，要预先关断机器人的主电源及气源。

（12）突然停电后，要在来电之前先关闭机器人的主电源开关，并及时取下夹具上的工件。

（13）维修人员必须保管好机器人钥匙，严禁非授权人员在手动模式下进入机器人软件系统，随意翻阅或修改程序及参数。

（14）在《用户指南》中，关于安全这一章节中对安全事项要有详细说明。

## 14.2 机器人的伦理基础

所谓“伦理”，其意思是人伦道德之理，是指在处理人与人、人与社会、人与自然相互关系时应遵循的各种道理和道德准则，是一系列指导行为的观念，也是从概念角度上对道德现象的哲学思考。例如，“天地君亲师”为五天伦，又如君臣、父子、兄弟、夫妻、朋友为五人伦。忠、孝、悌（敬爱兄长）、忍、信是处理人伦的规则。

### 14.2.1 科技伦理是理性的产物

2019 年 7 月 24 日，中央全面深化改革委员会第九次会议审议通过了诸多重要文件，其中《国家科技伦理委员会组建方案》排在首位通过，这表明中央将科技伦理建设作为推进国家科技创新体系不可或缺的重要组成部分。组建国家科技伦理委员会的要旨在于，抓紧完善制度规范，健全治理机制，强化伦理监管，细化相关法律法规和伦理审查规则，规范各类科学研究活动。

科技伦理（见图 14-13）是科技创新和科研活动中人与社会、人与自然以及人与人关系的思想与行为准则，它不只是涉及科学研究中的伦理，也不只是科研人员要遵守科技伦理，还包括科技成果应用中的伦理。例如，手机 App 下载的同意条款和医院治病时的知情同意等。如果把人类文明的演化当作一个永无止境的征程，人类奔向更高文明的原动力就是科技和创新。但是，仅有动力还不够，还必须能识别方向，科技伦理就是指引科技造福人类的导航仪。

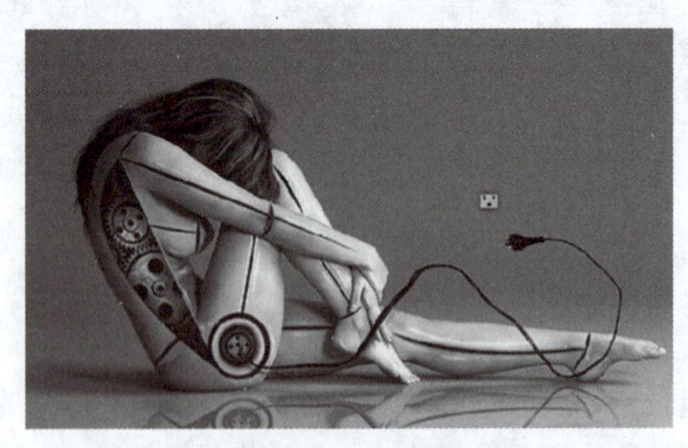

图 14-13　科技伦理

科技伦理是理性的产物。最根本的理性是，要求科技创新和成果只能有益于或最大限度地有益于人、生物和环境，而不能损伤人、损害生物和破坏环境，即便不可避免地会不同程度地损人毁物，如药物的副作用，也要把这种副作用减少到最低，甚至为零。在具体的伦理规则上，还应两利相权取其大、两害相衡择其轻。

### 14.2.2 科技伦理的预见性和探索性

提出和遵循科技伦理不仅有益于人类，也有利于生态和环境。尽管人是理性的，并因此诞生了科技伦理，但人类也有一些非理性思维和行动，因此在历史上产生了一些违背科技伦理的非理性行为。在今天，这样的危险并未消除。

第二次世界大战时期，纳粹德军和日军用活人（俘虏）做试验，既违背了科技伦理，更犯下了残害人类和反人类的罪行（见图 14-14）。尽管人体活体试验获得了一些科学数据和原理，但建立在伤害人、毁灭生命之上的科学研究是绝对不能为人类社会所接受的。因此，第二次世界大战后的纽伦堡审判产生了《纽伦堡法典》（1946 年），1975 年第 29 届世界医学大会又修订了《赫尔辛基宣言》以完善和补充《纽伦堡法典》，1982 年世界卫生组织（WHO）和国际医学科学组织理事会（CIOMS）联合发表《人体生物医学研究国际指南》，对《赫尔辛基宣言》进行了详尽解释。1993 年，WHO 和 CIOMS 联合发表了《伦理学与人体研究国际指南》和《人体研究国际伦理学指南》。2002 年，WHO 和 CIOMS 修改制定了《涉及人的生物医学研究国际伦理准则》，提出了需要遵守的 21 项准则，体现了生命伦理的知情同意、生命价值、有利无伤原则。

图 14-14 伯力审判

当科技创新成为今天人类最重要的活动，以及人类需要科技创新才能快速和有效地推动人类文明向更高阶段发展之时，科技伦理又有了大量的新范畴、新内容和新进展。人类基因组和基因编辑、人工生命和合成生命、人工智能、5G/6G 通信技术、机器人、脑机接口、人脸识别、纳米技术、辅助生殖技术、精准医疗等，都是今天科技创新和科技研发的新领域，也关系到所有人的福祉；但另一方面也可能会伤害人，甚至让人类走向灾难和毁灭。如此，科技伦理的导航和规范作用就极为重要和显著，科技伦理需要有预见性和探索性，在一项研究和一个行业发展到一定规模和程度时，必须要求有相适应的科技伦理来规范。

### 14.2.3 人工智能伦理的发展

人工智能的创新与社会应用方兴未艾，智能社会已见端倪。人工智能发展不仅仅是一场席卷全球的科技革命，也是一场对人类文明带来前所未有深远影响的社会伦理实验（见图 14-15）。

图 14-15 人工智能

2018 年 7 月 11 日，中国人工智能产业创新发展联盟发布了《人工智能创新发展道德伦理宣言》（以下简称《宣言》）。《宣言》除了序言之外，一共有六个部分，分别是人工智能系统，人工智能与人类的关系，人工智能与具体接触人员的道德伦理要求，以及人工智能的应用和未来发展的方向，最后是附则。

发布《宣言》，是为了宣扬涉及人工智能创新、应用和发展的基本准则，以期无论何种身份的人都能铭记《宣言》精神，理解并尊重发展人工智能的初衷，使其传达的价值与理念得到普遍认可与遵行。《宣言》指出：

（1）鉴于全人类固有道德、伦理、尊严及人格之权利，创新、应用和发展人工智能技术当以此为根本基础。

（2）鉴于人类社会发展的最高阶段为人类解放和人的自由全面发展，人工智能技术研发当以此为最终依归，进而促进全人类福祉。

（3）鉴于人工智能技术对人类社会既有观念、秩序和自由意志的挑战巨大，且发展前景充满未知，对人工智能技术的创新应当设置倡导性与禁止性的规则，这些规则本身应当凝聚不同文明背景下人群的基本价值共识。

（4）鉴于人工智能技术具有把人类从繁重体力和脑力劳动束缚中解放的潜力，纵然未来的探索道路上出现曲折与反复，也不应停止人工智能创新发展造福人类的步伐。

建设人工智能系统，要做到：

（1）人工智能系统基础数据应当秉持公平性与客观性，摒弃带有偏见的数据和算法，以杜绝可能的歧视性结果。

（2）人工智能系统的数据采集和使用应当尊重隐私权等一系列人格权利，以维护权利所承载的人格利益。

（3）人工智能系统应当有相应的技术风险评估机制，保持对系统潜在危险的前瞻性控制能力。

（4）人工智能系统所具有的自主意识程度应当受到科学技术水平和道德、伦理、法律等人文价值的共同评价。

为明确人工智能与人类的关系，《宣言》指出：

（1）人工智能的发展应当始终以造福人类为宗旨。牢记这一宗旨，是防止人工智能的巨大优势转为人类生存发展巨大威胁的关键所在。

（2）无论人工智能的自主意识能力进化到何种阶段，都不能改变其由人类创造的事实。不能将人工智能的自主意识等同于人类特有的自由意志，模糊这两者之间的差别可能抹杀人类自身特有的人权属性与价值。

（3）当人工智能的设定初衷与人类整体利益或个人合法利益相悖时，人工智能应当无条件停止或暂停工作进程，以保证人类整体利益的优先性。

《宣言》指出，人工智能具体接触人员的道德伦理要求是：

（1）人工智能具体接触人员是指居于主导地位、可以直接操纵或影响人工智能系统和技术，使之按照预设产生某种具体功效的人员，包括但不限于人工智能的研发人员和使用者。

（2）人工智能的研发者自身应当具备正确的伦理道德意识，同时将这种意识贯彻于研发全过程，确保其塑造的人工智能自主意识符合人类社会主流道德伦理要求。

（3）人工智能产品的使用者应当遵循产品的既有使用准则，除非出于改善产品本身性能的目的，否则不得擅自变动、篡改原有的设置，使之背离创新、应用和发展初衷，以致于破坏人类文明及社会和谐。

（4）人工智能的具体接触人员可以根据自身经验，阐述其对人工智能产品与技术的认识。此种阐述应当本着诚实信用的原则，保持理性与客观，不得诱导公众的盲目热情或故意加剧公众的恐慌情绪。

针对人工智能的应用，《宣言》指出：

（1）人工智能发展迅速，但也伴随着各种不确定性。在没有确定完善的技术保障之前，在某些失误成本过于沉重的领域，人工智能的应用和推广应当审慎而科学。

（2）人工智能可以为决策提供辅助。但是人工智能本身不能成为决策的主体，特别是国家公共事务领域，人工智能不能行使国家公权力。

（3）人工智能的优势使其在军事领域存在巨大应用潜力。出于对人类整体福祉的考虑，应当本着人道主义精神，克制在进攻端武器运用人工智能的冲动。

（4）人工智能不应成为侵犯合法权益的工具，任何运用人工智能从事犯罪活动的行为，都应当受到法律的制裁和道义的谴责。

（5）人工智能的应用可以解放人类在脑力和体力层面的部分束缚，在条件成熟时，应当鼓励人工智能在相应领域发挥帮助人类自由发展的作用。

## 14.3 人工智能面临的法律问题

初级的人工智能或许能为人类带来便捷，在我国或许还能带来规则意识，甚至法治理念的真正普及。这是因为人工智能的本质就是算法，任何算法必然建立在对某项事物认识的共性与常识之上。也正是在此意义上，人工智能能代替自然人为人类服务。

深度学习能力尚不充分的初级人工智能，难以进行诸如价值判断与情感判断的活动，比如包含爱的交流与体验，难以对疑难案件作出理性裁判，对案件的漏洞填补与价值补充等。随着人工智能技术的进步和应用的推广，其背后的法律伦理、政策监管等问题开始引起人们的广泛关注，尤其是在主体资格、个人数据和隐私保护、侵权责任划分和承担等方面。

### 14.3.1 人格权保护

一些人工智能系统把某些人的声音、表情、肢体动作等植入内部系统，使所开发的人工智能产品可以模仿他人的声音、形体动作等，甚至能够像人一样表达，并与人进行交流。但如果未经他人同意而擅自进行上述模仿活动，就有可能构成对他人人格权的侵害。此外，人工智能还可能借助光学技术、声音控制、人脸识别技术等，对他人的人格权客体加以利用，这也对个人声音、肖像等的保护提出了新的挑战。例如，光学技术的发展促进了摄像技术的发展，提高了摄像图片的分辨率，使夜拍图片具有与日拍图片同等的效果，也使对肖像权的获取与利用更为简便。此外，机器人伴侣已经出现，在虐待、侵害机器人伴侣的情形下，行为人是否应当承担侵害人格权以及精神损害赔偿责任呢？但这样一来，是不是需要先考虑赋予人工智能机器人主体资格，或者至少具有部分权利能力呢？这确实是一个值得探讨的问题。

### 14.3.2 数据财产保护

人工智能的发展也对数据的保护提出了新的挑战。一方面，人工智能及其系统能够正常运作，在很大程度上是以海量的数据为支撑的，在利用人工智能时如何规范数据的收集、存储、利用行为，避免数据的泄露和滥用，并确保国家数据的安全，是亟须解决的重大现实问题；另一方面，人工智能的应用在很大程度上取决于其背后的一套算法，如何有效规范这一算法及其结果的运用，避免侵害他人权利，也需要法律制度予以应对。目前，人工智能算法本身的公开性、透明性和公正性的问题，是人工智能时代的一个核心问题，但并未受到充分关注。

### 14.3.3 侵权责任认定

以自动驾驶为例，作为人工智能的重要应用之一，近年来，美、德等发达国家积极推动立法，鼓励自动驾驶车辆测试及应用。2016 年 9 月 21 日，美国交通运输部（DOT）颁布《联邦自动驾驶汽车政策》(2017 年 9 月发布了第二版《自主驾驶系统的安全愿景》)，提出自动驾驶汽车安全评估、联邦与州监管政策协调等四部分内容，进一步为自动驾驶技术提供了制度保障。2016 年 4 月，德国政府批准了交通部起草的相关法案，将“驾驶员”定义扩大到能够完全控制车辆的自动系统。目前我国自动驾驶方面立法政策相对滞后，如何对自动驾驶等产业进行规制，如何确定事故责任承担等也是值得思考的法律问题。

人工智能引发的侵权责任问题很早就受到了学者的关注，随着人工智能应用范围的日益广泛，其引发的侵权责任认定和承担问题将对现行侵权法律制度提出越来越多的挑战。无论是机器人致人损害，还是人类侵害机器人，都是新的法律责任。

据报载，2016 年 11 月，在深圳举办的第十八届中国国际高新技术成果交易会上，一台某型号机器人突然发生故障，在没有指令的前提下自行打砸展台玻璃，砸坏了部分展台，并导致一人受伤。毫无疑问，机器人是人制造的，其程序也是制造者控制的，所以，在造成损害后，谁研制的机器人，就应当由谁负责，似乎在法律上没有争议。人工智能就是人的手臂的延长，在人工智能造成他人损害时，当然应当适用产品责任的相关规则。其实不然，机器人与人类一样，是用“脑子”来思考的，机器人的脑子就是程序。我们都知道一个产品可以追踪属于哪个厂家，但程序是不一定的，有可能是由众多的人共同开发的，程序的产生可能无法追踪到某个具体的个人或组织。尤其是，智能机器人也会思考，如果有人惹怒了它，它有可能会攻击人类，此时是否都要由研制者负责，就需要进一步研究。

### 14.3.4 机器人法律主体地位

机器人是否可以被赋予法律人格？享有法律权利并承担法律责任？近年来，欧盟在机器人立法方面进行了积极探索。2015 年，欧盟议会法律事务委员会决定成立一个工作小组，专门研究与机器人和人工智能发展相关的法律问题。2016 年，该委员会发布《就机器人民事法律规则向欧盟委员会提出立法建议的报告》，2017 年 2 月，欧盟议会已通过一份呼吁出台机器人立法的决议。在其中开始考虑赋予复杂的自主机器人法律地位（电子人）的可能性。

此外，人工智能发展所带来的伦理问题等也值得关注。人工智能因其自主性和学习能力而带来新的伦理问题，包括安全问题、歧视问题、失业问题、是否能最终被人控制的问题等等，对人类社会各方面将带来重大影响。目前 IEEE 及联合国等已发布人工智能相关伦理原则，如保障人类利益和基本权利原则、安全性原则、透明性原则、推动人工智能普惠和有益原则等。

今天，人工智能机器人已经逐步具有一定程度的自我意识和自我表达能力，可以与人类进行一定的情感交流。有人估计，未来若干年，机器人可以达到人类 50% 的智力。这就提出了一个新的法律问题，即我们将来是否有必要在法律上承认人工智能机器人的法律主体地位？在实践中，机器人可以为我们接听电话、语音客服、身份识别、翻译、语音转换、智能交通，甚至案件分析。有人统计，现阶段 23% 的律师业务已可由人工智能完成。机器人本身能够形成自学能力，对既有的信息进行分析和研究，从而提供司法警示和建议。人工智能已经不仅是一个工具，而且在一定程度上具有了自己的意识，并能作出简单的意思表示。这实际上对现有的权利主体、程序法治、用工制度、保险制度、绩效考核等一系列法律制度提出了挑战，我们需要妥善应对。

人工智能时代已经来临，它不仅改变人类世界，也会深刻改变人类的法律制度。我们的法学理论研究应当密切关注社会现实，积极回应大数据、人工智能等新兴科学技术所带来的一系列法律挑战，从而为我们立法的进一步完善提供有力的理论支撑。

## 14.4 机器人的发展方向

中国人工智能产业创新发展联盟在 2018 年 7 月 11 日发布的《人工智能创新发展道德伦理宣言》指出，当前发展人工智能的方向主要是：

（1）探索产、学、研、用、政、金合作机制，推动人工智能核心技术创新与产业发展。特别是推动上述各方资源结合，建立长期和深层次的合作机制，针对人工智能领域的关键核心技术难题开展联合攻关。

（2）制定人工智能产业发展标准，推动人工智能产业协同发展。推动人工智能产业从数据规范、应用接口以及性能检测等方面的标准体系制定，为消费者提供更好的服务与体验。

（3）打造共性技术支撑平台，构建人工智能产业生态。推动人工智能领域龙头企业牵头建设平台，为人工智能在社会生活各个领域的创业创新者提供更好的支持。

（4）健全人工智能法律法规体系。通过不断完善人工智能相关法律法规，在拓展人类人工智能应用能力的同时，避免人工智能对社会和谐的冲击，寻求人工智能技术创新、产业发展与道德伦理的平衡点。

人工智能的发展在深度与广度上都是难以预测的。根据新的发展形势，对《宣言》的任何修改都不能违反人类的道德伦理法律准则，不得损害人类的尊严和整体福祉。

1. 与机器人相关的事故多数发生在（　　）期间，实际上这些悲剧都是可以避免的。

A. 分析　　B. 维修　　C. 开发　　D. 设计

2. 与传统工业机器人不同，协作机器人使用（　　）传感器以及3D摄像机和激光雷达等来实现与人类的安全互动。

A. 视觉和接近　　B. 速度和加速度

C. 力反馈和力　　D. 碰撞检测和滑觉

3. 机器人产品的总体安全性评价指标包括产品本身的（　　）、环境的限制条件以及人们对安全性的期望水平。

A. 视觉能力　　B. 安全等级　　C. 技术标准　　D. 碰撞水平

4. 各种机器人通常都配备有各自的安全技术，其安全功能本身比较（　　）。

A. 完整　　B. 高级　　C. 标准　　D. 初级

5. 所谓"（　　）"，是指在处理人与人、人与社会、人与自然相互关系时应遵循的各种道理和道德准则，是一系列指导行为的观念，也是从概念角度上对道德现象的哲学思考。

A. 规范　　B. 关系　　C. 伦理　　D. 精神

6.（　　）年7月24日，中央全面深化改革委员会第九次会议排在首位审议通过了《国家科技伦理委员会组建方案》，这表明中央将科技伦理建设作为推进国家科技创新体系不可或缺的重要组成部分。

A. 2019　　B. 1997　　C. 2012　　D. 2018

7. 科技伦理不只涉及科学研究中的伦理，也不只是科研人员要遵守科技伦理，还包括（　　）应用中的伦理。

A. 生物界　　B. 科技成果　　C. 原材料　　D. 自然界

8.（　　）最根本的理性是，要求科技创新和成果只能有益于或最大限度地有益于人、生物和环境，而不能损伤人、损害生物和破坏环境。在具体的伦理规则上，还应两利相权取其大、两害相衡择其轻。

A. 岗位职责　　B. 工匠精神　　C. 职业素养　　D. 科技伦理

9. 人类也有一些非理性思维和行动，在历史上产生过违背科技伦理的行为，甚至是兽性和反人类的行为。今天这样的危险并未消除。因此，二战后产生了（　　）和《赫尔辛基宣言》等。

A.《纽伦堡法典》　　B.《芷江宣言》

C.《日内瓦公约》　　D.《波士坦条约》

10. 科技伦理的导航和规范作用极为重要和显著，它需要有（　　），在一项研究和一个行业发展到一定规模和程度时，必须要求有相适应的科技伦理来规范。

A. 可追溯性　　B. 先进性和合理性

C. 预见性和探索性　　D. 科学性和前瞻性

11.（　　）年7月11日，中国人工智能产业创新发展联盟发布了《人工智能创新发展道德伦理宣言》。主要内容包括人工智能系统，人工智能与人类的关系，人工智能与具体接触人员的道德伦理要求，以及人工智能的应用和未来发展的方向等。

A. 2019　　B. 1997　　C. 2012　　D. 2018

12.《宣言》指出，鉴于全人类固有道德、伦理、尊严及人格之权利，创新、应用和发展人工智能技术当以此为（　　）。

A. 基本价值　　B. 根本基础　　C. 崇高目标　　D. 创新发展

13.《宣言》指出，鉴于人工智能技术对人类社会既有观念、秩序和自由意志的挑战巨大，且发展前景充满未知，对人工智能技术的创新应当设置倡导性与禁止性的规则，凝聚不同文明背景下人群的（　　）共识。

A. 基本价值　　B. 根本基础　　C. 崇高目标　　D. 创新发展

14.《宣言》指出，鉴于人工智能技术具有把人类从繁重体力和脑力劳动束缚中解放的潜力，纵然未来的探索道路上出现曲折与反复，也不应停止人工智能（　　）造福人类的步伐。

A. 基本价值　　B. 根本基础　　C. 崇高目标　　D. 创新发展

15.《宣言》指出，人工智能系统基础数据应当秉持公平性与客观性，摒弃带有偏见的数据和算法，以杜绝可能的（　　）结果。

A. 共同评价　　B. 前瞻性　　C. 歧视性　　D. 人格利益

16. 人工智能系统的数据采集和使用应当尊重隐私权等一系列人格权利，以维护权利所承载的（　　）。

A. 共同评价　　B. 前瞻性　　C. 歧视性　　D. 人格利益

17. 人工智能系统应当有相应的技术风险评估机制，保持对系统潜在危险的（　　）控制能力。

A. 共同评价　　B. 前瞻性　　C. 歧视性　　D. 人格利益

18. 人工智能系统所具有的自主意识程度应当受到科学技术水平和道德、伦理、法律等人文价值的（　　）。

A. 共同评价　　B. 前瞻性　　C. 歧视性　　D. 人格利益

19. 人工智能可能借助光学技术、声音控制、人脸识别技术等，对他人的（　　）客体加以利用，这也对个人声音、肖像等的保护提出了新的挑战。

A. 思维过程　　B. 法律主体　　C. 海量数据　　D. 人格权

20. 人工智能及其系统能够正常运作，在很大程度上是以（　　）为支撑的，在利用人工智能时应该规范数据的收集、储存、利用行为，避免数据的泄露和滥用，并确保国家数据的安全。

A. 思维过程　　B. 法律主体　　C. 海量数据　　D. 人格权

## 课程学习与实训总结

### 1. 课程的基本内容

至此，我们顺利完成了“智能机器人”课程的全部教学任务。为巩固通过课程实训所了解和掌握的知识和技术，请就此做一个系统的总结。由于篇幅有限，如果书中预留的空白不够，请另外附纸张粘贴在边上。

（1）本学期完成的“智能机器人”课程的学习内容主要有（请根据实际完成的情况填写）：

第 1 课：主要内容是＿＿＿＿＿＿＿＿＿＿＿＿＿＿＿＿＿＿＿＿＿＿＿＿＿＿

＿＿＿＿＿＿＿＿＿＿＿＿＿＿＿＿＿＿＿＿＿＿＿＿＿＿＿＿＿＿＿＿＿＿

＿＿＿＿＿＿＿＿＿＿＿＿＿＿＿＿＿＿＿＿＿＿＿＿＿＿＿＿＿＿＿＿＿＿

第 2 课：主要内容是 ______________________________

______________________________

______________________________

第 3 课：主要内容是 ______________________________

______________________________

______________________________

第 4 课：主要内容是 ______________________________

______________________________

______________________________

第 5 课：主要内容是 ______________________________

______________________________

______________________________

第 6 课：主要内容是 ______________________________

______________________________

______________________________

第 7 课：主要内容是 ______________________________

______________________________

______________________________

第 8 课：主要内容是 ______________________________

______________________________

______________________________

第 9 课：主要内容是 ______________________________

______________________________

______________________________

第 10 课：主要内容是 ______________________________

______________________________

______________________________

第 11 课：主要内容是 ______________________________

______________________________

______________________________

第 12 课：主要内容是 ______________________________

______________________________

______________________________

第 13 课：主要内容是 ______________________________

______________________________

______________________________

第 14 课：主要内容是 ______________________________

______________________________

______________________________

（2）请回顾并简述：通过学习，你初步了解了哪些有关智能机器人的重要概念（至少三项）？

① 名称：____________________

简述：____________________

____________________

____________________

② 名称：____________________

简述：____________________

____________________

____________________

③ 名称：____________________

简述：____________________

____________________

____________________

④ 名称：____________________

简述：____________________

____________________

____________________

⑤ 名称：____________________

简述：____________________

____________________

____________________

## 2. 研究性学习的基本评价

（1）在全部研究性学习的活动中，你印象最深，或者相比较而言你认为最有价值的是：

① ____________________

你的理由是：____________________

____________________

____________________

② ____________________

你的理由是：____________________

____________________

____________________

（2）在所有研究性学习中，你认为应该得到加强的是：

① ____________________

你的理由是：____________________

____________________

____________________

② ____________________

你的理由是：________________________________________

________________________________________

________________________________________

(3) 对于本课程和本书的学习内容，你认为应该改进的其他意见和建议是：

________________________________________

________________________________________

________________________________________

________________________________________

________________________________________

### 3. 课程学习能力测评

请根据你在本课程中的学习情况，客观地在智能机器人知识方面对自己做一个能力测评，在表 14-1 的“测评结果”栏中合适的项下打“✓”。

表 14-1 课程学习能力测评

| 关键能力 | 评价指标 | 测评结果 | | | | | 备注 |
|---|---|---|---|---|---|---|---|
| | | 很好 | 较好 | 一般 | 勉强 | 较差 | |
| 课程基础 | 1. 了解本课程的知识体系、理论基础及其发展 | | | | | | |
| | 2. 熟悉机器人基本概念 | | | | | | |
| 机器人基础 | 3. 熟悉工业机器人基本知识 | | | | | | |
| | 4. 熟悉协作机器人基本知识 | | | | | | |
| | 5. 熟悉服务机器人基本知识 | | | | | | |
| | 6. 熟悉特种机器人基本知识 | | | | | | |
| | 7. 熟悉智能机器人基本知识 | | | | | | |
| | 8. 熟悉智能飞行器基本知识 | | | | | | |
| 智能机器人技术 | 9. 运动学构形与参数 | | | | | | |
| | 10. 机器人体系结构 | | | | | | |
| | 11. 机器人感知系统 | | | | | | |
| | 12. 机器人驱动系统 | | | | | | |
| | 13. 机器人控制与接口技术 | | | | | | |
| | 14. 机器人视觉系统与三维成像 | | | | | | |
| | 15. 可编程机器人与编程语言 | | | | | | |
| | 16. 机器人离线编程系统 | | | | | | |
| 机器人安全与法律 | 17. 机器人伦理与安全 | | | | | | |
| | 18. 机器人法律与发展 | | | | | | |
| 解决问题与创新 | 19. 掌握通过网络提高机器人专业能力、丰富专业知识的学习方法 | | | | | | |
| | 20. 能根据现有的知识与技能创新地提出有价值的观点 | | | | | | |

说明：“很好”5分，“较好”4分，余类推。全表满分为100分，你的测评总分为：___分。

4．智能机器人学习总结

______________________________________________________________________

______________________________________________________________________

______________________________________________________________________

______________________________________________________________________

______________________________________________________________________

5．教师对课程学习总结的评价

______________________________________________________________________

______________________________________________________________________

______________________________________________________________________

# 作业参考答案

第1课

1. C　2. A　3. D　4. C　5. B　6. D　7. A　8. B　9. D　10. A

11. B　12. D　13. C　14. A　15. D　16. C　17. B　18. A　19. C　20. C

第2课

1. C　2. A　3. D　4. C　5. B　6. B　7. A　8. D　9. A　10. B

11. C　12. C　13. A　14. B　15. C　16. D　17. A　18. B　19. A　20. D

第3课

1. D　2. C　3. A　4. B　5. D　6. C　7. B　8. A　9. C　10. D

11. B　12. C　13. A　14. B　15. D　16. A　17. C　18. B　19. D　20. C

第4课

1. B　2. A　3. D　4. C　5. B　6. A　7. D　8. C　9. B　10. A

11. B　12. A　13. D　14. C　15. C　16. D　17. A　18. B　19. D　20. B

第5课

1. A　2. C　3. B　4. D　5. C　6. A　7. B　8. C　9. B　10. D

11. C　12. A　13. D　14. B　15. C　16. A　17. C　18. D　19. A　20. B

第6课

1. B　2. C　3. A　4. D　5. B　6. A　7. B　8. C　9. D　10. A

11. B　12. A　13. D　14. C　15. B　16. C　17. B　18. D　19. A　20. C

第7课

1. C　2. A　3. D　4. B　5. C　6. C　7. A　8. B　9. D　10. C

11. A　12. D　13. B　14. C　15. A　16. B　17. D　18. C　19. D　20. B

第8课

1. A　2. C　3. B　4. D　5. C　6. A　7. C　8. B　9. A　10. D

11. C　12. A　13. B　14. C　15. C　16. A　17. D　18. A　19. B　20. C

第9课

1. C　2. A　3. B　4. D　5. C　6. A　7. D　8. B　9. C　10. A

11. D　12. B　13. C　14. A　15. D　16. B　17. C　18. A　19. D　20. C

【研究性学习】

2.

(1) A. 库卡机器人，型号：KR180；B. 库卡控制面板；C. 库卡机器人控制柜

(2) A. 标准；B. 延长臂：200 mm；C. 延长臂：400 mm

(3) A. 臂；B. 手腕；C. 平衡系统；D. 连接臂；E. 旋转机构；F. 基座

(4) A. 俯视图：工作范围；B. 角度；1 轴 > 360°

(5) A. 3 轴；B. 2 轴；C. 1 轴；D. 4 轴；E. 6 轴；F. 5 轴

第 10 课

1. C　2. B　3. D　4. C　5. A　6. B　7. D　8. C　9. A　10. D
11. B　12. C　13. A　14. A　15. C　16. D　17. B　18. C　19. B　20. A

第 11 课

1. C　2. A　3. D　4. B　5. C　6. D　7. B　8. A　9. B　10. D
11. C　12. A　13. D　14. B　15. C　16. D　17. A　18. B　19. C　20. C

第 12 课

1. C　2. A　3. C　4. D　5. B　6. A　7. C　8. D　9. B　10. C
11. A　12. D　13. B　14. C　15. C　16. C　17. A　18. D　19. A　20. C

第 13 课

1. D　2. B　3. A　4. C　5. D　6. A　7. C　8. B　9. C　10. A
11. D　12. A　13. C　14. B　15. A　16. D　17. C　18. C　19. B　20. D

第 14 课

1. B　2. C　3. B　4. D　5. C　6. A　7. B　8. D　9. A　10. C
11. D　12. B　13. A　14. D　15. C　16. D　17. B　18. A　19. D　20. C

# 参考文献

[1] 张明文．工业机器人视觉技术及应用 [M]. 北京：人民邮电出版社，2020.
[2] 孟广斐，周苏．智能智造技术与应用 [M]. 北京：中国铁道出版社有限公司，2022.
[3] 周苏．人工智能导论 [M]. 北京：机械工业出版社，2020.
[4] 周苏，王文．人工智能概论 [M]. 北京：中国铁道出版社有限公司，2020.
[5] 周苏．人工智能通识教程 [M]. 北京：清华大学出版社，2020.
[6] 卢奇，科佩克．人工智能（第 2 版）[M]. 林赐，译．北京：人民邮电出版社，2018.
[7] 戴海东．大数据导论 [M]. 北京：中国铁道出版社有限公司，2018.
[8] 匡泰，周苏．大数据可视化 [M]. 北京：中国铁道出版社有限公司，2019.
[9] 周苏，王文．大数据分析 [M]. 北京：中国铁道出版社有限公司，2020.
[10] 张丽娜，周苏．大数据存储与管理 [M]. 北京：中国铁道出版社有限公司，2020.
[11] 周苏，王文．Java 程序设计 [M]. 北京：中国铁道出版社有限公司，2019.
[12] 汪婵婵，周苏．Python 程序设计 [M]. 北京：中国铁道出版社有限公司，2020.
[13] 周苏．创新思维与 TRIZ 创新方法 [M]. 2 版．北京：清华大学出版社，2019.
[14] 周苏，张效铭．创新思维与创新方法 [M]. 北京：中国铁道出版社有限公司，2019.